国家电网
STATE GRID

国网湖北省电力公司
STATE GRID HUBEI ELECTRIC POWER COMPANY

U0655673

国网湖北省电力公司　组编

电网企业生产岗位技能操作规范

变电站值班员

中国电力出版社
CHINA ELECTRIC POWER PRESS

内 容 提 要

为提高电网企业生产岗位人员的技能水平和职业素质，国网湖北省电力公司根据国家职业技能标准及电力行业职业技能鉴定指导书、国家电网公司技能培训规范等，组织编写了《电网企业生产岗位技能操作规范》。

本书为《变电站值班员》，主要规定了变电站值班员实施技能鉴定操作培训的基本项目，包括变电站值班员技能鉴定五、四、三、二、一级的技能项目共计61项，规范了各级别变电站值班员的实训，统一了变电站值班员的技能鉴定标准。

本书可作为从事变电站值班作业人员职业技能鉴定的指导用书，也可作为变电站值班作业人员技能操作培训教材。

图书在版编目（CIP）数据

电网企业生产岗位技能操作规范. 变电站值班员/国网湖北省电力公司组编. —北京：中国电力出版社，2015.6（2022.4重印）

ISBN 978 - 7 - 5123 - 6761 - 6

Ⅰ. ①电… Ⅱ. ①国… Ⅲ. ①电网-工业生产-技术操作规程-湖北省②变电所-技术操作规程-湖北省 Ⅳ. ①TM - 65

中国版本图书馆 CIP 数据核字（2014）第 260507 号

中国电力出版社出版、发行

（北京市东城区北京站西街 19 号 100005 http：//www. cepp. sgcc. com. cn）

北京天宇星印刷厂印刷

各地新华书店经售

*

2015 年 6 月第一版 2022 年 4 月北京第五次印刷

710 毫米×980 毫米 16 开本 22.75 印张 436 千字

印数 6001—7000 册 定价 **65.00** 元

序

现代企业的竞争，归根到底是人的竞争。人才兴，则事业兴；队伍强，则企业强。电网企业作为技术密集型和人才密集型企业，队伍素质直接决定了企业素质，影响着企业的改革发展。没有高素质的人才队伍作支撑，企业的发展就如无源之水，难以为继。

加强队伍建设，提升人员素质，是企业发展不可忽视的"人本投资"，是提高企业发展能力的根本途径。当前，世情国情不断发生变化，行业改革逐步深入，国家电网公司改革发展任务十分繁重。特别是随着"两个转变"的全面深入推进，"三集五大"体系逐步建成，坚强智能电网发展日新月异，对加强队伍建设提出了新的更高要求，迫切需要培养造就一支能适应改革需要、满足发展要求的优秀人才队伍。

世不患无才，患无用之之道。一直以来，"总量超员，结构性缺员"问题，始终是国家电网公司队伍建设存在的突出问题，也是制约国家电网公司改革发展的关键问题。如何破解这个难题，不仅需要我们在体制机制上做文章，加快构建内部人才市场，促进人员有序流动，优化人力资源配置；也需要我们在素质提升方面下功夫，加大员工教育培训力度，促进队伍素质提升，增强岗位胜任能力。这些年，国家电网公司坚持把员工教育培训工作作为"打基础、管长远"的战略任务，大力实施"人才强企"战略和"素质提升"工程，组织开展了"三集五大"轮训、全员"安规"普考、优秀班组长选训、农电用工普考等系列培训活动，实现了员工与企业的共同发展。

这次由国网湖北省电力公司统一组织编写、中国电力出版社出版发行的《电网企业生产岗位技能操作规范》丛书，针对高压线路带电检修、送电线路、配电线路、电力电缆等 17 个职业（工种）编写，就是为了规范生产经营业务操作，提高一线员工基础理论水平和基本技能水平。

本丛书内容丰富充实、说明详细具体，并配有大量的操作图例，具有较强的针对性和指导性。希望广大一线员工认真学习，常读、常看、常领会，把该书作为生产作业的工具书、示范书，切实增强安全意识，不断规范作业行为，努力把事情做规范、做正确，确保安全高效地完成各项工作任务，为推动国网湖北省电力公司和国家电网科学发展做出新的更大贡献。

寄望：春种一粒粟，秋收万颗子。

是为序。

国网湖北省电力公司总经理　尹正民

2014 年 3 月

编 制 说 明

根据国网湖北省电力公司下达的技能培训与考核任务，需要通过职业技能的培训与考核，引导企业员工做到"一专多能"并完成转岗、轮岗培训；更需要加强原来已实施多年、涉及多个工种的职业操作技能培训考核体系的系统性、连贯性和可操作性，从而引导员工的职业规划设计、辅助构建电网员工终身教育体系。湖北电力行业的各技能鉴定站/所应按照技能操作规范的要求，落实培训考核项目，统一考核标准，保证在电网企业内的培训与考核公开、公平、公正，提高培训与鉴定管理水平和管理效率，提高公司生产技能人员的素质。

本规范丛书依据电力行业职业技能鉴定指导书和国家电网公司企业标准Q/GDW232—2008《国家电网公司生产技能人员职业能力培训规范》，以及国网湖北省电力公司针对企业员工生产技能岗位设置和岗位聘用原则等编写的电力行业主要工种的技能操作规范，提出并建立一套完整的可实施的生产技能人员技能培训与考核体系，用于国网湖北省电力行业各级职业技能鉴定的技能操作部分的培训与鉴定，保证技能人才评价标准的统一性。依据国家劳动和社会保障部所规定的国家职业资格五级分级法，以及现行电力企业生产技能岗位聘用资格的五级设置原则，本规范各工种分册培训与鉴定的分级按照五级编写。

一、技能操作项目分级原则

1. 依据考核等级及企业岗位级别

依据劳动和社会保障部规定，国家职业资格分为五个等级，从低到高依次为初级技能、中级技能、高级技能、技师和高级技师。其框架结构如下图所示。

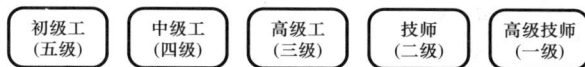

| 初级工
（五级） | 中级工
（四级） | 高级工
（三级） | 技师
（二级） | 高级技师
（一级） |

电网企业技能岗位按照五级设置

2. 各级培训考核项目设置

本规范丛书依据国网生产技能人员职业能力培训规范，制定了与职业技能等级相对应的技能操作培训考核五个级别的考核规范，系统地规定了各工种相应等级的技能要求，设置了与技能要求相适应的技能培训与考核内容、考核要求，使之完全公开、透明。其项目的设置充分考虑电网企业的实际需要，又按照国家职业技能等级予以分级设置，既能保证考核鉴定的独立性，又能充分发挥对培训的引领作用，具有很强的针对性、系统性、操作性。操作规范等级制定依据如下表。

电网企业各级职业技能等级能力

职业等级	职业技能能力
五级 （初级工）	适用于辅助作业人员、新进人员以及其他具有中级工以下职业资格人员，能够运用基本技能独立完成本职业的常规工作
四级 （中级工）	能够熟练运用基本技能独立完成本职业的常规工作，并在特定情况下，能够运用专门技能完成较为复杂的工作；能够与他人进行合作
三级 （高级工）	能够熟练运用基本技能和专门技能完成较为复杂的工作，包括完成部分非常规性工作；能够独立处理工作中出现的问题；能指导他人进行工作或协助培训一般操作人员
二级 （技师）	能够熟练运用基本技能和专门技能完成较为复杂的、非常规性的工作；掌握本职业的关键操作技能技术；能够独立处理和解决技术或工艺问题；在操作技能技术方面有创新；能组织指导他人进行工作；能培训一般操作人员；具有一定的管理能力
一级 （高级技师）	能够熟练运用基本技能和特殊技能在本职业的各个领域完成复杂的、非常规性的工作；熟练掌握本职业的关键操作技能技术；能够独立处理和解决高难度的技术或工艺问题；在技术攻关、工艺革新和技术改革方面有创新；能组织开展技术改造、技术革新和进行专业技术培训；具有管理能力

在项目设置过程中，对于部分项目专业技能能力项涵盖两个等级的项目，实施设置时将该技能项目作为两个项目共用，但是其考核要求与考核评分参考标准存在明显的区别。其中，《抄表核算收费员》《农网配电营业工》因国家职业资格未设一级（高级技师），因此本丛书中的这两个分册按照四级编制。

目前该职业技能能力四级涵盖五级；三级涵盖五、四级；二级涵盖五、四、三级；一级涵盖五、四、三、二级。

二、汇总表符号含义

技能操作项目汇总表所列操作项目，其项目编号由五位组成，具体表示含义如下：

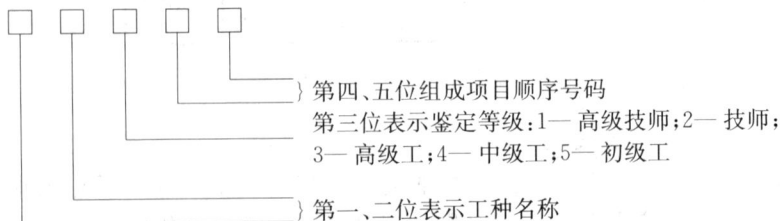

> 第四、五位组成项目顺序号码
> 第三位表示鉴定等级：1—高级技师；2—技师；3—高级工；4—中级工；5—初级工
> 第一、二位表示工种名称

其中第一、二位表示具体工种名称为：DZ—高压线路带电检修工；SX—送电线路工；PX—配电线路工；DL—电力电缆工；BD—变电站值班员；BY—变压器检修工；BJ—变电检修工；SY—电气试验工；JB—继电保护工；JC—用电监察员；CH—抄表核算收费员；ZJ—装表接电工；XJ—电能表修校；BA—变电一次安装工；BR—变电二次安装工；FK—电力负荷控制员；P—农网配电营业工配电范围；Y—农网配电营业工营销范围。

三、使用说明

1. 技能操作项目鉴定实施方法

（1）申请五级（初级工）、四级（中级工）、三级（高级工）技能操作鉴定。学员已参加表中所列的本工种等级技能操作项目培训。

技能操作鉴定项目加权分为100分。在本人报考工种等级中，由考评员在本工种等级项目中随机抽取项目进行考核，考核项目数量必须满足各技能操作项目鉴定加权总分≥100分。其选项过程须在鉴定前完成，一经确定，不得更改。

技能操作鉴定成绩为加权分70分及格。技能操作鉴定不及格的考生，可在次年内申请一次补考，由鉴定中心按照上述方法选择项目再次进行鉴定，原技能操作鉴定通过的成绩不予保留。

（2）申请二级（技师）、一级（高级技师）鉴定。申请学员应在获得资格三年后申报高一等级，其技能操作鉴定项目为二级工、一级工项目中，由考评员随机在项目中抽取，技能操作项目数满足鉴定加权总分≥100分。其选项过程在鉴定前完成，一经确定不得更改。

技能操作鉴定成绩各项为70分及格。技能操作鉴定不及格的考生，二级工可在次年内申请一次补考，由鉴定中心按照上述方法选择项目再次参加技能操作鉴定，原技能操作鉴定通过项目成绩不予保留。

申请一级、二级鉴定学员的答辩和业绩考核遵照有关文件规定执行。

2. 评分参考表相关名词解释

（1）含权题分：该项目在被考核人员项目中所占的比例值，如对于考核人员来讲，应达到考核含权分≥100分，则表示对于含权分为25分的考核题，须至少考核4题。

（2）行为领域：d—基础技能；e—专业技能 ；f—相关技能。

（3）题型：A—单项操作；B—多项操作；C—综合操作。

（4）鉴定范围：部分工种存在不同的鉴定范围，如农网配电营业工的初级工和中级工存在配电和营销两个范围。高压带电作业和电力电缆等按照电力行业标准应分为输电和配电范围，但是按照国家电力行业职业技能鉴定标准没有区分范围，因此本规范丛书除了农网配电营业工外对各个操作考核项目没有划分鉴定范围，所以该项大部分为空。

目　录

序

编制说明

变电站主接线绘制及运行方式标示

一、操作

（一）工器具、材料

（1）工器具：安全帽、望远镜各 1 个。

（2）材料：空白纸（A4）2 张、尺、2B 铅笔、橡皮擦各 1 个。

（3）设备：变电站现场或 110、220kV 仿真变电站设备区。

（二）安全要求

（1）在现场变电站或 110、220kV 仿真变电站设备区进行主接线绘制。

（2）若进入变电站现场，应按照现场安规要求进入设备区并确保人身安全。

（3）按照变电站电压等级依次进行主接线绘制。

（4）根据设备运行状态标示运行方式。

（5）主接线图符号符合国家标准。

（三）标准电气符号

电气图形符号示例见表 BD501-1。

表 BD501-1　　　　　　　　电 气 图 形 符 号

名　　称	图形符号	名　　称	图形符号
接地符号		断路器	
导线 T 形连接		隔离开关	
导线双重连接		双绕组变压器	

名　称	图形符号	名　称	图形符号
导线不连接		三绕组变压器	
电抗器		自耦变压器	
电流互感器		蓄电池（组）	
避雷器		熔断器	

二、考核

（一）要求

（1）先拟草图，再绘制正规主接线图。

（2）主接线图符号符合国家标准。

（3）按照变电站后台机主接线图表示断路器、隔离开关分、合形式标示运行方式。

如：断路器合上 　　隔离开关合上

（二）考核场地

变电站（或 220、110kV 仿真变电站）。

（三）考核时间

（1）考核时间为 30min。

（2）进入设备区开始计时。

三、评分参考标准

行业：电力工程　　　　　　工种：变电站值班员　　　　　　等级：五

编号	BD501	行为领域	e	鉴定范围	
考核时间	30min	题型	A	含权题分	25
试题名称	变电站主接线绘制及运行方式标示				
考试要点及要求	(1) 查看变电站设备区实际设备及运行状态。 (2) 根据设备连接绘制主接线图。 (3) 标示设备运行方式				
现场设备、工器具及材料	220kV 或 110kV 变电站，或仿真变电站。空白纸、笔、尺等				
备注					

评分标准

序号	作业名称	质量要求	分值	扣分标准	扣分原因	得分
1	现场设备区查看设备，绘制草图	按照变电站实际设备分电压等级进行草图绘制	15			
2	正式主接线图绘制	标准符号	45	(1) 漏画一处设备扣5分； (2) 标号不对一处扣2分； (3) 符号错误一处扣2分； (4) 电压等级未标明一处扣3分		
3	标示运行方式	指示运行方式正确	30	(1) 断路器状态标示不正确一处扣5分； (2) 隔离开关状态不正确一处扣3分； (3) 接地开关状态不正确一处扣2分		
4	其他	整图绘制规范	10	整图绘制不规范扣10分		
考试开始时间			考试结束时间		合计	
考生栏	编号：　　姓名：		所在岗位：	单位：	日期：	
考评员栏	成绩：　　考评员：			考评组长：		

一、操作

(一) 工器具、材料

(1) 工器具：锉刀1把、万用表1块（见图 BD502-1）、螺丝刀1把，安全遮栏20个，"止步，高压危险"标示牌4块、"在此工作"标示牌2块、绝缘垫2块。

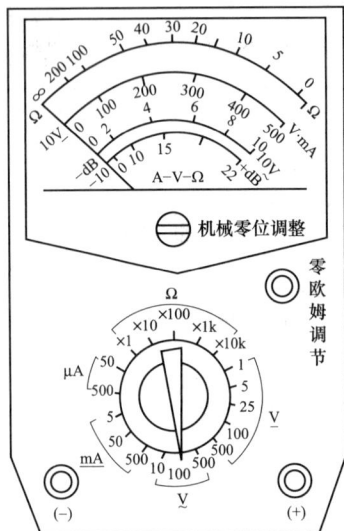

图 BD502-1　万用表

(2) 材料：单极开关，1.5V 电池2个，截面积为 $2mm^2$ 的多股裸铜线5根（1m）；直流法测量电流互感器极性记录单1张，如表 BD502-1 所示。

(3) 设备：220kV 及以下电压互感器1台。

(二) 安全要求

(1) 在现场变电站测量，应按照现场安规要求进入设备区并确保人身安全。

(2) 现场设置安全围栏和标示牌。

(3) 全程使用安全防护用品。

(4) 测量时试验人员应与带电部位保持足够的安全距离。

(5) 使用仪表时选用正确挡位和量程，防止烧表。

(6) 接线时，防止电流互感器一、二次绕组接反。

(三) 步骤与要求

1. 操作准备

(1) 准备工作票及作业指导卡。

(2) 工作前应对安全工具进行检查，确认均完好无损并处于试验周期内。

(3) 工作前应对仪器线材进行检查，确认仪器线材完好并处于试验周期内。

（4）进入作业现场应将使用的绝缘工具放置在绝缘垫上。

2．测量接线

电流互感器极性测量接线如图 BD502－2 所示。

3．操作步骤

（1）按照图 BD502－2 连接线路并检查正确性。

（2）将万用表挡位开关调至直流电压挡或电流挡。

（3）合上开关，观察万用表的偏转。

（4）断开开关，观察万用表的偏转。

（5）判断极性并标注，当开关接通时表针正偏，开关断开时反偏，则互感器为减极性。反之为加极性。

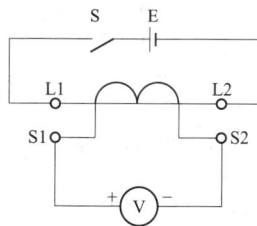

图 BD502－2　电流互感器
极性测量接线图

二、考核

（一）要求

（1）按照电流互感器极性测量接线图正确接线。

（2）判断并标注互感器极性，填写测量记录单。

（二）考核场地

间隔具有足够的安全距离，每个工位面积约 $20m^2$。本项目可在室内外进行。

表 BD502－1　　　　　直流法测量电流互感器极性记录单

日期：　　年　月　日

编号		姓名		岗位		单位	
互感器参数							
型号		额定电压		出厂编号			
等级		厂家		额定变比			
测量接线图							
测量记录							
开关合上时万用表偏转方向：			结果判断：				
开关断上时万用表偏转方向：							

（三）考核时间

（1）考核时间为 30min。

（2）进入设备区开始计时。

(四) 考核要点

(1) 万用表使用方法。

(2) 用万用表判断互感器极性方法。

(3) 填写极性测量记录单。

三、评分参考标准

行业: 电力工程　　　　工种: 变电站值班员　　　　等级: 五

编号	BD502	行为领域	e	鉴定范围	
考核时间	30min	题型	A	含权题分	25
试题名称	电流互感器极性测量				
考试要点及要求	(1) 按照电流互感器极性测量接线图正确接线。 (2) 判断并标注互感器极性。 (3) 正确填写测量记录单				
现场设备、工器具及材料	220kV 及以下电流互感器				
需要说明的问题和要求	考生自备工作服、绝缘鞋、安全帽、线手套				
备注					

评分标准							
序号	作业名称	质量要求	分值	扣分标准	扣分原因	得分
1	工器具准备	按本次测量要求准备工器具和材料	10	(1) 漏 (或多) 一种扣3分; (2) 测量过程中更换工器具扣2分		
2	检查互感器铭牌	检查并记录互感器铭牌参数	5	(1) 不检查扣5分; (2) 检查漏项或错误每处扣2分		
3	按电路图接线	严格按照电路图正确接线,特别注意电源正负极及互感器一二次极性端子的接线	30	(1) 接线错误扣25分; (2) 未按照电路图接线每处扣5分; (3) 接线不规范每处扣3分; (4) 操作不规范每处扣2分		

			评分标准			
序号	作业名称	质量要求	分值	扣分标准	扣分原因	得分
4	测量、标示极性	正确测量，正确判断极性	30	(1) 极性判断错误扣20分； (2) 测量方法不正确扣10分； (3) 万用表使用不正确或不规范每处扣5分		
5	填写测量记录	正确填写测量记录单	15	(1) 记录不完整每处扣3分； (2) 字迹潦草每处扣3分； (3) 涂改每处扣2分		
6	现场整理	清理恢复现场	5	(1) 清理现场不彻底扣3分； (2) 未清理扣5分		
7	其他	安全措施规范到位	5	安全生产不规范每处扣5分		
考试开始时间				考试结束时间		合计
考生栏		编号： 姓名：		所在岗位： 单位：		日期：
考评员栏		成绩： 考评员：			考评组长：	

电气设备巡视危险点分析

一、分析

(一) 材料

材料：纸、笔若干。

(二) 分析内容

1. 正常巡视

(1) 雷雨天气：

1) 避雷针落雷，反击伤人。

2) 避雷器爆炸伤人。

3) 室外端子箱、气体继电器进水。

(2) 大雾天气：

1) 突发性设备污闪，接地伤人。

2) 空气绝缘水平降低，易发生放电。

3) 能见度低易误入非安全区域内。

(3) 冰雪天气：

1) 端子箱、机构箱内进雪融化受潮，直流接地或保护误动。

2) 巡视路滑，易摔跤。

3) 上下室外楼梯易踏空、滑跌。

(4) 夜间巡视：

1) 夜间能见度低，易伤人。

2) 巡视路盖板不整齐，易踏空摔跤，造成人体挫伤、扭伤。

(5) 大风天气：

1) 外物短路。

2) 开合机构箱门失控，挤伤手。

3) 设备防雨帽、标示牌脱落伤人。

(6) 高温天气：

1）充油设备油位升高，内压增大造成喷油。

2）液压机构油压异常升高，开关不能安全可靠动作。

（7）汛期：

1）电缆隧道进水，淹没电缆。

2）场地操作平台、巡视道有积水，威胁操作人员安全。

2. 异常巡视

（1）系统接地：

1）接地故障产生谐振易引起电压互感器爆炸。

2）接地易产生跨步电压、接触电压伤人。

（2）电流互感器二次开路：电流互感器爆炸伤人。

（3）SF₆泄漏：SF₆气体中毒。

（4）充油设备异音：

1）设备爆炸伤人。

2）溅油起火伤人。

（三）危险点分析要求

（1）应严格遵守《国家电网公司电力安全工作规程（变电部分）》关于巡视的有关规定。

（2）能根据变电站现场设备情况、天气和环境状况，正确分析设备巡视时可能发生的危险点和防范措施。

（3）防范危险的主要措施，如保持安全距离、穿绝缘鞋、不得靠近避雷器和避雷针等。

二、考核

（一）要求

（1）在答题纸上写下电气设备巡视危险点分析内容。

（2）危险点分析内容齐全、完整。

（3）指出防范危险的安全措施。

（二）考核场地

本项目可在室内进行。

（三）考核时间

考核时间为20min。

（四）考核要点

（1）巡视前危险点分析内容。

（2）指明防范危险点的主要措施。

三、评分参考标准

行业：电力工程　　　　　　　　工种：变电站值班员　　　　　　　　等级：五

编号	BD503	行为领域	e	鉴定范围	
考核时间	20min	题型	A	含权题分	20
试题名称	电气设备巡视危险点分析				
考试要点及要求	(1) 写出不同状况下的电气设备巡视危险点分析内容。 (2) 写出防范危险点的主要安全措施				
现场设备、工器具及材料	答题纸、笔等				
备注					

			评分标准				
序号	作业名称	质量要求	分值	扣分标准	扣分原因	得分
1	正常巡视危险点分析及措施	写出不同气候特点下的危险点	55	(1) 确一项气候特点扣10分； (2) 缺一项危险点扣5分		
2	异常巡视危险点分析及措施	正确分析各种异常情况时的危险点	40	(1) 确一项异常情况扣10分； (2) 缺一项危险点扣5分		
3	其他		5	字迹潦草不整洁扣5分		
考试开始时间				考试结束时间		合计	
考生栏	编号：　　　姓名：			所在岗位：　　　单位：			日期：
考评员栏	成绩：　　　考评员：				考评组长：		

一、维护

（一）工器具、材料

（1）材料：验电器备用电池1套，空白标准化作业卡（A4）2张（见表BD504-1），笔1支。

（2）工器具：合格的和不合格的安全帽、绝缘手套、绝缘靴、绝缘棒、验电器、接地线各1组，绝缘梯、防毒面具、安全围网、"禁止合闸，有人工作"标示牌、"禁止合闸，线路有人工作"等标示牌。

（二）检查、维护要求

1. 绝缘手套

（1）有统一规范、清晰的编号，定置存放。

（2）有完整的试验合格标签和试验记录，在试验周期内（半年）。

（3）无外伤、裂纹、毛刺、划痕、污渍、发黏、发脆现象。

（4）卷曲试验不漏气，无机械损伤，如图BD504-1所示。

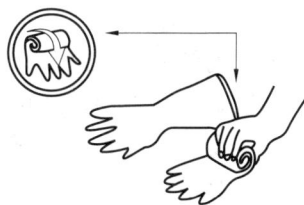

图 BD504-1　绝缘手套检查

（5）存放位置干燥、阴凉，无其他物品堆压。

2. 绝缘靴

（1）有统一规范、清晰的编号，定置存放。

（2）无外伤、裂纹、毛刺、划痕、污渍、气泡。

（3）有完整的试验合格标签和试验记录，在试验周期内（半年）。

（4）存放位置干燥、阴凉，无其他物品堆压。

3. 绝缘棒

（1）有统一规范、清晰的编号，定置存放。

（2）绝缘部分表面无裂纹、破损或损伤。

（3）金属端紧固，完整无断裂、无锈蚀。

（4）有完整的试验合格标签和试验记录，在试验周期内（1年）。

（5）存放位置干燥，有特制支架或专用挂架存放。

4. 验电器

（1）有统一规范、清晰的编号，并注明使用电压等级。

（2）绝缘杆完整无裂纹、划痕。

（3）验电器声光器按压试验良好，声音清晰。

（4）有完整的试验合格标签和试验记录，在试验周期内（1年）。

（5）数量与台账相符，定置存放。

5. 接地线

（1）接地线摆放整齐，对号定置存放。

（2）接地线编号应清晰，并注明使用电压等级。

（3）接地线线夹紧固可靠，无锈蚀。

（4）接地线绝缘护套完好，软导线无裸露、无断股，护套无破损、老化。

（5）接地操作棒各端接头紧固，组合连接完好。

（6）接地操作棒表面无裂纹、破损或污渍，无受潮等缺陷，握 手部分和工作部分有护环或明显标志，在试验周期内（5年）。

6. 绝缘梯

（1）有统一、规范、清晰的编号，在试验周期内（半年）。

（2）无严重变形，连接牢固可靠。

（3）防滑装置齐全可靠。

（4）梯阶无裂纹。

（5）数量与台账相符，定置存放。

7. 防毒面具

（1）面具密封性良好，无老化，无损伤，无划痕。

（2）眼罩无损伤，无划痕，视物清晰不模糊。

（3）检查滤毒罐有无过期（期限5年）。

（4）面具与滤毒罐导管无老化，无损伤，无划痕，各卡口连接正常。

（5）数量与台账相符，定置存放。

8. 安全帽

（1）帽带完整无裂纹、损伤或老化，无明显变形。

（2）组件完好齐全牢固。

（3）帽舌伸出长度为10～50mm，倾斜度在30°～60°之间，顶部缓冲空间为20～50mm。

（4）制造厂家名称及商标、型号，制造年月及许可证编号清楚，属于有生产许可证的厂家生产的合格产品，并经安全技术检验，贴有安全标志，未超期使用（从制造之日起，塑料安全帽≤2.5年，玻璃钢帽≤3.5年）。

9. 安全围网

（1）无老化、脆裂、霉变或扭结。

（2）"止步，高压危险"标语字迹清晰。

（3）数量与台账相符，定置存放。

10. 各类标示牌

（1）颜色、字迹清晰，无褪色现象。

（2）外观无破损，无划痕。

（3）悬挂部分结实可靠。

（4）数量与台账相符，定置存放。

二、考核

（一）要求

（1）先填写安全工器具检查与维护标准化作业卡，再进行检查和维护。

（2）检查和维护项目齐全，标准化作业卡字迹清晰。

（二）考核场地

本项目可在室内外进行。

表 BD504-1　　　　　　　安全工器具检查与维护标准化作业卡

序号	检查与维护作业项目	执行情况
一	开工前的准备工作	
1	了解工器具配置情况	
2	准备工作用工器具及材料	
二	安全工用具维护	
1	检查智能工具柜加热及除湿装置工作正常，检查工具柜内温度、湿度符合要求，柜子下部接水盘应清洁，无积水	
2	智能显示系统显示的数量与工具实物相一致	
3	检查验电器外观整洁无破损、灯光、音响报警信号完好	
4	检查绝缘靴、绝缘手套无破损。若有破损，应拿出安全工器具室，做好报损记录，及时补上	
5	检查接地线有无断股，螺丝松脱，线夹损坏，放置点与标签一致	

序号	检查与维护作业项目	执行情况
6	检查其他各类安全工器具数量与台账一致，各方面符合要求，对各种安全器具进行清洁、保养维护	
7	检查各类安全器具试验周期是否超期，安全工具试验应在到期前与有关部门联系做试验	
8	检查防毒面具外观完好无破损，空气过滤材料在有效日期内	
三	结论及签名	
1	结论	
2	存在问题及处理意见	
3	维护负责人签名	
4	维护工作班成员签名	

（三）考核时间

考核时间为 30min。

（四）考核要点

（1）标准化作业卡填写正确性。

（2）安全工器具合格性检查。

（3）安全工器具的维护。

三、评分参考标准

行业：电力工程　　　　工种：变电站值班员　　　　等级：五

编号	BD504	行为领域	e	鉴定范围	
考核时间	30min	题型	A	含权题分	25
试题名称	安全工器具检查与维护				
考试要点及要求	（1）编写安全工器具检查与维护标准化作业卡。（2）对安全工器具进行检查和维护				
现场设备、工器具及材料	验电器备用电池、空白标准化作业卡、纸、笔及绝缘手套、绝缘靴、绝缘棒、验电器、接地线、绝缘梯、防毒面具、安全帽、安全围网、各类标示牌等				
备注					

		评分标准				
序号	作业名称	质量要求	分值	扣分标准	扣分原因	得分
1	编写安全工器具检查与维护标准化作业卡	按照安全工器具种类编写标准化作业卡	45	(1) 安全工器具名称写错一处扣5分； (2) 漏填一项维护项目扣2分； (3) 字迹不清晰扣3分		
2	对安全工器具进行检查和维护	按照标准化作业卡内容对安全工器具进行检查和维护	50	(1) 未按作业卡内容进行一处扣2分； (2) 检查方法错误一处扣5分； (3) 未发现已存在的问题一处扣5分		
3	其他		5	字迹潦草不整洁扣5分		
考试开始时间			考试结束时间		合计	
考生栏	编号：	姓名：	所在岗位：	单位：	日期：	
考评员栏	成绩：	考评员：		考评组长：		

10kV输电线路停送电倒闸操作票填写

一、操作票填写

(一) 工器具、材料

(1) 工器具：钢笔或圆珠笔 1 支。

(2) 材料：空白倒闸操作票（见附录 1）2 张、调度综合（或逐项）指令票（见附录 14、15）1 张。

(二) 填写要求

(1) 倒闸操作票应由操作人员填写。操作人员应按照发令人正式下达的操作指令票，根据现场运行规程填写倒闸操作票。每份倒闸操作票只能填写一个操作任务（根据同一操作指令而依次进行的一系列相互关联的倒闸操作全过程，称为一个操作任务）。

(2) 倒闸操作票格式如图 BD505 - 1 所示，可手工填写，也可用计算机填写或自动生成。票面应清楚整洁，不得随意涂改。手工填写时应使用钢笔或圆珠笔。

(3) 操作单位栏应填写变电站站名或检修班班组名。

(4) 同一变电站、检修班组的操作票必须连续编号，计算机自动生成的操作票必须在正式出票前自动编号。编号为 10 位数，前 6 位为年份和月份，后 4 位为操作票流水号。

(5) 发令人是发布操作指令的值班调度员或运行值班负责人，由受令人在接受操作指令后填写发令人姓名和发令时间并签名。

(6) 操作开始时间和操作结束时间分别是倒闸操作第一项和最后一项的操作时间。监护操作时应由监护人填写。

(7) 根据操作分类，在操作类型栏中所选择的监护操作、单人操作或检修人员操作的对应括号内打"√"记号。

(8) 操作任务应与操作指令票内容相一致，操作人在填写操作任务后应在备注栏中填写拟票依据。操作任务应填写设备双重名称。

（9）根据综合操作指令票或口头操作令填写的倒闸操作票，其序号应按操作项目顺序连续编号，不得中断。根据逐项操作指令票填写的倒闸操作票，其序号应采用双重序号，左侧数字是逐项操作项目序号，右侧数字是该逐项操作项目的倒闸操作序号。当逐项操作项目序号为非连续序号时，倒闸操作项目之间要空一格，并用明显记号标识。

（10）倒闸操作项目应按操作步骤填写，一个项目栏只能填写一个操作元件（一台断路器、一副隔离开关、一组地线）。不准在一个项目栏内填写两个及其以上的操作元件。验电接地不得分项填写。

（11）下列项目应填入倒闸操作票内：

1）应拉合的设备［断路器（开关）、隔离开关（刀闸）、接地开关（地刀）等］；

2）拉合设备［断路器（开关）、隔离开关（刀闸）、接地开关（地刀）等］后，设备位置的检查；

3）验电并装设接地线；

4）设备检修后合闸送电前，检查送电范围内接地开关已全部拉开，接地线已全部拆除；

5）进行停、送电操作时，在拉、合隔离开关（刀闸）、手车式开关拉出、推入前，检查断路器（开关）确在分闸位置；

6）安装或拆除（合上或断开）控制回路、电压回路的熔断器（空气开关）；

7）切换保护回路、自动化装置及确认有无电压等；

8）在进行倒负荷或解、并列操作前后，检查相关电源运行及负荷分配情况；

9）与操作项目有关的元件位置或状态检查。

（12）操作人填完倒闸操作票后，操作人和监护人应根据模拟图或接线图逐项核对操作项目，并分别签名。再经运行值班负责人（检修人员操作时由工作负责人）审核签名。单人操作的倒闸操作票由发令人审核。

（13）操作票格式见图 BD505-1。

（三）线路停送电操作顺序

线路停电的操作应按照断路器、负荷侧隔离开关、电源（母线）侧隔离开关的顺序执行。送电的操作应按照与此相反的顺序执行。

二、考核

（一）要求

（1）按现场倒闸操作流程进行倒闸操作票填写。

变电站名 ←

调度发令人姓名 ←

操作任务应与调度命令相符 ←

根据综合(或逐项)操作指令票或口头操作指令填写的倒闸操作票,其操作项目序号采用顺序连续编号 ←

倒闸操作因故中止或某些项目不执行操作,应在备注栏中说明原因 ←

→ 操作票票号

→ 调度下达命令的时间

→ 操作完毕回完令的时间

→ 操作项目对应两个或多个倒闸操作票操作项目序号时,填写第一项和最后一项时间,以及断路器、隔离开关、接地开关、地线等操作时间

→ 依据调度指令票填写

变电站(发电厂)倒闸操作票

| 单位： | XXX | | 变电站 | 编号： | XXX 变电站2014016018 | 第 1 页 共1 页 |

发令人：	XXX	受令人：	XXX	发令时间：	2014年02月03日01时40分
操作开始时间：	2014年02月03日01时42分			操作结束时间：	2014年02月03日01时44分

操作类型： （ √ ）监护下操作 （ ）单人操作 （ ）检修人员操作

操作任务：1123L电抗器组由热备用转运行

执行(√)	序号	操作项目	操作时间
√	1	查1123L电抗器组热备用正常	1：42
√	2	查110kV 2#母线电压不超115kV	
√	3	查1123断路器SF$_6$压力正常	
√	4	查1123断路器储能正常	
√	5	合上1123断路器	1：43
√	6	查1123断路器三相的机械位置指示已由"分"位变为"合"位	
√	7	查1123断路器在监控系统上的位置指示已由"分"位变为"合"位	
√	8	查1123断路器三相合上正常	
√	9	查1123L电抗器组由热备用转运行正常	1：44
		已执行　　　以下空白	

备注：此票以（ 国 ）调（ ）字第（ 口令 ）指令票为依据。

操作人：×× 　　　监护人：×× 　　　值班负责人(值长)：××

图 BD505-1 倒闸操作票填写格式

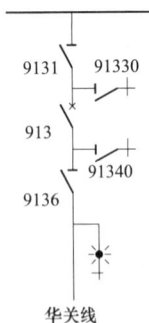

图 BD505-2 仿真机上操作间隔接线图

(2) 按规范要求填写图 BD505-2 所示华关线线路及断路器停送电倒闸操作票。

(二) 考核场地

本项目可在室内进行。

(三) 考核时间

考核时间为 30min。

(四) 考核要点

(1) 填写输电线路倒闸操作票正确性和规范性。

(2) 输电线路停送电操作顺序和要求。

三、评分参考标准

行业：电力工程　　　　　　　工种：变电站值班员　　　　　　　等级：五

编号	BD505	行为领域	e	鉴定范围	
考核时间	30min	题型	A	含权题分	25
试题名称	10kV 输电线路停送电倒闸操作票填写				
考试要点及要求	(1) 整个操作票填写按实际现场要求完成。 (2) 考评员下达书面综合指令票，考生按规范标准要求填写操作票				
现场设备、工器具及材料	空白操作票、纸、笔等。 220kV 或 110kV 仿真机				
备注	此项操作以 10kV 华关线输电线路及华 913 号断路器由运行转检修为例				

评分标准

序号	作业名称	质量要求	分值	扣分标准	扣分原因	得分
1	操作票填写	断开华关线 913 断路器	8	(1) 未填写设备双重编号扣 2 分； (2) 未按规定填写操作项目或操作项目不全或未使用操作术语扣 5 分； (3) 顺序错误 N 项扣 $N \times$ 5 分； (4) 漏填 N 项扣 $N \times 5$ 分		
		检查华关线 913 断路器机械位置指示为分	8			
		拉开华关线 9131 隔离开关	8			
		检查华关线 9131 隔离开关机械位置在分闸位	8			
		拉开华关线 9136 隔离开关	8			
		检查华关线 9136 隔离开关机械位置在分闸位	8			
		在华关线 9131 隔离开关动静触头处验明三相无压后立即装上 1 号绝缘隔板	8			
		在华关线 9136 隔离开关与 913 断路器之间验明三相无压后立即推上 91340 接地开关	8			
		在华关线 9131 隔离开关与 913 断路器之间验明三相无压后立即推上 91330 接地开关	8			
		断开华关线 913 断路器合闸电源空气断路器	8			
		断开华关线 913 断路器控制电源空气断路器	8			

评分标准						
序号	作业名称	质量要求	分值	扣分标准	扣分原因	得分
2	票面格式	规范、标准性	12	（1）漏填单位名称或单位名称不全扣2分； （2）漏填发令人姓名扣2分，漏填受令人姓名扣2分； （3）其他不合格项每处扣2分		
3	其他			在填票或执行操作中出现下述误操作者直接计零分： （1）带负荷拉合隔离开关； （2）带电挂接接地线； （3）带地线合隔离开关或断路器		
考试开始时间			考试结束时间		合计	
考生栏	编号：	姓名：	所在岗位：	单位：	日期：	
考评员栏	成绩：	考评员：		考评组长：		

BD506 停电设备瓷件表面清扫、检查

一、操作

（一）工器具、材料

（1）工器具：绝缘架梯（2.5m）2 副，安全帽 2 个，绝缘手套、绝缘靴各 2 双；大、中、小号毛刷各 1 个，棉质抹布 2 块。

（2）材料：四氯化碳若干瓶，密封胶若干，清水 1 桶；空白作业指导卡 1 张。

（二）安全要求

（1）防人身触电：工作地点各侧悬挂接地线，工作时应与带电设备保持足够的安全工作距离（1000kV，8.7m；500kV，5.0m；220kV，3.0m；110kV，1.5m；35kV，1.0m；10kV，0.7m），架梯搬运应放倒两人一起抬运，高空作业车接地并设专人监护。

（2）防高空坠落：登高作业时必须系安全带、架梯上进行工作应有专人扶持、安全带禁止低挂高用，不得系在瓷件或不牢固的构支架上。

（3）防瓷件损坏：瓷件设备清扫用力不得过度、瓷件设备擦拭使用棉质抹布。

（三）操作步骤

1. 操作准备

（1）着装（两穿一戴、系安全带）。

（2）检查安全措施满足作业要求。

（3）选择工器具，外观检查。

（4）选择材料，外观检查。

（5）选定作业点并做好防高空坠落的各项措施。

2. 操作步骤

（1）检查瓷件确无破损、裂纹、闪络痕迹。

（2）检查瓷件各结合部无开裂现象（与铸铁部分），密封胶密封良好。

（3）表面污渍先用抹布清扫。

（4）难以清除时再用抹布沾四氯化碳溶剂进行清除。

（5）必要时对瓷件结合部涂抹密封胶。

（6）清理工作现场。

二、考核

（一）要求
（1）先填写停电设备瓷件表面清扫、检查标准化作业卡，再进行检查和维护。
（2）检查和维护项目齐全，标准化作业卡字迹清晰。

（二）考核场地
（1）设备：支柱绝缘子（或设备绝缘子）1套，要求支柱绝缘子安装处距离地面2m以上。
（2）场地：按现场布置的实训设备区。考场可设在培训专用带有支柱绝缘子的地方进行，但需要足够面积，保证考生操作方便、互不影响。给定安全措施已完成，配有一定区域的安全围栏。设置评判桌椅和计时秒表。按参加考核人员的数量配置工具、材料。

（三）考核时间
考核时间为30min。

（四）考核要点
（1）设备停电瓷瓶清扫安全措施。
（2）作业指导卡填写规范、标准。
（3）作业实施规范，完备。

三、评分参考标准

行业：电力工程　　　　　　工种：变电站值班员　　　　　　等级：五

编号	BD506	行为领域	e	鉴定范围	
考核时间	30min	题型	A	含权题分	25
试题名称	停电设备瓷件表面清扫、检查				
考试要点及要求	（1）给定条件：考场可设在室内或室外，但需要足够面积，保证考生操作方便、互不影响。 （2）工作环境：现场操作场地及设备材料完备。 （3）给定安全措施已完成，配有一定区域的安全围栏。 （4）检查作业工序及质量。				
现场设备、工器具及材料	（1）主要工具：架梯、安全用具（安全帽、绝缘带、手套）。 （2）基本材料：瓷件、毛刷、抹布、四氟化碳、水、密封胶，提供各种规格材料供考核人员选择。 （3）考生自备工作服、绝缘鞋，可以自带个人用具				
备注					

序号	作业名称	质量要求	分值	扣分标准	扣分原因	得分
		评分标准				
1	填写作业指导卡	规范、完备	15			
2	工具选用	工器具选用满足施工要求,工器具做外观检查	10	(1)登高作业安全带应检查,试验周期及是否有破损,未检查或选用错误扣10分; (2)架梯检查梯角是否有防滑装置及是否牢固,未检查或选用错误扣10分; (3)其他选用不当每项扣5分		
3	着装、穿戴	工作服、工作鞋、安全帽等穿戴正确	10	不按规定穿着每项扣5分		
4	填写工作票相关项目	在工作票第九项:确认工作负责人布置的工作任务和本施工项目安全措施工作班组人员签名处签名	15	未签名扣10分		
5	瓷件检查	瓷件表面无放电、破损痕迹,瓷件结合部无开裂进水	20	(1)放电痕迹未检查到位扣10分; (2)绝缘子破损未检查到位扣10分; (3)瓷件结合部位检查到位扣10分		
6	瓷件清扫,处理	表面清洁、无积灰积垢,瓷件结合部密封完好	30	(1)清扫不到位扣10分; (2)清扫不当扣10分; (3)如瓷件结合部有开裂现象未涂防水胶扣10分		
7	其他			在工作时出现下列之一者,成绩记零分: (1)高处作业未系安全带(基准面2m); (2)安全带低挂高用; (3)将安全带系在绝缘子或不牢固的构件上; (4)造成瓷件损坏		
考试开始时间				考试结束时间		
考生栏	编号:	姓名:		所在岗位:	单位:	日期:
考评员栏	成绩:	考评员:			考评组长:	

一、操作

(一) 工器具、材料

(1) 工器具：个人安全防护用具 1 套、手电筒 2 只、铲刀大、中、小各 1 个、砌刀 1 把、灰桶 1 个、毛刷大、中、小各 1 个。

(2) 材料：防火板 2 块，防火堵料若干，防火堵泥若干，白纱布若干。空白作业指导卡 1 张，空白工作票（见附录 13）1 张。

(二) 安全要求

(1) 防人身触电：工作人员穿长袖工作服，袖口扎紧，穿绝缘靴；工作时应与带电设备保持足够的安全工作距离（1000kV，8.7m；500kV，5.0m；220kV，3.0m；110kV，1.5m；35kV，1.0m；10kV，0.7m）；工作时禁止擅自移动或越过栅栏；禁止开启运行（或备用）开关柜网门。

(2) 防二次设备短路接地：封堵前应对电缆进行牢固绑扎防止接线端子受力脱落；使用工器具不得触及低压带电设备，使用前应做好绝缘包扎。

(三) 质量要求

(1) 变电站（生产厂房）内外的电缆，在进入控制室、配电室、电缆夹层、控制柜、开关柜等处的电缆孔洞，应采用防火材料严密封堵。

(2) 孔洞封堵平整、美观、无缝隙、不透光。

(四) 操作步骤

1. 操作准备

(1) 着装（两穿一戴）。

(2) 查看工作地点，分析作业风险。必要时对低压带电部分进行包裹隔离，对运行空气开关及继电器采取防误碰措施。

(3) 选择工器具，必要时包裹导电裸露部分。

(4) 选择材料。

2. 操作步骤

(1) 线缆整理固定，清洁。

（2）如进入控制室、配电室等处孔洞封堵，采取防火砖砌墙后，墙面粉刷平整。

（3）如控制柜、开关柜等小尺寸孔洞封堵，先按孔洞大小裁剪防火板，再采用调合后的防火堵料泥浆对防火板进行四周及缝隙处多次浇注固定（最好采用必要的模具板）。

（4）采用手电筒检查封堵孔洞是否透光。

（5）清理工作现场。

二、考核

（一）要求

（1）先填写变电站设备封堵检查、维护标准化作业卡，再进行检查和维护。

（2）检查和维护项目齐全，标准化作业卡字迹清晰。

（二）考核场地

（1）设备：间隔保护屏1套。

（2）场地：按现场布置的实训设备区（带电缆层）。有足够面积，保证考生操作方便、互不影响；给定安全措施已完成，配有一定区域的安全围栏；设置评判桌椅和计时秒表；按参加考核人员的数量配置工具、材料。

（三）考核时间

考核时间为30min。

（四）考核要点

（1）设备封堵检查、维护安全措施。

（2）作业指导卡填写规范、标准。

（3）封堵检查、维护作业实施规范，完备。

三、评分参考标准

行业：电力工程　　　　　　工种：变电站值班员　　　　　　等级：五

编号	BD507	行为领域	e	鉴定范围	
考核时间	30min	题型	A	含权题分	25
试题名称	变电站设备封堵检查、维护				
考试要点及要求	（1）给定条件：考场可设在室内或室外，但需要足够面积，保证考生操作方便、互不影响。 （2）工作环境：现场操作场地及设备材料已完备。 （3）给定安全措施已完成，配有一定区域的安全围栏。 （4）检查作业工序				

现场设备、工器具及材料	（1）主要工具：手电筒、铲刀（大、中、小）、灰桶、毛刷。 （2）基本材料：保护屏（或其他设备）、防火板、水、防火堵料、白纱布。 （3）考生自备工作服、绝缘鞋，可以自带个人用具
备注	

评分标准

序号	作业名称	质量要求	分值	扣分标准	扣分原因	得分
1	填写作业指导卡	规范、完备	15			
2	着装、穿戴	工作服、工作鞋、安全帽等穿戴正确	5	（1）不按规定穿着每项扣5分； （2）未穿长袖工作服或袖口未扎紧扣5分		
3	填写工作票相关项目	在工作票第九项：确认工作负责人布置的工作任务和本施工项目安全措施工作班组人员签名处签名	10	未签名扣10分		
4	现场危险点分析	对可能误碰带电设备、空气断路器、继电器等采取措施	20	（1）未核对工作间隔扣20分（工作地点错误）； （2）未查看工作现场直接进行工作扣10分		
5	设备封堵	孔洞封堵平整、美观、无缝隙	40	（1）孔洞线缆未固定或绑扎平整扣10分； （2）未采用防火材料封堵，扣20分； （3）封堵后检查透光，有缝隙扣30分； （4）孔洞封堵不美观，四边未达到横平竖直，表面平整，视情况扣10~40分		
6	现场清理	工作现场及设备整洁、施工工具清洗干净	10	（1）未清理工作现场每处扣5分； （2）施工工具未清洗扣5分		
考试开始时间			考试结束时间		合计	
考生栏	编号：　　　姓名：　　　所在岗位：　　　单位：　　　日期：					
考评员栏	成绩：　　　考评员：　　　　　　考评组长：					

BD508 生产管理系统数据录入

一、操作

(一) 材料

要进入生产管理系统的各项数据材料，如运行日志、工作记录等，纸（A4）1张，笔1支。

(二) 数据录入

(1) 变电运行日志各项录入（交接班）。

(2) 运行记事登记（操作管理、事故障碍管理、缺陷记录管理、设备巡视管理、日常维护管理、检修工作管理、其他工作记录）。

(3) 例行工作登记。

(4) 设备台账录入及修改。

(5) 操作票填写及流程流转。

(6) 工作票填写及流程流转。

(三) 操作要求

(1) 录入数据信息正确。

(2) 各项基础数据时限符合国网生产管理系统（PMS）考核要求。

(3) 熟练掌握各项数据查询统计功能。

二、考核

(一) 要求

(1) 正确登录生产管理系统。

(2) 按要求正确录入缺陷记录、蓄电池测试记录、设备台账、倒闸操作票数据。

(二) 考核场地

(1) 设备：生产管理系统软件及计算机1套。

(2) 场地：机房。

(三)考核时间

考核时间为 25min。

(四)考核要点

(1)数据录入方法。

(2)数据录入正确性。

三、评分参考标准

行业:电力工程　　　　　　　工种:变电站值班员　　　　　　　等级:五

编号	BD508	行为领域	e	鉴定范围	
考核时间	25min	题型	A	含权题分	25
试题名称	生产管理系统数据录入				
考试要点及要求	(1)给定条件:考场可设在室内计算机房、互不影响。 (2)检查数据录入正确性[巡视××变电站发现××间隔设备断路器 SF_6 气压低(巡视记录及缺陷记录录入)、填写蓄电池测试记录、填写＊＊设备停电处缺操作票(倒闸操作票执行)、＊＊设备台账录入]				
现场设备、工器具及材料	计算机、笔、纸				
备注					

评分标准						
序号	作业名称	质量要求	分值	扣分标准	扣分原因	得分
1	巡视记录录入	录入正确	20	(1)变电站选择错误扣 5 分; (2)巡视类型选择错误扣 5 分; (3)巡视开始及结束时间填写错误扣 5 分		
2	缺陷记录录入	录入正确	20	(1)变电站及缺陷主设备选择错误扣 5 分; (2)发现时间及发现方式填写错误扣 5 分; (3)缺陷描述及缺陷性质定性不准确扣 10 分; (4)设备种类、设备部件、部件种类填写错误扣 2 分		
3	蓄电池记录录入	录入正确	15	(1)工作地点、蓄电池测量时间、测试分类每处填写不正确扣 3 分; (2)其他数据填写错误,每处扣 2 分; (3)蓄电池录入未达到小数点后两位扣 5 分		

评分标准						
序号	作业名称	质量要求	分值	扣分标准	扣分原因	得分
4	操作票填写	流程熟悉	10	（1）变电站选择错误扣10分； （2）操作任务填写错误扣10分		
5	设备台账录入	录入正确	35	（1）台账录入名称不规范每处扣2分； （2）台账页面"＊"处未录入每处扣5分； （3）台账页面"！"处未录入每处扣3分； （4）台账未完成审核发布流程扣10分		
6	其他			出现不会登录系统者，成绩记零分		
考试开始时间				考试结束时间		合计
考生栏	编号： 姓名：		所在岗位：	单位：		日期：
考评员栏	成绩： 考评员：			考评组长：		

设备安全措施布置和拆除

一、操作

（一）工器具、材料

（1）工器具：安全围网 3 幅，插杆 20 根，"在此工作""禁止合闸，有人工作""止步，高压危险""从此上下""禁止攀登，高压危险""从此进出""禁止分闸"标示牌各 3 个，红布幔 2 幅。

（2）材料：空白纸（A4）2 张，铅笔 1 支，直尺 1 把，橡皮若干。

（二）操作要求

1. 安全措施的布置

（1）根据工作内容了解施工作业器具进出路径及人员、器具作业范围。

（2）在变电站平面布置图上标注安全措施布置范围。

（3）根据安全措施布置范围取用一定数量的安全围网、插杆及标示牌。

（4）按照平面布置图上安全措施布置范围打开围栏地埋桩盖子，插入围栏插杆，注意单侧带电的隔离开关不得纳入围栏内。

（5）将围网上下两侧固定在插杆上，要求横平竖直，整齐美观。

（6）悬挂提示类标示牌：在围栏入口处悬挂"从此进出"标示牌，在工作地点悬挂"在此工作"标示牌。

（7）悬挂警示类标示牌：在工作地点邻近带电设备的遮栏上、室外工作地点的围栏上、禁止通行的过道上、高压试验地点、室外构架上、工作地点临近带电设备的横梁上悬挂"止步，高压危险"标示牌。

1）在工作地点四周设的安全围栏上悬挂适当数量的"止步，高压危险"（每面不少于一块），标示牌面向围栏内。

2）在工作地点临近的带电设备四周封闭式围栏上悬挂适当数量的"止步，高压危险"（每面不少于一块），标示牌面向围栏外面。

3）在室外构架上工作，在工作地点邻近带电部分的横梁上，悬挂"止步，高压危险"标示牌。

4）高压开关柜内手车开头拉出后，在隔离带电部位的挡板上悬挂此标示牌。

（8）悬挂警示类标示牌：

1）"禁止合闸，有人工作"标示牌悬挂在一经合闸即可送电到工作地点的断路器（开关）和隔离开关（刀闸）的操作把手上。

断路器检修时：在断路器及两侧隔离开关的操作把手上悬挂此标示牌。

母线检修时：应在所有连接在检修母线上的母线侧隔离开关、母线电压互感器隔离开关的操作把手上悬挂此标示牌。双母线或母线分段时母联、分段开关及两侧隔离开关的操作把手上也应悬挂此标示牌。

旁母检修时：应在所有间隔的旁母侧隔离开关、旁路开关及其两侧隔离开关的操作把手上悬挂此标示牌。

站用变压器检修时：应在站用变压器高、低压侧断路器及隔离开关操作把手上悬挂此标示牌。

主变压器及断路器检修时：三侧断路器及刀闸和消弧线圈隔离开关的操作把手上悬挂此标示牌。

2）"禁止合闸，线路有人工作"标示牌，在线路检修时，悬挂在该间隔断路器、隔离开关的操作把手上。

3）"禁止分闸"标示牌，由于设备原因，接地开关与检修设备之间连有断路器（开关），在接地开关和断路器（开关）合上后，悬挂在断路器（开关）操作把手上。设备检修时，接地刀闸上悬挂。

4）"禁止攀登，高压危险"标示牌应悬挂在工作现场周围可能误登的带电设备的构架上。如：室外开关检修时，在本间隔的两侧隔离开关的构架上、在相邻带电间隔的设备构架上均需悬挂此标示牌。

（9）设置二次设备红布幔：在控制室、保护室内控制盘、保护盘、所用电盘及直流盘上从事检修检验工作时，应在需从事检验工作盘左右相邻运行设备上前、后各设红布幔一幅。对于已用伸缩式围栏进行安全措施布置的工作现场可不设置红布幔。

（10）检查所做安全措施是否符合《国家电网公司电力安全工作规程（变电部分）》（简称《安规》）要求，是否满足检修工作、巡视检查要求。

2．安全措施的拆除

（1）取下工作地点设置的二次设备红布幔及各类标示牌。

（2）拆除已装设的安全围栏并收纳整齐。

（3）取下已安装的围栏插杆，将围栏地埋桩盖好。

（4）将安全围网、插杆及各类标示牌按照定置管理要求对应存放。

二、考核

（一）要求

（1）先在变电站平面布置图上标注出安全措施布置范围，再按图布置安全措施。

（2）安全围网区域布置适当，各类标示牌悬挂位置和数量正确。

（3）安全措施拆除后按规定位置存放。

（二）考核场地

（1）设备：变电站实训设备区某间隔。

（2）场地：室外变电站实训场。

（三）考核时间

考核时间为 30min。

（四）考核要点

（1）按标准规范要求正确布置变电站各项安全措施。

（2）按标准规范要求正确拆除变电站各项安全措施。

三、评分参考标准

行业：电力工程　　　　　　　工种：变电站值班员　　　　　　　等级：五

编号	BD509	行为领域	e	鉴定范围	
考核时间	30min	题型	A	含权题分	25
试题名称	设备安全措施布置和拆除				
考试要点及要求	（1）标注出安全措施布置范围。 （2）布置安全措施。 （3）拆除安全措施				
现场设备、工器具及材料	变电站平面布置图，安全围网、插杆及各类标示牌、红布幔，空白纸、铅笔、尺、橡皮等绘图工具				
备注					
评分标准					

序号	作业名称	质量要求	分值	扣分标准	扣分原因	得分
1	标注安全措施布置范围	在变电站平面布置图上标注，考虑人员、车辆、器具进出路径	10	（1）范围错误每处扣1分； （2）图面不整洁、模糊不清扣1分		

		评分标准				
序号	作业名称	质量要求	分值	扣分标准	扣分原因	得分
2	取用一定数量的安全围网、插杆及标示牌	一次性取用的安全围网、插杆及标示牌种类、数量满足要求	10	(1) 重复取用安全围网、插杆扣1分； (2) 取用标示牌名称错误每类扣1分； (3) 重复取用标示牌扣1分		
3	按照安全措施布置范围图安装插杆和安全围网	安全围网横平竖直，安装牢固，整齐美观	15	(1) 插杆与安措布置图范围不符每处扣1分； (2) 安全围网未达到横平竖直每处扣1分； (3) 安全围网上下两边未与插杆固定每处扣1分		
4	悬挂提示类标示牌	位置、方向、数量正确，悬挂可靠	15	(1) 悬挂位置不正确每处扣1分； (2) 悬挂不可靠每处扣1分； (3) 悬挂方向不正确每处扣1分； (4) 漏悬挂每处扣1分		
5	悬挂警示类标示牌	位置、方向、数量正确，悬挂可靠	15	(1) 悬挂位置不正确每处扣2分； (2) 悬挂不可靠每处扣2分； (3) 悬挂方向不正确每处扣2分； (4) 漏悬挂每处扣2分		
6	悬挂禁止类标示牌	位置、方向、数量正确，悬挂可靠	15	(1) 悬挂位置不正确每处扣1分； (2) 悬挂不可靠每处扣1分； (3) 悬挂方向不正确每处扣1分； (4) 漏悬挂每处扣1分		
7	设置二次设备红布幔	位置、数量正确，悬挂可靠	10	(1) 安装位置不正确每处扣1分； (2) 安装不可靠每处扣1分； (3) 漏安装每处扣1分		

			评分标准				
序号	作业名称	质量要求	分值	扣分标准		扣分原因	得分
8	安全措施复查	所做安全措施是否符合《安规》要求，满足检修工作、巡视检查要求	10	（1）不正确满足《安规》要求每处扣3分； （2）不满足检修要求每处扣2分； （3）不满足巡视检查要求每处扣1分			
9	其他			带电设备围入安全措施范围扣20分			
考试开始时间				考试结束时间		合计	
考生栏		编号：	姓名：	所在岗位：	单位：		日期：
考评员栏		成绩：	考评员：		考评组长：		

现场保护配置图绘制

一、操作

(一) 工器具、材料

（1）工器具：安全帽，望远镜，10m长直尺1套，空白纸（A4）、铅笔、橡皮若干。

（2）材料：纸、笔、橡皮及绘图工具。

(二) 要求

（1）掌握全站主变压器、母线、线路保护型号、厂家。

（2）绘制电气主接线图，主接线图符号符合国家标准。

（3）在电气主接线图上标注出保护用电流互感器二次绕组。

（4）将保护名称及型号标注在所用电流互感器二次绕组旁，如图BD401-1所示。

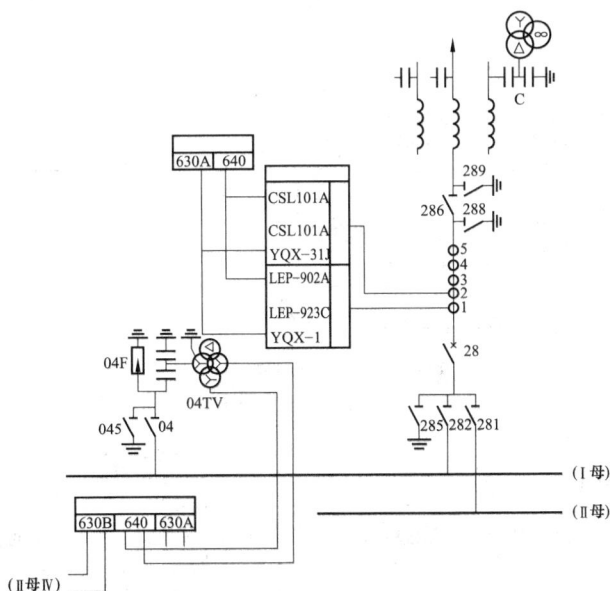

图 BD401-1 变电站保护配置图（局部）

二、考核

（一）要求

（1）先绘制主接线图，主接线图符号符合国家标准。

（2）在主接线图上设备间隔旁标示保护配置型号。

（3）画出各保护装置电压、电流的取值点。

（二）考核场地

某实际变电站（或 220kV 或 110kV 仿真变电站 1 套）。

（三）考核时间

考核时间为 30min。

（四）考核要点

（1）典型变电站继电保护装置基本配置。

（2）主要保护装置电压、电流取值点和保护范围。

三、评分参考标准

行业：电力工程　　　　　　工种：变电站值班员　　　　等级：四

编号	BD401	行为领域	e	鉴定范围	
考核时间	30min	题型	A	含权题分	25
试题名称	现场保护配置图绘制				
考试要点及要求	（1）查看变电站设备区实际一、二次设备。 （2）根据设备连接绘制主接线图。 （3）标示保护配置型号及电压、电流取值点				
现场设备、工器具及材料	（1）220kV 或 110kV 实际变电站或仿真变电站。 （2）空白纸、铅笔、橡皮及绘图工具等				
备注					
评分标准					

序号	作业名称	质量要求	分值	扣分标准	扣分原因	得分
1	绘制主接线图	按照线路实际接线方式绘制	20	（1）漏画电气元件每处扣5分； （2）电气元件位置错误每处扣5分； （3）设备编号、名称错误每处扣2分； （4）卷面不整洁、模糊不清扣1分		

评分标准						
序号	作业名称	质量要求	分值	扣分标准	扣分原因	得分
2	标注电压、电流互感器安装位置和保护连接线	按照电流互感器实际位置标注	40	（1）漏画、多画电压、电流互感器二次绕组每处扣1分； （2）电压、电流互感器二次绕组位置错误每处扣1分； （3）漏画电压、电流连接线每处扣5分		
3	标注对应保护型号	保护型号与实际一致	40	（1）保护型号与电流互感器位置不对应每处扣2分； （2）保护型号标注错误每处扣3分； （3）保护名称标注错误每处扣3分； （4）漏标保护型号每处扣5分		
4	其他			在绘制过程中参考携带资料扣10分		
考试开始时间				考试结束时间		合计
考生栏	编号：	姓名：		所在岗位：	单位：	日期：
考评员栏	成绩：	考评员：			考评组长：	

一、巡视项目

1. 变电站主变压器巡视
2. 变电站断路器巡视
3. 变电站 GIS 设备巡视
4. 变电站开关柜巡视
5. 变电站互感器设备巡视
6. 变电站电容器设备巡视
7. 变电站防雷设备巡视
8. 变电站隔离开关设备巡视

二、巡视

（一）工器具、材料

（1）工器具：安全帽、望远镜。

（2）材料：纸、笔、空白巡视记录单（A4）2 张。

（二）操作要求

（1）正常巡视指站内设备进行全面的外部检查。

（2）巡视步骤见图 BD402 - 1。

（3）巡视流程（见图 BD402 - 2）。

1）按各变电站巡视计划清理巡视所需工器具。

2）值班负责人分配巡视任务，布置巡视工作重点，强调注意事项，巡视人员做好巡视准备。

3）打印巡视作业指导卡。

4）进入计划巡视的变电站，按照巡视路线进行设备巡视。

5）巡视过程中发现设备缺陷。

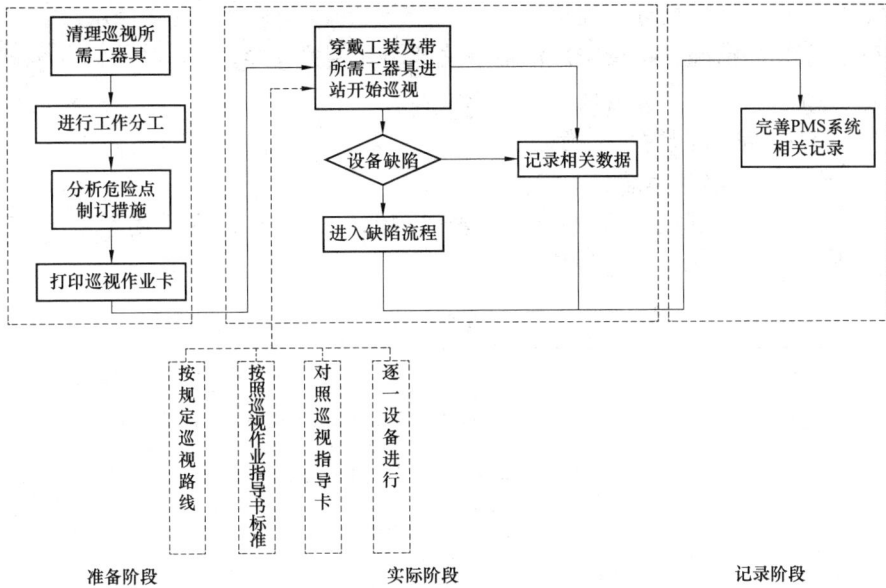

图 BD402-1 电气一次设备巡视步骤

准备阶段　　　　　　实际阶段　　　　　　记录阶段

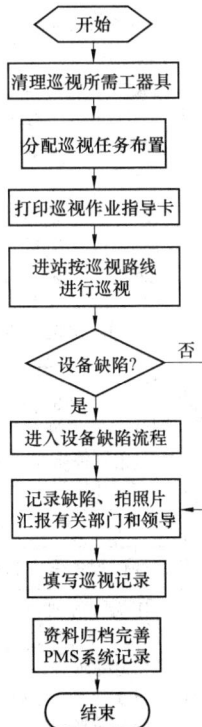

图 BD402-2 电气一次设备巡视流程

6）按照设备缺陷处理流程执行。

7）记录缺陷情况、拍摄照片汇报有关部门和相关领导。

8）巡视结束后，做好巡视后的记录整理。

9）资料归档完善 PMS 系统记录。

（4）典型设备巡视标准。

1）电力变压器巡视作业标准（见表 BD402-1），本标准适用于电力变压器（含电抗器、消弧线圈）的巡视检查。

表 BD402-1   电力变压器巡视标准

设备名称	序号	巡视内容	巡视标准
本体	1	上层油温	（1）变压器本体温度计完好、无破损； （2）记录变压器上层油温数值，上层油温不得大于 85℃，最大温升不得大于 55℃； （3）主控室远方测温数值正确，与主变压器本体温度指示数值相符；将变压器各部位所装温度计的指示相互对照、比较，防止误判断； （4）相同运行条件下，上层油温比平时高 10℃ 及以上，或负荷不变但油温不断上升，均为异常
	2	油位、油色	（1）变压器的油位指示，应和储油框上的环境温度标志线相对应、无大偏差；指针式油位计指示，应与制造厂规定的温度曲线相对应； （2）正常油色应为透明的淡黄色； （3）油位计指示正确且无渗漏油，没有影响察看油位的油垢
	3	变压器本体、附件及各连接处无渗漏油	（1）检查有无渗漏油，渗漏油的部位，1min 超过 1 滴，属于漏油，要记录清楚渗漏的部位、程度； （2）设备本体附着有油、灰的部位，必要时进行清洗；可以利用多次巡视机会检查现象，鉴别是否为渗油缺陷
	4	变压器本体及调压气体继电器	（1）气体继电器内应充满油，油色应为淡黄色透明，无渗漏油，气体继电器内应无气体（泡）； （2）气体继电器防雨措施完好、防雨罩牢固； （3）气体继电器的引出二次电缆应无油迹和腐蚀现象，无松脱
	5	运行中的声音	变压器正常应为均匀的嗡嗡声音，无放电等异常声音
	6	压力释放装置	压力释放器有无油迹，二次电缆及护管无破损或被油腐蚀
	7	呼吸器	（1）硅胶颜色无受潮变色，如硅胶变为红色，且变色部分超过 1/3，应更换硅胶； （2）呼吸器外部无油迹，油杯完好，油位正常

设备名称	序号	巡视内容	巡视标准
三侧套管	1	油位	(1) 油位，应在上、下油位标志线之间。 (2) 油位计内油位不容易看清楚时，可采用以下方法：①多角度观察；②两个温差较大的时刻所观察的现象相比较；③与其他设备的同类油位计相比较；④比较油位计不同亮度下的底板颜色。 (3) 油位计应无破损和渗漏油，没有影响察看油位的油垢
	2	油色	正常油色应为透明的淡黄色
	3	套管	应清洁，无破损、裂纹，无放电声
	4	法兰	应无裂纹和严重锈蚀
	5	110～220kV 套管末屏	接地良好
外部主导流部位	1	主导流接触部位是否接触良好，有无发热现象	(1) 引线线夹压接牢固、接触良好，无变色、变形，铜铝过渡部位无裂纹； (2) 主导流接触部位，看有无变色、有无氧化加剧、有无热气流上升、示温片或变色漆有无融化变色现象、夜间有无发红等； (3) 雨雪天气，检查主导流接触部位，看有无积雪融化、水蒸气现象； (4) 以上检查，若需要鉴定，应使用测温仪对设备进行检测
	2	引线有无断股，线夹有无损伤，接触是否良好	(1) 引线无断股、无烧伤痕迹； (2) 发现引线若有散股现象，应仔细辨认有无损伤、断股； (3) 检查母线、导线弧垂变化是否明显，有无挂落异物
风冷系统	1	风扇	变压器风扇运转正常，无异常声音，风叶应无抖动，不碰触外壳
	2	潜油泵（强油循环变压器）	运转方向正确，无异常声音，无渗漏油，油流继电器指示正确
	3	散热器	散热装置清洁，散热片不应有过多的积灰等附着脏物
	4	风冷系统运行方式	冷却器投入、辅助、备用组数应符合制造厂和现场运行规程的规定，位置正确，相应位置指示灯指示正确
中性点设备	1	中性点接地开关位置	符合电网运行要求，与变压器有关保护投退方式相对应
	2	中性点电流互感器	(1) 引线完好，接触牢靠，线夹无裂纹； (2) 套管无破损、裂纹，引线连接良好； (3) 无渗漏油现象
	3	接地装置	完好、无松脱及脱焊
	4	避雷器	(1) 清洁无损、无放电现象，法兰无裂纹锈蚀现象； (2) 内部应无响声，本体无倾斜； (3) 放电计数器是否完好，记录动作次数； (4) 检查泄漏电流值应在正常允许范围

设备名称	序号	巡视内容	巡视标准
有载调压装置	1	运行状态指示	有载调压装置电源正常
	2	有载调压装置	正常油色为浅黄透明，各部位无渗漏油
	3	有载调压机构	驱潮器投入正常。挡位指示与控制屏一致，且与实际挡位相符
端子箱、风冷控制箱	1	箱体、箱门	箱内清洁，箱门关闭严密
	2	内部	(1) 检查Ⅰ、Ⅱ段电压指示灯亮，各运行冷却器指示灯亮，无其他异常光字牌； (2) 接触器1C、2C、C接触良好，1ZK-6ZK空气开关正常投入，无发热现象和异常响声； (3) 电源投入开关KK正常应投"Ⅰ、Ⅱ运行"位置； (4) 箱内各继电器运行正常； (5) 箱内加热器、照明均正常； (6) 箱内接线无松动、无脱落、无发热痕迹； (7) 孔洞封堵严密

2）断路器巡视作业标准见表 BD402-2，本标准适用于高压断路器（含 SF₆、真空）的巡视检查。

表 BD402-2　　　　　　　　　　**断路器巡视作业标准**

设备名称	序号	巡视内容	巡视标准
断路器本体及端子箱	1	断路器位置	分、合闸指示器指示正确，与实际运行状态一致
	2	断路器套管、支持绝缘子	检查套管、支持绝缘子清洁、完好，无破损、裂纹、电晕放电声
	3	断路器引线连接线夹	(1) 断路器引线及线夹压接牢固、接触良好，无变色、铜铝过渡部位无裂纹； (2) 利用检查导线及线夹的颜色变化、有无热气流上升、氧化加剧、示温片或变色漆有无融化变色现象、夜间熄灯察看有无发红等方法，检查是否发热； (3) 雨雪天气，检查引线、线夹，对比有无积雪融化、水蒸气现象检查是否发热； (4) 以上检查，若需要鉴定，应使用测温仪对设备进行检测； (5) 检查高处的引线有无断股、烧伤痕迹，可使用望远镜
	4	SF₆断路器	(1) 检查断路器 SF₆ 压力表指示，压力值应在规定范围内，压力值应与环境温度相对应； (2) 密度继电器完好、正常，无异常报警信号； (3) 断路器本体周围无刺激性气味及其他异味、异常声音
		真空断路器	(1) 运行中的真空断路器无放电弧光及异常放电； (2) 检查真空泡无机械损伤，柜内无异物； (3) 观察真空泡玻璃罩内无金属氧化物，玻璃外壳上无灰白色雾气

设备名称	序号	巡视内容	巡视标准
断路器本体及端子箱	5	端子箱	(1) 端子箱内清洁、门关闭严密； (2) 二次线无松脱及发热变色现象； (3) 电缆二次线孔洞封堵严密； (4) 二次接线、元件、电缆、隔离开关、断路器、电流互感器等标志正确、清晰
机构	1	液压机构	(1) 断路器操动机构正常； (2) 检查机构管路及各连接处无渗漏油； (3) 检查机构应无异常声音、异味； (4) 检查液压机构压力表指示，应在额定工作压力范围内； (5) 箱内照明良好； (6) 检查加热器、驱潮器完好，应工作正常； (7) 加热器、驱潮开关正常应投"自动"位置，加热器在气温 10℃ 以上退出，0℃ 以下投入，驱潮器的凝露控制器应工作正常
	2	弹簧机构	(1) 机构箱门平整、开启灵活、关闭紧密； (2) 储能电动机储能电源完好，电源空气开关（闸刀、熔丝）在正常投入位置； (3) 储能电动机、行程开关接点无卡住、变形，分、合闸线圈无冒烟、异味； (4) 断路器在分闸备用状态时，分闸连杆应复归，分闸锁扣倒拉，合闸弹簧应储能； (5) 防凝露加热器良好
	3	电磁机构	(1) 机构箱门平整、开启灵活、关闭紧密； (2) 分、合闸线圈及合闸接触器线圈无冒烟、异味； (3) 直流电源回路接线端子无松脱、无铜绿或锈蚀； (4) 加热器正常完好
间隔设备基础	1	断路器钢基座	无锈蚀，固定牢固
	2	混凝土基础及沟道	(1) 基础完整，无裂缝、掉块； (2) 金属部分无锈蚀，接地良好、无锈蚀； (3) 沟道盖板齐全、完整、平整

3) 全封闭组合电器（GIS）巡视作业标准见表 BD402-3，本标准适用于全封闭组合电器（GIS）的巡视检查。

表 BD402-3　　　　全封闭组合电器（GIS）巡视作业标准

设备名称	序号	巡视内容	巡视标准
全封闭组合电器（GIS）	1	GIS 室"含氧检测仪"	(1) GIS 室"含氧检测仪"检测值在正常范围内； (2) 通风设施完好，进入 GIS 室前，应先通风 15min

设备名称	序号	巡视内容	巡视标准
全封闭组合电器（GIS）	2	设备位置、指示记数器	(1) 断路器与各隔离开关分、合闸指示器指示正确，与实际运行状态一致； (2) 断路器、避雷器动作计数器指示正确
	3	外观	(1) 环氧绝缘分隔罩外露部分无损伤、裂纹； (2) 各配管、阀门无损伤、锈蚀，开闭位置正确； (3) 设备外支架无损伤、锈蚀，接地点螺栓紧固、焊接良好
	4	断路器操动机构、油色、压力表指示、加热器、驱潮器、电机	(1) 断路器操动机构电机储能正常； (2) 机构管路及各连接处无渗漏油； (3) 检查气压机构压力表指示，应在额定工作压力范围内； (4) 箱内照明良好，检查加热器、驱潮器应完好，工作正常，加热器、驱潮器开关正常应投"自动"位置；加热器在气温10℃以上退出，0℃以下投入
	5	隔离开关操动机构	动作正常，无卡涩，指示器正确
	6	断路器 SF$_6$ 气体压力及各气室密度继电器	(1) 各气室 SF$_6$ 气体压力正常：环境温度为20℃时，断路器气室为 0.6MPa，其他气室（隔离开关、TA、TV、母线等）0.4MPa； (2) 密度继电器完好、正常，无异常报警信号； (3) 断路器本体周围无刺激性气味及其他异味、异常声音
	7	声音	设备内应无任何异常声音
	8	端子箱、汇控柜	(1) 端子箱内清洁、门关闭严密； (2) 汇控柜各指示灯指示正确，加热装置工作正常； (3) 接地控制屏（柜）上，控制选择开关 SPT 在"远方"位置，联锁开关在"联锁"位置

4) 开关柜巡视作业标准见表 BD402-4，本标准适用于固定式、移出式开关柜的巡视检查。

表 BD402-4 开关柜巡视作业标准

设备名称	序号	巡视内容	巡视标准
开关柜	1	柜面指示	(1) 断路器及隔离开关、接地开关位置状态符合当时运行方式，断路器位置指示灯指示正确； (2) 开关柜面板上压板位置正确； (3) 各继电器胶木、塑料、有机玻璃盖无裂纹、破损、变形及偏斜、松动，内壁无潮气凝结及烟雾现象，且监视线圈、触点的指示灯正常，胶垫无老化胀出；

设备名称	序号	巡视内容	巡视标准
开关柜	1	柜面指示	(4) 开关柜面板上"远方—就地"控制选择开关位置正确、"储能电源开关"投入、"储能"指示灯显亮、开关柜面板上压板位置正确； (5) 运行中高压带电指示灯三相燃亮正常
	2	柜体及五防装置	(1) 柜体无过热，颜色正常，无可疑放电声响； (2) 从观察孔见到的柜内设备无异常，绝缘良好，无放电现象； (3) 室内门窗封闭良好，室内温度超过40℃时，开启通风机； (4) 柜体"五防"装置工况良好

5) 隔离开关巡视作业标准见表 BD402 - 5，本标准适用于隔离开关的巡视检查。

表 BD402 - 5　　　　　　　　　　隔离开关巡视作业标准

设备名称	序号	巡视内容	巡视标准
隔离开关	1	触头、引线、线夹等主接触部位	(1) 导线无断股； (2) 触头接触良好； (3) 观察接头有无热气流、变色严重、氧化加剧，示温片有无变色熔化，夜间熄灯巡视察看有无发红等方法，检查是否发热； (4) 雨雪天气，检查设备引线、线夹主导流接触部位、闸刀主接触部位，对比有无积雪融化、水蒸气现象； (5) 以上检查，若需要鉴定，应使用测温仪对设备进行检测； (6) 无挂落异物
	2	瓷质部分	应完好、清洁、无破损、放电痕迹
	3	操动机构	(1) 防误闭锁装置锁具完好，闭锁可靠； (2) 机械联锁装置应完整可靠； (3) 机构箱门关闭严密； (4) 电动机构操作完成后，机构中各空开应在断开位置
	4	传动机构连杆	无弯曲变形、松动、锈蚀
	5	接地开关	正常在"分"位，助力弹簧无断股，闭锁良好

6) 电力电容器巡视作业标准见表 BD402 - 6，本标准适用于电力电容器的巡视检查。

表 BD402 - 6 电力电容器巡视作业标准

设备名称	序号	巡视内容	巡视标准
电容器	1	瓷套	清洁、无损、无放电现象
	2	本体	(1) 无渗漏油,外壳无鼓肚现象; (2) 内部无异音、异味
	3	油位、油色	(1) 油标的油位指示,应和环境温度标志线相对应、无大偏差; (2) 正常油色应为透明的淡黄色; (3) 油位计应无破损和渗漏油
	4	引线及接触部位	检查引线线夹压接应牢固、接触良好,无变色、变形,电容单元的保护熔丝应完好,无熔断现象
	5	放电线圈	放电线圈外观无异常

7) 互感器巡视作业标准见表 BD402 - 7,本标准适用于电流、电压互感器的巡视检查。

表 BD402 - 7 互感器巡视作业标准

设备名称	序号	巡视内容	巡视标准
互感器	1	瓷套	清洁、无损、无放电现象
	2	本体	(1) 无渗漏油; (2) 内部无异音、异味
	3	油位、油色	(1) 油标的油位指示,应与环境温度标志线相对应、无大偏差; (2) 正常油色应为透明的淡黄色; (3) 油位计应无破损和渗漏油,没有影响察看油位的油垢; (4) 对于干式(树脂)互感器外壳应无裂纹,无炭化脆皮、发热、熔化现象
	4	引线及接触部位	检查引线线夹压接应牢固、接触良好,无变色、变形,线夹无裂纹
	5	膨胀器	无异常,指示正确

8）防雷设施巡视作业标准见表 BD402 - 8，本标准适用于避雷器、避雷针及接地装置的巡视检查。

表 BD402 - 8 防雷设施巡视作业标准

设备名称	序号	巡视内容	巡视标准
避雷器	1	瓷质部分	清洁无损、无放电现象，法兰无裂纹锈蚀、进水等现象
	2	本体	（1）内部应无响声，本体无倾斜； （2）基础无裂缝，固定螺栓无松动、锈蚀
	3	放电计数器	（1）放电计数器是否完好，记录动作次数准确； （2）检查泄漏电流值应在正常允许范围
	4	避雷器引线	引线完好，接触牢靠，线夹无裂纹
	5	接地	接地良好，接地线无锈蚀
	6	均压环	无松动、锈蚀
避雷针	1	避雷针、避雷线以及接地引下线	（1）无锈蚀； （2）焊点、螺栓接点等连接牢固； （3）无裂纹、歪斜现象； （4）接地线无损伤、碰撞及腐蚀现象

三、考核

（一）要求

（1）指出按标准巡视主变的部位，并指示巡视要点。

（2）记录巡视结果。

（二）考核场地

某变电站（或 220kV 或 110kV 仿真变电站 1 套）。

（三）考核时间

考核时间为 20min。

（四）考核要点

（1）变电站设备巡视作业规范、流程。

（2）各类变电站一次设备巡视方法、要点。

（3）巡视记录。

四、评分参考标准

（一）电气设备正常巡视标准指示——主变压器巡视

行业：电力工程　　　　　　工种：变电站值班员　　　　　　等级：四

编号	BD402-1	行为领域	e	鉴定范围	
考核时间	20min	题型	A	含权题分	20
试题名称	主变压器正常巡视				
考试要点及要求	（1）对照主变压器，指示巡视位置名称、巡视标准。 （2）记录巡视结果				
现场设备、工器具及材料	220kV 或 110kV 实际变电站或仿真变电站。 空白纸、笔等				
备注					

评分标准

序号	作业名称	质量要求	分值	扣分标准	扣分原因	得分
1	主变压器本体巡视	指示上层油温读数，变压器油色、油位，本体及附件连接处渗漏情况，调压气体继电器，运行声音，压力释放装置，呼吸器等位置并口述巡视标准	20	（1）漏指一处扣3分； （2）标准口述不清楚扣2~3分		
2	三（两）侧套管巡视	指示套管油位、油色，套管表面，法兰，末屏接地等部位，口述巡视标准	15	（1）漏指一处扣3分； （2）标准口述不清楚扣2~3分		
3	外部主导流部位巡视	指示主导流连接部位、引线等	5	（1）漏指一处扣3分； （2）标准口述不清楚扣2~3分		
4	风冷系统巡视	指示风扇，潜油泵，散热器巡视部位，口述巡视标准及风冷系统运行方式	20	（1）漏指一处扣3分； （2）标准口述不清楚扣2~3分		
5	中性点设备巡视	指示中性点接地倒闸位置，中性点互感器，接地装置，避雷器巡视位置，口述巡视标准	20	（1）漏指一处扣3分； （2）标准口述不清楚扣2~3分		
6	有载调压装置巡视	指示装置运行状态，调压装置油色，机构等巡视位置，口述巡视标准	10	（1）漏指一处扣3分； （2）标准口述不清楚扣2~3分		

<table>
<tr><td colspan="8" align="center">评分标准</td></tr>
<tr><td>序号</td><td>作业名称</td><td>质量要求</td><td>分值</td><td>扣分标准</td><td>扣分原因</td><td>得分</td></tr>
<tr><td>7</td><td>端子箱、风冷控制箱巡视</td><td>指示箱体、箱门及箱内巡视位置，口述巡视标准</td><td>10</td><td>（1）漏指一处扣3分；
（2）标准口述不清楚扣2～3分</td><td></td><td></td></tr>
<tr><td>8</td><td>其他</td><td></td><td></td><td>巡视过程不规范扣5分，巡视记录不完整扣5分</td><td></td><td></td></tr>
<tr><td colspan="2">考试开始时间</td><td colspan="2"></td><td colspan="2">考试结束时间</td><td>合计</td><td></td></tr>
<tr><td colspan="2">考生栏</td><td>编号：</td><td>姓名：</td><td colspan="2">所在岗位：</td><td>单位：</td><td>日期：</td></tr>
<tr><td colspan="2">考评员栏</td><td>成绩：</td><td>考评员</td><td colspan="4">考评组长：</td></tr>
</table>

（二）电气设备正常巡视标准指示——断路器巡视

行业：电力工程　　　　　　工种：变电站值班员　　　　　　等级：四

编号	BD402-2	行为领域	e	鉴定范围	
考核时间	20min	题型	A	含权题分	20
试题名称	断路器正常巡视				
考试要点及要求	（1）对照断路器，指示巡视位置名称、巡视标准。 （2）记录巡视结果				
现场设备、工器具及材料	220kV或110kV实际变电站或仿真变电站。 空白纸、笔等				
备注					

<table>
<tr><td colspan="7" align="center">评分标准</td></tr>
<tr><td>序号</td><td>作业名称</td><td>质量要求</td><td>分值</td><td>扣分标准</td><td>扣分原因</td><td>得分</td></tr>
<tr><td>1</td><td>断路器位置巡视</td><td>指示断路器分合闸指示位置</td><td>5</td><td>（1）漏指一处扣3分；
（2）标准口述不清楚扣2～3分</td><td></td><td></td></tr>
<tr><td>2</td><td>断路器套管、支持绝缘子</td><td>指示套管、绝缘子巡视位置，口述巡视标准</td><td>10</td><td>（1）漏指一处扣3分；
（2）标准口述不清楚扣2～3分</td><td></td><td></td></tr>
<tr><td>3</td><td>断路器引线连接线巡视</td><td>指示断路器引线、连接线等部位，口述巡视标准</td><td>15</td><td>（1）漏指一处扣3分；
（2）标准口述不清楚扣2～3分</td><td></td><td></td></tr>
</table>

		评分标准					
序号	作业名称	质量要求	分值	扣分标准		扣分原因	得分
4	SF₆断路器巡视	指示SF₆压力表读数，密度继电器状态及异声、异味等，口述巡视标准	10	(1) 漏指一处扣3分； (2) 标准口述不清楚扣2～3分			
5	真空断路器巡视	指示真空断路器巡视部位，口述巡视标准	10	(1) 漏指一处扣3分； (2) 标准口述不清楚扣2～3分			
6	断路器运行声音	口述巡视标准	5	(1) 漏指一处扣3分； (2) 标准口述不清楚扣2～3分			
7	端子箱巡视	指示端子箱巡视位置，口述巡视标准	15	(1) 漏指一处扣3分； (2) 标准口述不清楚扣2～3分			
8	液压机构巡视	指示液压机构巡视位置，口述巡视标准	10	(1) 漏指一处扣3分； (2) 标准口述不清楚扣2～3分			
9	弹簧机构巡视	指示弹簧机构巡视位置，口述巡视标准	10	(1) 漏指一处扣3分； (2) 标准口述不清楚扣2～3分			
10	电磁机构巡视	指示电磁机构巡视位置，口述巡视标准	10	(1) 漏指一处扣3分； (2) 标准口述不清楚扣2～3分			
11	其他			巡视过程不规范扣5分，巡视记录不完整扣5分			
考试开始时间				考试结束时间		合计	
考生栏		编号： 姓名：		所在岗位：	单位：		日期：
考评员栏		成绩： 考评员：			考评组长：		

SF_6

（三）其他设备巡视

GIS设备巡视、开关柜巡视、互感器设备巡视、电容器设备巡视、防雷设备巡视等参考上述标准拟定。

一、操作项目

1. 10kV 输电线路停送电操作
2. 35kV 输电线路停送电操作
3. 110（220）kV 输电线路停送电操作
4. 500kV 输电线路停送电操作

二、操作

（一）工器具、材料

（1）工器具：电力安全工器具柜 1 套，安全帽、绝缘手套各 2 套，"禁止合闸，有人工作"标示牌 2 块，"禁止合闸，线路有人工作"标示牌 1 块，对应电压等级验电器 1 支，接地线若干（根据现场情况），录音电话、盒式围栏带、印章各 1 套。

（2）材料：空白汇报单（见表 BD407 - 1）、空白操作票（A4）2 张（见附录 11），纸、笔若干。

（二）原则及要求

1. 线路停送电一般规定

（1）线路停电前，应将线路的负荷倒由备用电源带。

（2）220kV 及以上的线路停、送电操作时，都应考虑电压和潮流变化，特别注意使非停电线路不过负荷，使线路输送功率不超过稳定极限，停送电线路末端电压不超过允许值，对充电投入长线路时，应防止发电机自励磁及线路末端电压超过允许值。

（3）220kV 及以上线路检修完毕送电操作时，应采取相应措施，防止送电线路投入时发生短路故障，引起系统稳定破坏。

2. 线路停送操作顺序

（1）线路停电停电检修时，应在线路两侧断路器断开后，先拉开线路侧隔离开关，后拉开母线侧隔离开关，确认线路两侧隔离开关已拉开后，然后合上线路接地开关。对于 3/2 断路器接线的厂站，应先断中间断路器，后断开母线侧断路器。

（2）线路送电时，首先应拆除线路上安全措施，核实线路保护按要求投入后，再推上母线侧隔离开关，后推上线路侧隔离开关，最后推上线路断路器。3/2断路器接线的厂站应先合母线侧断路器，后合中间断路器。

（3）线路解备时，线路可能受电的各侧都停止运行，在隔离开关拉开后，才允许在线路上做安全措施；在全部拆除线路上安全措施之前，不允许线路任一侧恢复备用。

（4）检修后相位可能变动的线路必须校对相位。

（三）现场操作流程

1. 准备阶段

（1）接受调度指令。

1）倒闸操作应由当班的值班员以上人员接调度命令。

2）值班员在接令时，应遵守发令、复诵、记录、录音、汇报等制度，在发布指令时，应先和受令人互报单位及姓名，并使用统一的调度术语。接令时要用设备的双重编号和规范的调度术语进行复诵、录音，并做好记录，及时校正 CRT 画面。如不录音，当发生事故，责任不清时，由受令人负责。录音内容应妥善保管 3 个月。

3）逐项操作票在执行过程中应坚持逐项发令、逐项操作、逐项汇报的原则。在不影响安全的情况下，如遇连续几项由同一单位操作，则可将这几项依次按顺序下达，操作单位则逐项操作，一次汇报。

4）调度员发布操作指令时，必须发出"发令时间"。现场值班人员接受操作指令后必须复诵一遍，调度员应复核无误。"发令时间"是值班调度员正式发布操作指令的依据，现场值班人员没有接到"发令时间"不得进行操作。

5）现场值班人员操作结束时，应汇报"结束时间"，并将执行项目报告一遍，调度员应复核与操作指令票内容一致。"结束时间"是现场操作执行完毕的依据，值班调度员收到操作"结束时间"后，该项操作才算完毕。

（2）审核命令票。

1）操作前，值班调度员与有权接受调度指令的现场值班人员仔细核对有关设备状态（包括保护、稳措、自动装置）。

2）变电站值班员对操作有疑问或发现与现场不符，应向发令人提出。

3）发现操作威胁人身或设备安全时，应拒绝执行。

4）有计划的操作，值班调度员在操作前 4h 将操作指令票填写好，经审核后发给受令单位，值班调度员应使现场值班人员理解该项操作的目的和要求。受令单位如无疑问应尽快准备好现场操作票，如未能按时完成准备工作应及时向值班调度员汇报。

（3）填写倒闸操作票。下列项目应填入操作票中：

1）应拉合的设备［断路器（开关）、隔离开关（刀闸）、接地开关等］。

2）拉合设备［断路器（开关）、隔离开关（刀闸）、接地开关等］后，设备位置的检查。

3）验电并装设接地线，拆除接地线和拆除接地线后的检查。

4）设备检修后合闸送电前，检查送电范围由接地开关已全部拉开，接地线已全部拆除。

5）进行停送电操作时，在拉、合隔离开关（刀闸）、手车式开关拉出，推入前，检查断路器（开关）确在分闸位置。

6）安装或拆除（合上或断开）控制回路、电压回路、操动机构的操作电源回路（含电动机构的隔离开关）、合闸回路的熔断器（空气开关）。

7）切换保护回路，自动化装置的操作及自动切换后检查项目确认有无电压等。

8）在进行倒负荷或解、并列操作前后，检查相关电源运行及负荷分配情况。

9）与操作项目有关的元件位置或状态检查项目。

10）对无法看到设备实际位置时，为了确认设备已经操作到位，对该设备相关指示及信号变化的检查项目。

（4）做好操作前准备并进行危险点预控。

1）应检查现场录音装置的完好性。

2）站长或值班长应分工和交代操作目的、任务及安全注意事项 应检查工器具合格、足够（还有围栏、标示牌、地线、验电器等）。

3）应准备完好和足够的劳动防护用品。

4）设备检修的送电操作，必须收回送电范围的全部工作票，检修设备合格，允许送电的情况。操作前应认真检查设备状况及一、二次设备的分合位置与工作前相符，以及检修范围有无检修人员遗留的个人保安线和临时接地线。

5）检查接地线登记簿和清理未装接地线组数，是否与现场地线情况相符。

6）准备好操作用具及安全工器具，并进行检查，大型操作可将接地线预放到预挂设地点。

7）检查防误闭锁电脑钥匙确已充好电，微机防误装置画面接线与实际相符。

8）倒闸操作前，必须了解系统运行方式，继电保护及自动装置等方面情况，并考虑电源、负荷的合理分布及系统运行方式。

9）考虑保护和自动装置相应变化及应断开的交、直流电源和防止电压互感器、站用变压器二次反高压的措施。

10）分析操作过程中可能出现的危险点和预控措施。

（5）向调度汇报准备完毕。

2. 执行阶段

（1）接受操作命令。

1）倒闸操作应在发令人发布操作指令，且受令人复诵无误后开始执行。发令人发布操作指令应准确、清晰，使用规范的调度术语和设备双重名称。接、发令时，双方应先互报单位和姓名，发布指令的全过程（包括对方复诵指令）和听取指令的汇报双方都要录音并做好记录。

2）受令人接令后，在事先拟好并经审核合格的倒闸操作票上填写发令人姓名和发令时间并签名，倒闸操作票许可执行。

（2）模拟预演。操作人和监护人持许可执行的倒闸操作票，先在模拟图（或电子接线图）上进行核对性模拟预演，无误后开始倒闸操作。当条件具备时，必须在微机防误模拟屏或具有模拟操作功能的电子接线图上进行核对性模拟操作。

（3）现场操作。

1）应执行"一人监护，一人操作"的监护操作制度。

2）操作前应先核对设备名称、编号和位置，操作中应认真执行监护复诵制度（单人操作时也应高声唱票），操作过程宜全过程录音。

3）操作时应按序号逐项执行，禁止跳项、倒项、添项或漏项操作。

4）每操作完一项，检查无误后，应立即在该项执行栏中做一个"√"记号。

（4）操作结束检查。

1）应按规定使用防误闭锁操作装置。

2）倒闸操作票的第一项，最后一项和重要操作项目（包括断合断路器、接地开关，装拆接地线和拉合接地开关等），均需填写操作时间。根据逐项操作指令票填写的倒闸操作票中对应的逐项操作项目，均应记录操作时间。

3）操作中发生疑问时，应立即停止操作并向发令人报告。待发令人再行许可后，方可继续操作。不准擅自更改操作票操作。

4）操作票分段操作时，应根据调度指令用红线做分段执行标志，并在备注栏中交代清楚。

5）全部操作项目执行完毕后，监护人和操作人进行一次全面复查，以防漏项或错项。

（5）汇报调度操作完毕。

1）倒闸操作完成后，受令人应立即将操作情况向发令人汇报。综合操作指令票只汇报操作终止时间，逐项操作指令票则在完成每一项逐项操作项目的操作后就立即汇报该逐项操作项目的操作终止时间。

2）倒闸操作因故中止，应在备注栏中说明原因。

3）综合操作指令票未执行完毕，不得移交下一班。特殊情况下，逐项操作指令票允许移交下一班操作，但双方必须交接清楚，共同审查已完成操作项目和剩余操作项目，审查无误后接班的操作人、监护人和值班负责人对应确认签名。

4）操作票执行完毕后，在最后一项的下一行左顶端加盖"已执行"印章。作废的操作票在操作任务栏左侧加盖"作废"印章。因故不能执行的操作票在操作任务栏左侧加盖"未执行"印章，并在备注栏中说明原因。

三、考核

以分项目1—10kV输电线路停送电操作为例，其他项目参考分项目1。

（一）要求

（1）在某等级仿真变电站或10kV实际屏柜上完成10kV输电线路停送电倒闸操作，如图BD403-1所示。

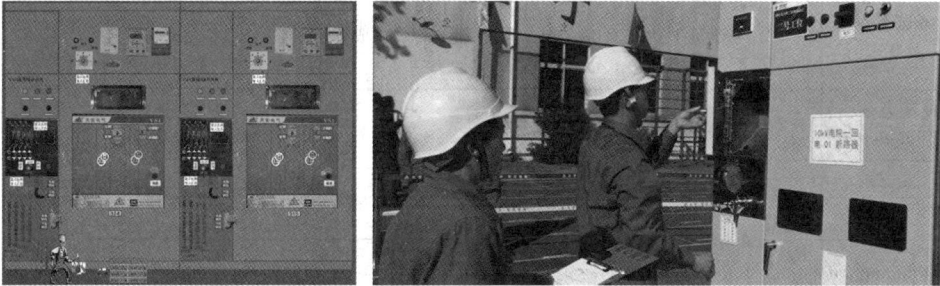

图 BD403-1　仿真操作与实际屏柜操作考核

（2）按现场倒闸操作流程进行倒闸操作（见本项目"二、操作"部分）。

（3）要求填写倒闸操作票操作。

（4）仿真变电站上单人完成全部操作任务，实际屏柜上双人配合完成（一人监护，一人操作）。

（二）考核场地

（1）设备：10kV开关柜（或220kV或110kV仿真变电站1套）。

（2）场地：10kV开关柜应比较开阔，其间隔具有足够的安全距离，每个工位面积约20m²。

（三）考核时间

仿真变电站上操作30min，实际屏柜上操作50min。

（四）考核要点

（1）变电站10kV输电线路倒闸操作规范操作、流程。

（2）10kV输电线路倒闸操作顺序、方法。

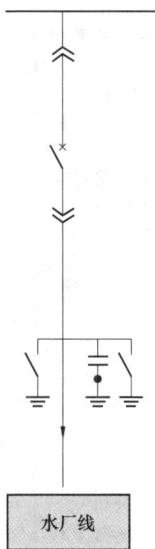

图 BD403-2　10kV输电线路倒闸操作接线图

四、评分参考标准

（一）220kV 变电站 10kV 输电线路及断路器由运行转检修

10kV 输电线路倒闸接线如图 BD403 - 2 所示。

行业：电力工程 　　　　　　工种：变电站值班员 　　　　　　等级：四

编号	BD403 - 1	行为领域	e	鉴定范围	
考核时间	30min	题型	A	含权题分	25
试题名称	10kV 输电线路停电倒闸操作				
考试要点 及要求	(1) 整个操作由一人完成，各项审查工作由考生完成。 (2) 考评员下达书面综合指令票，考生按票完成任务。 (3) 汇报用书面形式进行				
现场设备、 工器具及材料	220kV 或 110kV 仿真机。空白操作票、笔				
备注					

序号	作业名称	质量要求	分值	扣分标准	扣分 原因	得分
				评分标准		
1	操作票填写	按照 220kV 仿真变电站实际设备及运行方式进行操作票填写	40	(1) 漏填单位名称，单位名称不全扣 1 分； (2) 漏填发令人、受令人姓名、发令时间之一扣 1 分； (3) 未填写设备双编号者扣 1 分； (4) 未按规定签名扣 1 分； (5) 字迹潦草、模糊不清扣 1 分； (6) 未按规定填操作项目或操作项目不全或未用操作术语扣 1 分		
2	汇报调度	书面汇报	5	与调度员联系时，未严格遵守调度规程、未使用规范化语言，每处扣 1 分		
3	安全工器具	取绝缘手套、安全帽、绝缘鞋、验电器等	5	一项未取用扣 2 分		
4	仿真操作	在仿真机上单人操作	50	(1) 不按票操作扣 5 分； (2) 操作后未检查一处扣 1 分； (3) 关键项错误或漏项每处扣 5 分； (4) 漏填操作时间，漏打 "√" 等扣 1 分		

评分标准						
序号	作业名称	质量要求	分值	扣分标准	扣分原因	得分
5	其他			在填票或操作中出现下列误操作之一者，成绩记零分： （1）带负荷拉隔离开关； （2）带电挂地线； （3）带地线合闸； （4）误分合断路器； （5）误入带电间隔		
考试开始时间			考试结束时间		合计	
考生栏		编号：　姓名：		所在岗位：　单位：		日期：
考评员栏		成绩：　考评员：		考评组长：		

（二）10kV 开关柜上完成 10kV 输电线路停送电操作

10kV 输电线路停送电操作接线如图 BD403-3 所示。

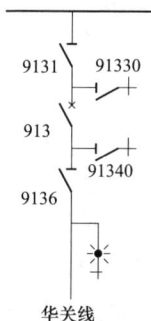

图 BD403-3　10kV 输电线路停送电操作接线图

行业：电力工程　　　　工种：变电站值班员　　　　等级：四

编号	BD403-2	行为领域	e	鉴定范围	
考核时间	30min	题型	A	含权题分	25
试题名称	10kV 开关柜上完成 10kV 输电线路停送电操作				
考试要点及要求	（1）整个操作按实际现场要求完成。 （2）两人进行，一人监护，一人操作，停电、送电人员调换。 （3）考评员下达倒闸操作指令，考生按指令完成任务				
现场设备、工器具及材料	10kV 开关柜。电力安全工器具柜 1 组、绝缘手套 2 双、安全帽 2 顶、验电器 1 个、10kV 隔离开关操作手柄 1 个、10kV 接地线三组、各类标示牌（"有人工作，禁止合闸""在此工作"等）4 组及以上、录音电话 1 个、盒式围栏带、章等各 1				
备注	此项操作以 10kV 华关线输电线路及华 913 断路器由运行转检修及检修转运行为例				

评分标准						
序号	作业名称	质量要求	分值	扣分标准	扣分原因	得分
1	操作票填写	按照开关柜设备及运行方式进行操作票填写	20	(1) 漏填单位名称或单位名称不全扣2分; (2) 漏填发令人姓名扣2分,漏填受令人姓名扣2分; (3) 漏填或填错发令时间扣2分; (4) 未填写设备双重编号扣2分; (5) 修改个别错、漏字时,字迹模糊,不易分辨扣2分; (6) 未按规定填写操作项目或操作项目不全或未使用操作术语扣5分; (7) 顺序错误 N 项扣 $N×5$ 分; (8) 漏填 N 项扣 $N×5$ 分; (9) 未盖已执行章扣1分		
2	汇报调度	电话汇报	10	(1) 未使用普通话扣0.5分; (2) 未报变电站名扣0.5分; (3) 未报本人岗位值班长扣0.5分; (4) 未使用设备电压等级扣0.5分; (5) 未使用设备双重编号扣0.5分; (6) 未录音扣0.5分; (7) 未复诵扣0.5分		
3	安全工器具	取绝缘手套、安全帽、绝缘鞋、验电器等	10	(1) 未检查试验标签或选择工具错误扣5分; (2) 未检查手套漏气、有效期扣3分; (3) 携带工具遗漏 N 项（验电器、安全帽、接地线2组、绝缘挡板、发生器、标示牌、绝缘手套）扣 $N×3$ 分		
4	停电操作	操作票	2	未将操作票带至现场扣20分		
		核对操作设备及编号	1	未核对操作设备及编号扣2分		
		确认操作任务	2	未确认操作任务扣2分		

		评分标准				
序号	作业名称	质量要求	分值	扣分标准	扣分原因	得分
4	停电操作	确认带电指示器正常	1	未确认带电指示器正常扣2分		
		断开913断路器	2	（1）未唱票扣2分。未复诵扣2分； （2）监护人未认真监护或参与操作扣2分； （3）未认真检查机械指示、绿灯、表计之一扣2分； （4）未操作该项或顺序错误共扣10分		
		检查913断路器确已断开	1			
		断开913断路器动力电源空气开关	1			
		拉开9136隔离开关	2			
		检查9136隔离开关确已拉开	1			
		拉开9131隔离开关	2			
		检查9131隔离开关确已拉开	1			
		用高频发生器检查验电器良好	1	未检查扣3分		
		在9131隔离开关动触头处验明三相确无电压后立即在华9131隔离开关动静触头之间装上1号绝缘隔板	1	（1）未唱票扣2分； （2）未复诵扣2分； （3）监护人未认真监护或检查不到位扣2分； （4）未操作该项或顺序错误共扣10分		
		用高频发生器检查验电器良好	1	未检查扣1分		
		在9136隔离开关与华913断路器之间验明三相确无电压后，立即挂上1号接地线	2	（1）未唱票扣2分，未复诵扣2分； （2）未验电扣10分，验电位置不正确扣5分； （3）验电与挂接地线时间过长扣2分，装接地线顺序错误扣5分； （4）未戴绝缘手套扣8分； （5）地线装接不牢扣5分，装接地线后碰触地线扣5分； （6）未操作该项共扣20分		
		在9136隔离开关靠线路侧验明三相确无电压后，立即挂上2号接地线	1			
		断开913断路器控制电源空气开关	1			
		在盘上悬挂"线路有人工作，禁止合闸"标示牌	2	悬挂标示牌错误扣2分，未操作该项共扣3分		

评分标准						
序号	作业名称	质量要求	分值	扣分标准	扣分原因	得分
4	停电操作	开关柜把手打至"工作"位	2	未进行该项操作扣3分		
		操作完毕进行检查	2	操作人未检查扣5分，检查不到位（断路器、隔离开关、接地线等）每项扣2分		
5	送电操作	操作票	2	未将操作票带至现场扣20分		
		核对操作设备及编号	1	未核对操作设备及编号扣2分		
		确认操作任务	2	未确认操作任务扣2分		
		拆除标示牌	1	操作前未拆除扣2分		
		合上913断路器控制电源空气开关	2	未唱票扣2分。未复诵扣2分。未操作该项共扣5分		
		拆除9136隔离开关靠线路侧2号接地线	2	（1）未唱票扣2分，未复诵扣2分；（2）拆除接地线顺序错误扣5分；（3）未戴绝缘手套扣8分；（4）拆除地线前碰触地线扣5分，未操作该项共扣20分		
		检查9136隔离开关靠线路侧2号接地线确已拆除	1			
		拆除9136隔离开关与华913断路器之间1号接地线	2			
		检查9136隔离开关与华913断路器之间1号接地线已拆除	1			
		取下9131隔离开关动静触头之间1号绝缘隔板	2			
		检查913断路器确在断开位置	1	（1）未唱票扣2分，未复诵扣2分；（2）监护人未认真监护或检查不到位扣2分；（3）未操作该项共扣5分		
		推上9131隔离开关	2			
		检查9131隔离开关三相确已推上	1			
		推上9136隔离开关	2			
		检查9136隔离开关三相确已推上	1			
		合上913断路器动力电源空气开关	1			
		合上913断路器	2			
		检查913断路器确已合上	1			
		开关柜把手打至"工作"位	1			

序号	作业名称	质量要求	分值	扣分标准	扣分原因	得分
				评分标准		
5	送电操作	操作完毕进行检查	2	（1）操作人未检查扣5分，检查不到位（断路器、隔离开关、接地线等）每项扣2分；（2）监护人未检查扣5分，检查不到位（断路器、隔离开关、接地线等）每项扣2分		
6	其他			在填票或执行操作中出现下述误操作者直接计零分：（1）带负荷拉合隔离开关；（2）带电挂接接地线；（3）带地线合隔离开关或断路器		

考试开始时间				考试结束时间		

考生栏	编号：	姓名：	所在岗位：	单位：	日期：
考评员栏	成绩：	考评员：		考评组长：	

（三）35kV 输电线路停送电操作

参考 BD403-2 评分标准实施。

（四）110（220）kV 输电线路停送电操作

接线图参见附录 3。

行业：电力工程　　　　工种：变电站值班员　　　　等级：四

编号	BD403-3	行为领域	e	鉴定范围	
考核时间	40min	题型	A	含权题分	25
试题名称	110kV 输电线路停电操作				
考试要点及要求	（1）整个操作由一人完成，各项审查工作由考生完成。（2）考评员下达书面综合指令票，考生按票完成任务。（3）汇报用书面形式进行				
现场设备、工器具及材料	110kV 仿真机或 220kV 仿真机。空白操作票、笔、空白汇报单				
备注	此项操作以 110kV 仿真变电站 110kV 综水线及综 1113 断路器由运行转检修为例				

评分标准

序号	作业名称	质量要求	分值	扣分标准	扣分原因	得分
1	操作票填写	按照 110kV 仿真变电站实际设备及运行方式进行操作票填写	40	(1) 漏填单位名称，单位名称不全扣1分； (2) 漏填发令人、受令人姓名、发令时间之一扣1分； (3) 未填写设备双编号者扣1分； (4) 未按规定签名扣1分； (5) 字迹潦草、模糊不清扣1分； (6) 未按规定填操作项目或操作项目不全或未用操作术语扣1分		
2	汇报调度	书面汇报	5	与调度员联系时，未严格遵守调度规程、未使用规范化语言，每处扣1分		
3	安全工器具	取绝缘手套、安全帽、绝缘鞋、验电器等	5	一项未取用扣2分		
4	仿真操作	断开仿 1113 断路器	3	(1) 每漏一项扣2分； (2) 严重顺序错误每项扣5分； (3) 格式规范错误每处扣2分； (4) 涂改等每处扣1分； (5) 每漏一项扣2分； (6) 误操作每处扣15分； (7) 漏填操作时间，漏打"√"等扣1分		
		检查仿 1113 断路器确已断开	3			
		拉开仿 11136 隔离开关	3			
		检查仿 11136 隔离开关确已断开	2			
		断开仿 11136 隔离开关动力空气开关，加锁	2			
		拉开仿 11132 隔离开关	3			
		检查仿 11132 隔离开关确已断开	2			
		断开仿 11132 隔离开关动力空气开关，加锁	2			
		断开仿 1113 断路器重合闸压板或断路器切至"退出"	3			
		断开仿 1113 断路器就地动力和直流空气开关	2			
		验电挂接仿 1113 甲丁接地开关	4			

序号	作业名称	质量要求	分值	扣分标准	扣分原因	得分
4	仿真操作	验电挂接仿1113丙丁接地开关	4	（1）每漏一项扣2分； （2）严重顺序错误每项扣5分； （3）格式规范错误每处扣2分； （4）涂改等每处扣1分； （5）每漏一项扣2分； （6）误操作每处扣15分； （7）漏填操作时间，漏打"√"等扣1分		
		验电挂接仿1113丙丁1接地开关	4			
		退出宗水线保护出口压板	2			
		退出母差保护跳仿1113断路器压板	2			
		取下仿1113断路器控制空气开关	2			
		断开主控室信号开关	2			
		挂牌	2			
		汇报完毕	2			
5	其他			在填票或操作中出现下列误操作之一者，成绩记零分： （1）带负荷拉隔离开关； （2）带电挂地线； （3）带地线合闸； （4）误分合断路器； （5）误入带电间隔		
考试开始时间				考试结束时间		
考生栏	编号：	姓名：	所在岗位：	单位：	日期：	
考评员栏	成绩：	考评员：		考评组长：		

（五）500kV 输电线路停送电操作

参考 BD403-3 评分标准实施。

BD404 单母线接线停送电倒闸操作

一、操作

(一) 材料

空白汇报单（见表 BD407-1）、空白操作票 2 张（见附录 11），纸、笔若干。

(二) 操作原则及要求

1. 单母线停送电一般规定

（1）母线停电前，应将母线所接负荷倒由备用母线带或转移停电母线上负荷。

（2）用母联断路器向母线充电时，充电前应投入母线充电保护，充电正常后退出充电保护。

（3）母线倒闸操作时，应考虑对母线差动保护的影响和二次压板相应的倒换。

（4）母线倒闸操作的顺序和要求按现场规程执行。

2. 母线停送操作顺序

（1）停送电操作顺序：停电时先停线路，再停主变压器，最后停分段断路器。送电时与此相反。

（2）拉分段断路器两侧隔离开关时，先拉停电母线侧的隔离开关，后拉带电母线侧的隔离开关。送电时与此相反。

（3）停电母线所接电压互感器的操作一般应在拉开分段断路器后进行，送电时与此相反。对于可能产生谐振的，停电时可先停电压互感器，送电时后送电压互感器。

(三) 操作步骤

参见 BD403 项目所述。

二、考核

(一) 要求

（1）在 110kV（或 220kV）仿真变电站完成 10kV 母线停送电倒闸操作，接线图参见附录 4。

（2）按现场倒闸操作流程进行倒闸操作（见BD403项目"二、操作"部分）。

（3）要求填写倒闸操作票操作。

（4）仿真变电站上单人完成全部操作任务。

（二）考核场地

220kV或110kV仿真变电站1套，仿真实训机房。

（三）考核时间

考核时间为30min。

（四）考核要点

（1）变电站单母线倒闸操作规范操作、流程。

（2）变电站单母线倒闸操作顺序、方法。

三、评分参考标准

行业：电力工程   工种：变电站值班员   等级：四

编号	BD404	行为领域	e	鉴定范围	
考核时间	30min	题型	A	含权题分	25
试题名称	单母线接线停送电倒闸操作				
考试要点及要求	（1）整个操作由一人完成，各项审查工作由考生完成。 （2）考评员下达书面综合指令票，考生按票完成任务。 （3）汇报用书面形式进行				
现场设备、工器具及材料	110kV仿真机或220kV仿真机。 空白操作票、笔、空白汇报单				
备注	此项操作以10kVⅠ母由运行转检修为例				

评分标准						
序号	作业名称	质量要求	分值	扣分标准	扣分原因	得分
1	操作票填写	按照110kV仿真变实际设备及运行方式进行操作票填写	40	（1）漏填单位名称，单位名称不全扣1分； （2）漏填发令人、受令人姓名、发令时间之一扣1分； （3）未填写设备双编号者扣1分； （4）未按规定签名扣1分； （5）字迹潦草、模糊不清扣1分； （6）未按规定填操作项目或操作项目不全或未用操作术语扣1分		

评分标准						
序号	作业名称	质量要求	分值	扣分标准	扣分原因	得分
2	汇报调度	书面汇报	5	与调度员联系时，未严格遵守调度规程、未使用规范化语言，每处扣1分		
3	安全工器具	取绝缘手套、安全帽、绝缘鞋、10kV验电器等	5	一项未取用扣2分		
4	仿真操作	将400V 1号站用变压器倒换至2号站用变压器	5	（1）每漏一项扣2分； （2）严重顺序错误每项扣5分； （3）操作不规范每处扣2分； （4）误操作每处扣15分； （5）漏填操作时间，漏打"√"等扣1分		
		断开111隔离开关并检查确认	3			
		将10kV分段仿100断路器BZT方式切至"退出"位	5			
		断开10kV 1号电容补偿装置仿01断路器并检查确认	3			
		将10kV 1号电容补偿装置仿01断路器拉至检修位	2			
		断开10kV 3号电容补偿装置仿03断路器并检查确认	3			
		将10kV 3号电容补偿装置仿03断路器拉至检修位	2			
		断开10kV河东一线仿114断路器并检查确认	3			
		将10kV河东一线仿114断路器拉至检修位	2			
		断开10kV备用线仿115断路器并检查确认	3			
		将10kV备用线仿115断路器拉至检修位	2			
		断开10kV 1号主变压器进线仿101断路器并检查确认	3			
		将10kV 1号主变压器进线仿101断路器拉至检修位	2			
		断开10kV Ⅰ母TV二次空气开关	5			

		评分标准				
序号	作业名称	质量要求	分值	扣分标准	扣分原因	得分
4	仿真操作	将 10kV Ⅰ母 TV 拉至检修位	3	（1）每漏一项扣 2 分； （2）严重顺序错误每项扣 5 分； （3）操作不规范每处扣 2 分； （4）误操作每处扣 15 分； （5）漏填操作时间，漏打"√"等扣 1 分		
		验电，挂接临时接地线	3			
		挂牌，汇报完毕	2			
5	其他			在填票或操作中出现下列误操作之一者，成绩记零分： （1）带负荷拉隔离开关； （2）带电挂地线； （3）带地线合闸； （4）误分合断路器； （5）误入带电间隔		
考试开始时间				考试结束时间	合计	
考生栏		编号： 姓名：		所在岗位： 单位：	日期：	
考评员栏		成绩： 考评员：		考评组长：		

BD405 站用变压器停送电倒闸操作

一、操作

（一）材料

空白汇报单（见表 BD407-1）、空白操作票 2 张（见附录 11），纸、笔若干。

（二）操作原则及要求

1. 站用变压器停送电一般规定

（1）变压器停送电要执行逐级停送电的原则，即停电时先停低压侧负荷，后停高压电源侧。当两侧均有电源时，应先停低压侧，后高压侧。停送电变压器应有完备的继电保护装置。

（2）变压器充电前，应检查充电侧母线电压及变压器分接头位置，保证充后各侧电压不超过其相应分接头电压的 5%。

（3）断开变压器进线断路器之前应先考虑母线上所连接的电源和负荷情况，防止变压器停电造成其他变压器过负荷或使母线失去电源。

（4）变压器不允许用低压侧隔离开关拉开充电电源。备用段需带电时必须从高压侧送电。

2. 站用变压器停送电操作顺序

（1）停电时先进行站用变压器切换操作。即先断开要停用站变压器低压侧总断路器，再合上低压侧分段断路器。恢复送电时，先断开低压侧分段断路器，再合上站变压器低压侧总断路器。

（2）变压器停电检修时，应先断开负荷侧断路器，再断开电源侧断路器，最后分别按主变压器侧隔离开关\母线侧隔离开关依次拉开，原则为先拉开负荷侧隔离开关，再拉开电源侧隔离开关，转检修时再在可能来电的各侧合上接地隔离开关或装设接地线。

（3）变压器送电时，首先应拆除变压器上安全措施，核实变压器保护按要求投入后，再依次推上电源侧隔离开关，推上负荷侧隔离开关，合上电源侧断路器，合上负荷侧断路器。

（4）变压器解备时，变压器可能受电的各侧都停止运行，在隔离开关拉开后，才允许在变压器上采取安全措施；反之在未全部拆除变压器上安全措施之前，不允许线路变压器任一侧恢复备用。

（5）检修后相位可能变动的变压器必须校对相位。

（三）操作步骤

参考 BD403 项目所述操作流程。

二、考核

（一）要求

（1）在 110kV（或 220kV）仿真变完成 10kV 站用变压器停送电倒闸操作。

（2）按现场倒闸操作流程进行倒闸操作（见 BD403 项目"二、操作"部分）。

（3）要求填写倒闸操作票操作。

（4）仿真变电站上单人完成全部操作任务。

（二）考核场地

220kV 或 110kV 仿真变电站 1 套，仿真实训机房。

（三）考核时间

考核时间为 40min。

（四）考核要点

（1）变电站站用变压器倒闸操作规范操作、流程。

（2）变电站站用变压器倒闸操作顺序、方法。

三、评分参考标准

变电站站用电接线如图 BD405－1 所示。

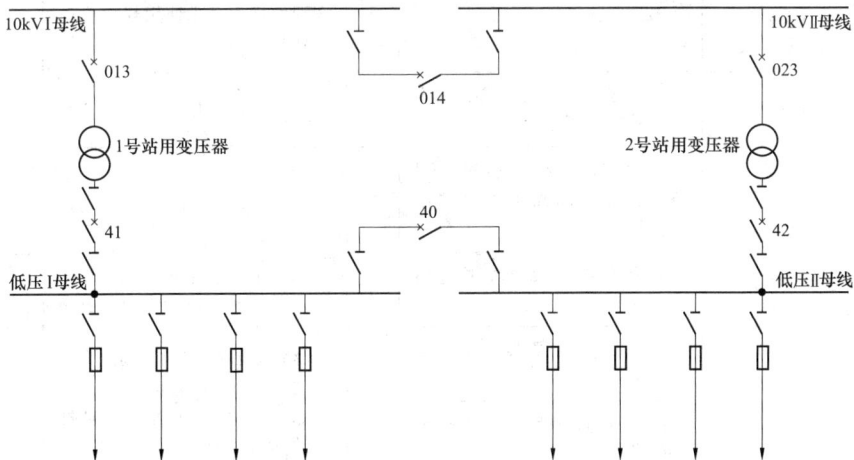

图 BD405－1　变电站站用电接线图

行业：电力工程　　　　　　工种：变电站值班员　　　　　　等级：四

编号	BD405	行为领域	e	鉴定范围	
考核时间	40min	题型	A	含权题分	30
试题名称	站用变压器停送电倒闸操作				
考试要点 及要求	(1) 整个操作由一人完成，各项审查工作由考生完成。 (2) 考评员下达倒闸操作指令，考生按指令完成任务。 (3) 汇报用书面形式进行				
现场设备、 工器具及材料	220kV 或 110kV 变电站仿真机。 空白操作票、笔、空白汇报单				
备注	此项操作以 1 号站用变压器由运行转检修为例				

评分标准

序号	作业名称	质量要求	分值	扣分标准	扣分 原因	得分
1	操作票填写	按照 220kV 仿真变实际设备及运行方式进行操作票填写	40	(1) 漏填单位名称，单位名称不全扣 1 分； (2) 漏填发令人、受令人姓名、发令时间之一扣 1 分； (3) 未按规定签名扣 1 分； (4) 字迹潦草、模糊不清扣 1 分； (5) 未按规定填操作项目或操作项目不全或未用操作术语扣 1 分		
2	汇报调度	书面汇报	5	与调度员联系时，未严格遵守调度规程、未使用规范化语言，每处扣 1 分		
3	安全工器具	取绝缘手套、安全帽、绝缘鞋、验电器等	5	一项未取用扣 2 分		
4	仿真操作	将 10kV 分段仿 014 断路器备自投方式断路器切至"退出"位	6	(1) 不按票操作扣 5 分； (2) 每漏一项扣 2 分； (3) 严重顺序错误每项扣 5 分； (4) 操作不规范每处扣 2 分； (5) 误操作每处扣 15 分； (6) 漏填操作时间，漏打"√"等扣 1 分		
		合上仿 014 断路器并检查确已合上	5			
		合上仿 40 断路器并检查确已合上	5			
		断开仿 41 断路器并检查确已断开	5			
		断开仿 013 断路器并检查确已断开	5			

		评分标准				
序号	作业名称	质量要求	分值	扣分标准	扣分原因	得分
4	仿真操作	拉开仿41断路器两侧隔离开关并确认均已断开	5	(1) 不按票操作扣5分; (2) 每漏一项扣2分; (3) 严重顺序错误每项扣5分; (4) 操作不规范每处扣2分; (5) 误操作每处扣15分; (6) 漏填操作时间,漏打"√"等扣1分		
		将仿013断路器小车拉至"检修"位	5			
		在1号站用变压器两侧验明确无电后各挂一组接地线	8			
		检查、挂牌	3			
		汇报	3			
5	其他			在填票或操作中出现下列误操作之一者,成绩记零分: (1) 带负荷拉隔离开关; (2) 带电挂地线; (3) 带地线合闸; (4) 误分合断路器; (5) 误入带电间隔		
考试开始时间				考试结束时间	合计	
考生栏	编号: 姓名:		所在岗位:	单位:	日期:	
考评员栏	成绩: 考评员:			考评组长:		

BD406 电容器停送电倒闸操作

一、操作

（一）材料

空白操作票 2 张（见附录 11），纸、笔若干。

（二）操作原则及要求

1. 电容器组停送电一般规定

（1）电容器断路器分闸后，一般应间隔 5min 才能再次进行合闸操作，防止合闸瞬间电源电压极性正好和电容器上残留电荷的极性相反，损坏电容器。

（2）电容器停电检修时，应在断路器断开后至少间隔 5min，才能验电、接地。

（3）当电容器所接母线停电时，应先断开电容器组的断路器；母线送电后电容器恢复热备用状态，由 AVC 系统决定是否投入电容器。

（4）电容器停电前应通知监控中心将其在 AVC 系统中封锁，并将该电容器"远方/就地"把手打至"就地"位置；电容器送电后应将该电容器"远方/就地"把手打至"远方"位置，并通知监控中心将其在 AVC 系统中解锁。

2. 电容器组停送操作顺序

（1）电容器组停电检修时，应在电容器组断路器断开后，先拉开电容器侧隔离开关，后拉开母线侧隔离开关，再拉开电容器检修隔离开关，确认电容器开关两侧隔离开关已拉开后，然后经验电后合上电容器组接地开关。

（2）电容器组送电时，首先应拆除待送电容器组间隔内安全措施，核实电容器保护按要求投入后，先推上电容器检修隔离开关，母线侧隔离开关，后推上电容器侧隔离开关，最后合上电容器组断路器。

（三）操作步骤

参见 BD403 项目。

二、考核

（一）要求

（1）在 110kV（或 220kV）仿真变完成 10kV 电容器组及断路器停送电倒闸

操作。

（2）按现场倒闸操作流程进行倒闸操作（见 BD403 项目"二、操作"部分）。

（3）要求填写倒闸操作票操作。

（4）仿真变电站上单人完成全部操作任务。

（二）考核场地

220kV 或 110kV 仿真变电站 1 套，仿真实训机房。

（三）考核时间

考核时间为 30min。

（四）考核要点

（1）变电站电容器组倒闸操作规范操作、流程。

（2）变电站电容器组倒闸操作顺序、方法。

三、评分标准

变电站电容器组接线如图 BD406-1 所示。

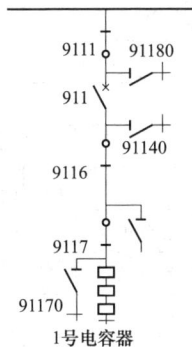

图 BD406-1 变电站电容器组接线图

行业：电力工程　　　　　　工种：变电站值班员　　　　　　等级：四

编号	BD406	行为领域	e	鉴定范围	
考核时间	30min	题型	A	含权题分	25
试题名称	电容器停送电倒闸操作				
考试要点 及要求	（1）整个操作由一人完成，各项审查工作由考生完成。 （2）考评员下达书面综合指令票，考生按票完成任务。 （3）汇报用书面形式进行				
现场设备、 工器具及材料	110kV 或 220kV 仿真机。 空白操作票、笔、空白汇报单				
备注	此项操作以 10kV 1 号电容器组由运行转检修为例				

			评分标准			
序号	作业名称	质量要求	分值	扣分标准	扣分原因	得分
1	操作票填写	按照 110kV 或 220kV 仿真变电站实际设备及运行方式进行操作票填写	40	（1）漏填单位名称，单位名称不全扣 1 分； （2）漏填发令人、受令人姓名、发令时间之一扣 1 分； （3）未填写设备双编号者扣 1 分； （4）未按规定签名扣 1 分； （5）字迹潦草、模糊不清扣 1 分； （6）未按规定填操作项目或操作项目不全或未用操作术语扣 1 分		
2	汇报调度	书面汇报	5	与调度员联系时，未严格遵守调度规程、未使用规范化术语，每处扣 1 分		
3	仿真操作	取用安全工器具	5	（1）不按票操作扣 5 分； （2）操作后未检查一处扣 2 分； （3）刀闸顺序操作错误每处扣 5 分； （4）关键项错误或漏项每处扣 5 分； （5）漏填操作时间，漏打"√"等扣 5 分		
		断开 911 断路器	5			
		拉开 9111、9116 隔离开关	10			
		拉开 9117 隔离开关	5			
		验电推上 91130 接地开关	5			
		验电推上 91140 接地开关	5			
		验电推上 91170 接地开关	5			
		安全措施（围栏、标示牌）	5			
4	其他		10	（1）安全生产着装行为不规范每处扣 2 分 （2）在填票或操作中出现下列误操作之一者，成绩记零分： 1）带负荷拉隔离开关； 2）带电挂地线； 3）带地线合闸； 4）误分合断路器； 5）误入带电间隔		

考试开始时间			考试结束时间		合计	

考生栏	编号：　　　姓名：　　　　所在岗位：　　　　单位：　　　　日期：
考评员栏	成绩：　　考评员：　　　　　　　　　考评组长：

一、故障判断、汇报

（一）材料

空白汇报单 1 张（见表 BD407 - 1），纸、笔若干。

（二）工作要求

（1）根据保护动作信息正确进行故障判断。

1）根据综合自动化系统一次主接线图上断路器颜色变化及开关变位信息，确定是哪台断路器跳闸。

2）根据综合自动化系统保护动作信息、光字牌动作情况现场查看对应保护装置面板显示，打印保护装置动作报告。

3）根据保护装置动作报告和继电保护范围，推判出故障范围，明确故障点。

a）线路保护：保护范围自电流互感器起至输电线路，反应出线侧隔离开关及输电线路各类故障，线路故障时保护动作行为与重合闸投入方式有关，小电流接地系统单相接地不跳闸。

安装三相一次重合闸装置（后加速）时，本线路保护动作跳开本线路断路器，重合闸启动，经整定时间后重新合上本线路断路器，若故障仍存在，则加速跳开本线路断路器。

综合重合闸采用单相重合闸方式时，若为单相接地故障，则本线路保护动作跳开故障相断路器，重合闸启动，经整定时间后重新合上跳开相断路器，若故障仍存在，则加速跳 ABC 三相，若为相间故障则直接跳开三相断路器，不重合；采用三相重合闸方式时，不论线路何种故障均跳 ABC 三相，重合闸启动后直接重合三相，重合于永久性故障后加速跳三相；采用综合重合闸方式时，单相故障跳单相重合单相，相间故障跳三相重合三相，重合于永久性故障加速跳开三相断路器；停用重合闸时，不论任何故障均跳三相不重合。

b）母线保护：保护范围为母线上所接电流互感器之间的区域，包含母线，母线侧隔离开关、断路器及母线电压互感器。母线保护动作后直接跳开故障母线上所有的断路器，小电流接地系统单相接地不跳闸。

c）变压器差动保护：保护范围为主变压器各侧电流互感器之间的区域，反应变压器绕组和引出线相间短路、中性点直接接地系统绕组和引出线的单相接地短路及绕组匝间短路故障。差动保护动作后直接跳开主变压器各侧断路器。

d）变压器瓦斯保护：保护范围为主变压器内部元件，反应油面降低和油箱内部各种短路故障。重瓦斯保护动作后直接跳开主变压器各侧断路器，轻瓦斯动作只发信不跳闸。

e）变压器后备保护：中、低压侧后备保护的保护范围一般是中、低压侧母线及各出线，作为中、低压侧母线及各出线的后备保护，高压侧后备保护范围为主变压器和中、低压侧母线。后备保护动作行为要根据保护定值跳闸矩阵来确定，一般原则是带方向的后备保护动作后先跳开母联（分段）断路器，然后跳开主变压器本侧断路器，最后跳三侧断路器，不带方向的后备保护跳本侧或三侧，小电流接地系统单相接地不跳闸。

f）变压器间隙保护：保护变压器免受过电压伤害。间隙保护动作后直接跳开主变压器三侧断路器。

4）结合设备外观检查，确定故障设备是否需要退出，并汇报调度。

（2）正确汇报调度。汇报内容包括：

故障发生时间，保护动作情况，跳闸断路器编号，设备停电范围及现场设备检查情况，故障设备情况。

二、考核

（一）要求

（1）在110kV（或220kV）仿真变完成根据设备异常或故障信号判断设备故障点并作出书面汇报。

（2）先在仿真机上查看故障现象，然后根据保护范围在仿真站设备区上查找故障。

（3）按照汇报单格式进行汇报。

（二）考核场地

220kV或110kV仿真变电站1套，仿真实训机房。

表 BD407 - 1　　　　　　　　　　变电站情况汇报单

站名：　　　　　　　　　汇报人：　　　　　　　　时间：

汇报监控或调度的内容：
报告××调度，我是××变电站×××，现向您汇报： ……（以下为考生填写）

（三）考核时间

考核时间为 30min。

（四）考核要点

（1）能正确、全面查看综合自动化系统故障信号。

（2）会根据综合自动化信号查看保护动作故障或异常信号。

（3）能根据保护动作情况，结合保护范围检查一次或二次设备，查找故障点。

（4）能全面、完整地将信号、保护动作情况及设备状况向上级汇报。

三、评分参考标准

行业：电力工程　　　　　　工种：变电站值班员　　　　　等级：四

编号	BD407	行为领域	e	鉴定范围	
考核时间	30min	题型	A	含权题分	25
试题名称	一次设备故障判断、汇报				
考试要点 及要求	（1）查看综合自动化系统故障信号。 （2）查看保护动作信号。 （3）根据保护范围查找故障点。 （4）填写汇报单				
现场设备、 工器具及材料	220kV 或 110kV 实际变电站或仿真变电站。 空白纸、空白汇报单、笔等				
备注	本评分标准满分 100 分，鉴定时按权值折算				

			评分标准				
序号	作业名称	质量要求		分值	扣分标准	扣分原因	得分
1	查找故障	在仿真机上查看各类信息，查看设备现场		50	（1）未查看综合自动化系统主界面扣2分； （2）未查看综合自动化系统遥信信息每处扣1分； （3）未查看光字牌每处扣1分； （4）未查看相关保护动作信号灯每处扣1分； （5）未查看相关保护动作报文每处扣1分； （6）未查看故障录波器报文扣1分； （7）未到设备现场查看跳闸开关位置每处扣1分； （8）未根据保护动作范围查找故障点每处扣1分		
2	判断故障，填写汇报单	通过一、二次设备信息判断故障，将故障发生时间、保护动作情况、跳闸断路器编号、设备停电范围及现场设备检查情况、故障设备情况填写在汇报单上		50	（1）未填写故障发生时间扣2分； （2）漏填保护动作情况每处扣1分； （3）漏填写跳闸断路器编号每处扣1分； （4）漏填写设备停电范围每处扣1分； （5）漏填写现场设备检查情况每处扣1分； （6）漏填写设备故障情况扣3分； （7）汇报单卷面不整洁扣2分		
3	其他				未找到故障点扣10分，汇报单字迹不清晰扣3分		
考试开始时间				考试结束时间		合计	
考生栏		编号：	姓名：		所在岗位：	单位：	日期：
考评员栏		成绩：	考评员：			考评组长：	

站用交、直流系统简单故障判断、处理

一、操作项目

1. 站用直流系统简单故障信号分析、判断和处理
2. 站用交流系统简单故障信号分析、判断和处理

二、操作

(一) 材料

空白汇报单 1 张（见表 BD407-1），纸、笔若干。

(二) 设备异常处理的基本原则

当监控系统发出异常信号时，值班调控员（监控员）应本着准确、迅速的原则处理。值班调控员（监控员）对异常信号、时间等重要相关信息进行记录、判断，汇报相关调度，并通知运维人员到现场检查、核实。现场运维人员对值班调控员（监控员）通知的异常情况应及时予以答复。若异常信号无法复归，现场运维人员应告知值班调控员（监控员）现场设备实际状态和后台机信号情况。

(三) 操作要求

（1）值班调控员（监控员）对异常信号的记录应完整、准确。在汇报调度、告知现场运维人员时应详细告知异常信号发生的时间、地点和信号的紧急程度。

（2）现场运维人员在接到值班调控员（监控员）的通知后应立即赶赴异常发生变电站，详细检查异常信号发生的设备，分析异常信号产生的原因，并将检查结果及时告知值班调控员（监控员）并汇报相应调度。

（3）现场运维人员的异常检查汇报调度应精确，应告知现场设备的实际状态及异常信号的发展程度。

三、考核

(一) 要求

（1）根据直流接地信号查找接地支路，分析直流系统接地的危害。

（2）对站用变压器故障况进行分析、查找，能恢复失电站用电负荷供电，隔离故障点。

（3）写出具体查找、处理步骤。

（4）单人完成全部操作任务。

（二）考核场地

220kV 或 110kV 仿真变电站 1 套，仿真实训机房。

（三）考核时间

考核时间为 30min。

（四）考核要点

（1）能正确、全面查看综合自动化系统故障信号。

（2）会根据综合自动化信号查看保护动作故障或异常信号。

（3）能根据保护动作情况，结合保护范围检查一次或二次设备，查找故障点。

（4）能全面、完整地将信号、保护动作情况及设备状况向上级汇报。

四、评分参考标准

（一）站用直流系统简单故障信号分析、判断和处理

行业：电力工程　　　　　　　工种：变电站值班员　　　　　　　等级：四

编号	BD408-1	行为领域	e	鉴定范围	
考核时间	30min	题型	A	含权题分	25
试题名称	站用直流系统简单故障信号分析、判断和处理				
考试要点及要求	（1）整个操作由一人完成，各项审查工作由考生完成。 （2）考评员下达试题，考生按要求完成任务。 （3）汇报用书面形式进行。 （4）分析直流系统接地的危害，写出具体查找、处理步骤				
现场设备、工器具及材料	仿真机、笔、空白汇报单				
备注	以 220kV 线路保护电源支路接地故障为例				
评分标准					

序号	作业名称	质量要求	分值	扣分标准	扣分原因	得分
1	记录异常信号	详细记录异常信号的发生及发展情况	10	（1）未记录异常发生的时间扣 1 分； （2）未记录故障发生的变电站扣 1 分； （3）异常信号记录不全每差 1 条扣 3 分		

			评分标准			
序号	作业名称	质量要求	分值	扣分标准	扣分原因	得分
2	汇报调度	书面汇报	5	与调度员联系时，未严格遵守调度规程、未使用规范化术语，每处扣1分		
3	直流接地查找	查找具体接地点： （1）使用绝缘监测装置查找故障接地支路； （2）使用暂断电源法查找接地支路。 上述两种方法由考评员设定后考核	35	（1）监测装置检测正、负极对地电压判断接地情况，做好详细记录，未找出故障支路扣20分； （2）运行人员在查找故障支路需断开直流电源小开关，应申请调度命令执行，保护电源、操作电源等投退应特别注意停用受影响的保护装置，未申请调度命令扣5分，未正确停用相关保护装置扣5分		
4	直流接地危害分析	分析直流接地危害	20	分别分析直流系统一点、两点接地的危害，不完全每处扣2～4分		
5	直流接地防范性处理维护	对该支路中绝缘受潮的二次设备进行特殊巡视，检查户外设备箱门是否关好，端子排是否清洁干燥，有无接地短路情况，做相应的干燥处理	15	未特殊巡视扣15分，漏项扣5分		
6	其他		15	（1）安全生产不规范每处扣1分； （2）处理过程中造成新的接地点、直流短路扣15分		
考试开始时间				考试结束时间		合计
考生栏		编号：　　姓名：　　　　所在岗位：　　　单位：　　　　日期：				
考评员栏		成绩：　　考评员：　　　　　　　　考评组长：				

（二）站用交流系统简单故障信号分析、判断和处理

行业：电力工程 　　　　　　　工种：变电站值班员 　　　　　　　等级：四

编号	BD408-2	行为领域	e	鉴定范围	
考核时间	30min	题型	A	含权题分	25
试题名称	站用交流系统简单故障信号分析、判断和处理				
考试要点及要求	（1）整个操作由一人完成，各项审查工作由考生完成。 （2）考评员下达试题，考生按要求完成任务。 （3）汇报用书面形式进行				
现场设备、工器具及材料	仿真机、笔、空白汇报单				
备注	以1号站用变压器本体匝间短路故障、备用变压器未自动投入为例				

			评分标准				
序号	作业名称	质量要求	分值	扣分标准	扣分原因	得分
1	记录监控异常信号	详细记录异常信号的发生及发展情况	5	（1）未记录异常发生的时间扣1分； （2）未记录故障发生的变电站扣1分； （3）异常信号记录不全每差1条扣1分； （4）检查监控信息不到位，漏一处扣1分		
2	现场检查	二次保护信息检查到位	5	（1）未检查出瓦斯保护动作，扣5分； （2）检查保护及二次装置不到位，漏一处扣1分		
		一次设备现场检查到位	10	（1）1号站用变压器本体保护作跳闸时，应立即对所用变压器进行相应的检查，未检查扣10分； （2）检查漏一项扣2分		
		查找到故障点	3	未发现或判断不正确，扣3分		
3	汇报调度	书面汇报	12	（1）与调度员联系时，未严格遵守调度规程、未使用规范化调度术语，每处扣1分； （2）汇报跳闸断路器不全，每个扣1分；		

		评分标准				
序号	作业名称	质量要求	分值	扣分标准	扣分原因	得分
3	汇报调度	书面汇报	12	（3）未汇报故障母线或故障变压器失压情况，扣2分； （4）未汇报现场一次设备检查情况，扣2分； （5）未汇报主要保护动作情况，扣1~2分； （6）未汇报故障点，扣1分		
4	故障处理	隔离故障	15	（1）处理过程中造成断路器跳闸扩大故障者，成绩记零分； （2）先隔离，后送电，违反此顺序者，扣5分； （3）1号站用变压器本体保护动作跳闸时，在查明故障原因前，不得将站用变压器投入运行，试送1号站用变压器扣50分； （4）未检查扣10分，未正确恢复扣20分，未申请汇报调度扣5分		
		恢复送电： 35kV1号站用变压器跳闸后备自投因故未动作时，在检查1号站用变压器所带中配段无故障时情况下，可直接合上备用变压器断路器，恢复对失电站用电负荷供电	15			
		故障设备转检修和做安措	15			
5	填报缺陷	正确填报缺陷	5	（1）定性不准确，扣2分； （2）描述不清楚正确，扣3分		
6	填写故障报告	故障分析和报告整理	10	根据信号和检查情况，分析保护装置动作信息，确定故障范围，正确判断故障过程和动作情况		
7	其他		5	安全生产着装行为不规范每处扣1分		
考试开始时间				考试结束时间		合计
考生栏		编号：　　姓名：		所在岗位：　　单位：		日期：
考评员栏		成绩：　　考评员：		考评组长：		

BD409 监控装置后台监控系统装置除尘

一、操作

（一）工器具、材料

（1）工器具：安全帽1顶，绝缘手套1双，万用表1只，毛刷（干燥、金属裸露部分包裹好绝缘布）2把，干燥抹布3块，手套1双，小型吸尘器（250W以下、电磁干扰满足要求）1台。

（2）材料：空白工作票（见附录13）、空白汇报单（A4）各1张，纸、笔若干。

（二）操作的安全要求

（1）监控后台除尘工作应先将设备停运，将设备电源断开。

（2）对于变电站监控主机是双后台的，应逐台进行除尘清扫工作待清扫设备恢复正常运行后，再进行下一台的除尘清扫工作。

（3）对于远动信息经过变电站现场监控机转发的变电站，在进行监控后台除尘工作前应提前向调度部门提出申请，待批准后方可进行。工作开始前应通知相应的调控员，进行相应的监控职责移交工作，同时做好站内设备的运行监视；除尘工作完毕后及时汇报调度，移交监控职责。

二、考核

（一）要求

（1）按现场标准化作业流程进行。

（2）按要求填写工作票。

（3）单人完成全部操作任务。

（4）汇报用书面形式进行。

（二）考核场地

监控后台机（运行设备）1台，模拟正常运行的监控后台机。

（三）考核时间

考核时间为30min。

（四）考核要点

（1）能安全、规范进行监控装置后台监控系统装置除尘工作。

（2）工作流程、步骤符合标准。

三、评分参考标准

行业：电力工程　　　　　　　工种：变电站值班员　　　　　　　等级：四

编号	BD409	行为领域	e	鉴定范围	
考核时间	30min	题型	A	含权题分	25
试题名称	监控装置后台监控系统装置除尘				
考试要点及要求	（1）整个工作由一人完成，各项审查工作由考生完成。 （2）考评员下达书面工作任务，考生填写工作票完成任务。 （3）汇报用书面形式进行				
现场设备、工器具及材料	监控后台一组，万用表1只，毛刷（干燥且金属裸露部分包裹好绝缘布）2把，干燥抹布（棉质）3条，手套1双，小型吸尘器（250W及以下、电磁干扰满足要求）1台，空白工作票、空白汇报单（A4）各1张，纸、笔若干				
备注					

评分标准

序号	作业名称	质量要求	分值	扣分标准	扣分原因	得分
1	工作票填写	按照工作任务填写相应的第二种工作票	40	（1）漏填单位名称，单位名称不全扣1分； （2）漏填工作负责人、工作班成员、计划工作时间之一扣1分； （3）设备双编号填写不正确者扣1分； （4）未按规定签名扣3分； （5）字迹潦草、模糊不清扣1分； （6）未按规定填工作任务扣5分； （7）注意事项（安全措施）填写漏项每项扣10分		
2	汇报调度	书面汇报	5	与调度员联系时，未严格遵守调度规程、未使用规范化语言，每处扣1分		
3	安全工器具	取绝缘手套、安全帽等检查工器具是否完好	5	一项未取用扣1分； 一项未检查扣1分		

序号	作业名称	质量要求	分值	扣分标准	扣分原因	得分
4	操作	在监控后台机上单人操作	50	（1）向调度申请开工；2分		
				（2）通知当值调控员工作开关，接收变电站监控职责移交；8分		
				（3）将待清扫监控后台停机；2分		
				（4）将监控后台机电源断开；2分		
				（5）将监控后台机网络断开；2分		
				（6）进行监控后台机除尘清扫工作；10分		
				（7）将监控后台机网络恢复；2分		
				（8）恢复监控后台机电源；2分		
				（9）开启监控后台，检查机器运转是否正常；5分		
				（10）检查监控后台机各项数据是否正常刷新；8分		
				（11）汇报调度工作完毕；2分		
				（12）将监控职责移交回调控中心；5分		
5	其他			在填票或操作中出现下列误操作之一者，成绩记零分：（1）造成后台机不能正常启动；（2）造成后台机网络中断		
考试开始时间				考试结束时间	合计	
考生栏	编号：	姓名：		所在岗位：	单位：	日期：
考评员栏	成绩：	考评员：			考评组长：	

一、操作

（一）工器具、材料

（1）工器具：安全帽，红外热像仪 1 套。

（2）材料：纸、笔若干。

（二）操作要求

（1）被检设备是带电运行设备，应尽量避开视线中的封闭遮挡物，如玻璃窗、门或盖板。

（2）检测一般在阴天、夜间或晴天日落 2h 后进行；考虑风速、雨雾限制，现场应关闭照明。

（3）测温必须有人监护，并与带电设备保持足够的安全距离，10kV，0.7m；110kV，1.5m；220kV，3m；500kV，5m。在此前提下，靠近被检测设备。

（4）测温时不得进行其他工作（严禁进行电气工作），不得移开或越过遮栏，必须打开遮栏门。

（5）测温应同时考虑负荷电流对结果的影响，特别是电流制热型设备。

（6）精确测温红外图片：110kV 及以下设备至少保证每三相同类设备有一张红外图片。220kV 及以上设备应保证每个设备有一张红外图片。同时对应红外图片应有一张可见光图片。

（7）测温后应对结果进行分析，清楚描述热点位置、特征，判定缺陷性质，提出处理意见，并采取必要的控制措施。

（三）注意事项

（1）环境温度参考体温度：开始测温前应首先选择与被测目标所处环境一致、材料及表面条件类似的处于环境温度状态不带电设备作为环境温度参考体用红外热像仪对其测温并记录该物体热像温度作为环境温度参考体温度。

（2）相对温差：两个对应测点之间的温差与其中较热点的温升之比的百分数。相对温差可用下式求出

$$\delta_t = (\tau_1 - \tau_2)/\tau_1 \times 100\% = (t_1 - t_2)/(t_1 - t_0) \times 100\%$$

式中 τ_1、t_1——发热点的温升和温度；

τ_2、t_2——正常相对应点的温升和温度；

t_0——环境温度参照体的温度。

（3）做好电气测温现场检测记录，见表 BD410 - 1 和表 BD410 - 2。

表 BD410 - 1　　　　　　　　电气设备测温现场检测记录表

电气设备现场检测记录

设备单位：　　　　　　　　　　天气：　　　　　　　　日期：　　年　月　日

序号	设备名称	发热部位	表面温度（℃）	正常相温度（℃）	环境参照体温度（℃）	温差（K）	相对温差（%）	负荷电流/额定电流（A）	运行电压/额定电压（kV）	缺陷性质	图号	时间	备注（辐射系数/风速/距离）

检测人员：　　　　　　　　　　　　　　　　　　　记录人员：

表 BD410 - 2　　　　　　　　红外测温图像分析报告

图像分析（精确测温才需要可见光图）

图号	红外图像	可见光图像
诊断分析和缺陷性质		

二、考核

（一）要求

（1）考生需回答考评员关于电气设备红外测温的相关提问（如测温装置原理，测温注意事项等）。

（2）考生应独立完成对热源的测温工作。

（3）考生会对电气设备发热图片进行分析。

（二）考核场地

热源（发热设备如现场运行设备或室内运行电器）1套，1个工位面积20m²。

（三）考核时间

考核时间为30min。

（四）考核要点

（1）能安全、规范用红外热像仪进行测温工作。

（2）工作流程、步骤标准。

（3）会对测温图像进行正确分析，判断设备发热等异常情况。

三、评分参考标准

行业：电力工程　　　　　　工种：变电站值班员　　　　　　等级：四

编号	BD410	行为领域	e	鉴定范围	
考核时间	30min	题型	A	含权题分	25
试题名称	电气设备红外测温				
考试要点及要求	（1）考生需回答考评员关于电气设备红外测温的相关提问。 （2）考生应独立完成对热源的测温工作。 （3）考生会对电气设备发热图片进行分析				
现场设备、工器具及材料	发热电气设备，红外热像仪。 空白操作票、笔、空白汇报单				
备注	考生自备工作服，安全帽				
评分标准					

序号	作业名称	质量要求	分值	扣分标准	扣分原因	得分
1	回答考评员提出的关于电气设备红外测温的有关问题	考评员可提2~3个问题要求回答符合要求	20	不能回答考评员提出的问题每题扣6~10分		
2	测温准备	红外测温仪开、关机操作正确，设置正确	20	（1）测温仪开、关机操作方法不对扣5分； （2）设置测温跨度及测温中间值不准确扣5分		
3	对热源进行测温	温测成像清晰、数值准确	20	（1）测温成像不清晰扣5分； （2）测温数值不准确扣10分		
4	形成测温报告	记录齐全、正确，完成测温报告	15	测温记录填写不规范扣5分，错误扣10分		

评分标准							
序号	作业名称	质量要求	分值	扣分标准	扣分原因	得分	
5	分析电气设备发热图片（分一次、二次设备）	考生抽取 3 张电气设备发热图片，能对不同电气设备发热部位准确描述，能对不同电气设备发热原因进行分析	25	（1）不能对电气设备发热部件准确描述扣 5 分；（2）不能对电气设备发热原因进行正确分析扣 5 分			
考试开始时间				考试结束时间		合计	
考生栏	编号：	姓名：		所在岗位：	单位：	日期：	
考评员栏	成绩：	考评员：			考评组长：		

一、操作

(一) 工器具、材料

(1) 工器具：绝缘电阻表（与被测设备额定电压相符）1 台，秒表，短路接地线 1 组，放电棒 1 支，多股软铜线 3 根，棉质抹布若干，电力安全工器具柜 1 台，安全帽 1 顶。

(2) 材料：空白工作单 1 张（见附录 16），纸、笔若干。

(二) 操作原则及要求

根据（DL/T 596—1996）《电力设备预防性试验规程》、（GB 50150—2006）《电气装置安装工程 电气设备交接试验标准》及（Q/GDW 1168—2013）《输变电设备状态检修试验规程》的规定，应遵循下列原则和要求：

(1) 金属氧化物避雷器绝缘电阻测量，应符合下列要求：

1) 35kV 以上电压：用 5000V 绝缘电阻表，绝缘电阻不小于 2500MΩ。

2) 35kV 及以下电压：用 2500V 绝缘电阻表，绝缘电阻不小于 1000MΩ。

3) 低压（1kV 以下）：用 500V 绝缘电阻表，绝缘电阻不小于 2MΩ。

(2) 悬式绝缘子和支柱绝缘子绝缘电阻值，应符合下列要求：

1) 采用 2500V 绝缘电阻表测量绝缘子绝缘电阻值。

2) 用于 330kV 及以下电压等级的悬式绝缘子的绝缘电阻值，不应低于 300MΩ；用于 500kV 电压等级的悬式绝缘子，不应低于 500MΩ。

3) 35kV 及以下电压等级的支柱绝缘子的绝缘电阻值，不应低于 500MΩ。

4) 棒式绝缘子不进行此项试验。

5) 半导体釉绝缘子的绝缘电阻，应符合产品技术条件的规定。

(3) 二次回路（二次回路是指电气设备的操作、保护、测量、信号等回路及其回路中的操动机构的线圈、接触器、继电器、仪表、互感器二次绕组等）测量绝缘电阻，应符合下列要求：

1) 100V 以下的电气设备或回路，采用 250V 50MΩ 及以上绝缘电阻表。

2）500V 以下至 100V 的电气设备或回路，采用 500V 100MΩ 及以上绝缘电阻表。

3）小母线在断开所有其他并联支路时，不应小于 10MΩ。

4）二次回路的每一支路和断路器、隔离开关的操动机构的电源回路等，均不应小于 1MΩ。在比较潮湿的地方，可不小于 0.5MΩ。

（三）操作步骤

（1）测量前必须将被测设备电源切断，并对地短路放电，绝不允许设备带电进行测量，以保证人身和设备的安全。

（2）做好被测设备安全措施（装设遮栏、悬挂标示牌）。

（3）被测物表面必须擦拭清洁，不得有污垢，以免漏电，影响测量的准确度。

（4）绝缘电阻表应放在水平位置，在接线之前，先转动绝缘电阻表，看指针是否在 "∞" 处。再将 "L" 和 "E" 两个接线柱短路，慢慢地转动绝缘电阻表，看指针是否指在 "0" 位置。

（5）测量时必须正确接线。绝缘电阻表共有 3 个接线端（L、E、G）。测量回路对地电阻时，"L" 端与回路的裸露导体连接，"E" 端连接接地线或金属外壳；测量回路的绝缘电阻时，回路的首端与尾端分别与 "L" "E" 端连接；测量电缆的绝缘电阻时，为防止电缆表面泄漏电流对测量精度产生影响，应将电缆的屏蔽层接至 "G" 端。

（6）测量时两根导线之间和导线与地之间应保持适当距离，以免影响测量精度。

（7）在摇测绝缘时，应使绝缘电阻表保持一定的转速，一般为 120r/min。

（8）测量电机、大容量变压器、电缆和电容器时，要有一定的充电时间。电容量越大，充电时间越长。一般以绝缘电阻表转动 1min 后的读数为准。

（9）为保证测量结果的可靠性，须重复摇测 2 次以上。

10）保持摇速，记录读数后，将 "L" 端离开被测物，停止摇动绝缘电阻表。用导体对被测元件与机壳之间放电后拆下引接线。直接拆线有可能被储存的电荷电击。

（四）危险点分析

危险点内容及控制措施见表 BD411-1。

表 BD411-1　　　　　　　　　危险点内容及控制措施

序号	危险点内容	控制措施
1	人身触电	（1）工作人员穿长袖工作服，袖口扎紧，穿绝缘靴。 （2）摇动绝缘电阻表时，不能用手接触绝缘电阻表的接线柱和被测回路，以防触电。 （3）测量前必须将被测设备电源切断，并对地短路放电，绝不允许设备带电进行测量，以保证人身和设备的安全

序号	危险点内容	控制措施
2	设备事故	（1）摇动绝缘电阻表后，各接线柱之间不能短接，以免损坏。 （2）工作负责人必须及时提醒和制止影响作业人员精力的言行。 （3）工作负责人须注意观察工作班成员的精神状态和身体状态。必要时对作业人员进行适当调整

二、考核

（一）要求

（1）整个工作由一人完成，各项审查工作由考生完成。

（2）考评员下达书面工作任务，考生填卡完成任务。

（3）考核时间共计 30min。

（二）场地

场地面积足够，每个工位面积 15m²。

操作考试材料准备通知单

工种名称：＿＿＿＿＿＿＿＿＿＿　　　　　　　　级别：＿＿＿＿＿＿＿

场地要求：设备、工器具及材料清单

序号	名称	规格或型号	数量	备注
1	被测设备		1 台	
2	绝缘电阻表	与被测设备额定电压相符	1 台	
3	秒表		1 个	
4	短路接地线	与被测设备额定电压相符	1 组	
5	放电棒		1 支	
6	电力安全工器具柜、安全帽等		各 1 套	
7	多股软铜线		3 根	
8	棉质抹布		若干	
9	试验报告单	A4	1 张	
10	纸、笔		若干	

（三）评分标准

行业：电力工程　　　　　　工种：变电站值班员　　　　　　等级：四

编号	BD411	行为领域	e	鉴定范围	
考核时间	30min	题型	A	含权题分	25
试题名称	用绝缘电阻表测量电气设备绝缘电阻				
考试要点 及要求	（1）整个工作由一人完成，各项审查工作由考生完成。 （2）考评员下达书面工作任务，考生填卡完成任务				
现场设备、 工器具及材料	被测设备，绝缘电阻表（与被测设备额定电压相符）1台，秒表，短路接地线1组，放电棒1支，多股软铜线3根，棉质抹布若干，电力安全工器具柜1台，安全帽1顶				
备注					

评分标准

序号	作业名称	质量要求	分值	扣分标准	扣分原因	得分
1	作业指导卡填写	填写作业指导卡时必须认真核对工作任务，必要时到现场实地勘查	10	危险点分析每漏一项扣5分		
2	准备安全工器具	安全帽、绝缘电阻表、多股软铜线等	5	（1）未检查试验标签或选择工具错误扣2分； （2）携带工具遗漏N项。[安全帽、绝缘电阻表（与被测设备额定电压相符）、秒表、短路接地线（与被测设备额定电压相符）、放电棒、多股软铜线3根、棉质抹布若干]扣N×2分； （3）未选择合适的测量设备扣2分		
3	工作监护	危险点告知	5	工作负责人未向工作班人员交代工作内容、人员分工、带电部位和现场安全措施，进行危险点告知的，一次扣5分		
		测量前必须将被测设备电源切断，并对地短路放电，绝不允许设备带电进行测量，以保证人身和设备的安全。做好被测设备安全措施（装设遮栏、悬挂标示牌）	10	（1）测量前未将被测设备电源切断扣10分； （2）未对地短路放电扣5分； （3）未做好安全措施的扣5分		
		被测物表面必须擦拭清洁，不得有污垢，以免漏电，影响测量的准确度	2	被测物表面有污垢未擦拭清洁扣2分		

		评分标准				
序号	作业名称	质量要求	分值	扣分标准	扣分原因	得分
3	工作监护	绝缘电阻表应放在水平位置，在未接线之前，先转动绝缘电阻表，看指针是否在"∞"处。再将"L"和"E"两个接线柱短路，慢慢地转动绝缘电阻表，看指针是否指在"0"位置	10	未检查绝缘电阻表及其引出线正常扣10分		
		测量时必须正确接线。绝缘电阻表共有3个接线端（L、E、G）。测量回路对地电阻时，"L"端与回路的裸露导体连接，"E"端连接接地线或金属外壳；测量回路的绝缘电阻时，回路的首端与尾端分别与"L""E"端连接；测量电缆的绝缘电阻时，为防止电缆表面泄漏电流对测量精度产生影响，应将电缆的屏蔽层接至"G"端	15	未正确接线扣15分		
		测量时两根导线之间和导线与地之间应保持适当距离，以免影响测量精度	1	导线摆放不正确的扣1分		
		在摇测绝缘时，应使绝缘电阻表保持一定的转速，一般为120r/min	5	绝缘电阻表转速不正确扣5分		
		测量电机、大容量变压器、电缆和电容器时，要有一定的充电时间。电容量越大，充电时间越长。一般以绝缘电阻表转动1min后的读数为准	2	读取绝缘电阻表时间不正确扣2分		
		为保证测量结果的可靠性，须重复摇测2次以上	5	未重复摇测的扣5分		
		保持摇速，记录读数后，将"L"端离开被测物，停止摇动绝缘电阻表。用导体对被测元件与机壳之间放电后拆下引接线。直接拆线有可能被储存的电荷电击	20	（1）先停止摇动绝缘电阻表，后拆测试线的扣10分；（2）未用导体对被测元件与机壳之间放电后拆下引接线的扣10分		

续表

<table>
<tr><th colspan="7">评分标准</th></tr>
<tr><td>序号</td><td>作业名称</td><td>质量要求</td><td>分值</td><td>扣分标准</td><td>扣分原因</td><td>得分</td></tr>
<tr><td rowspan="2">4</td><td rowspan="2">工作终结</td><td>工作现场</td><td rowspan="2">10</td><td>未清理工作现场扣5分</td><td rowspan="2"></td><td rowspan="2"></td></tr>
<tr><td>填写记录</td><td>未做工作记录或记录填写不规范的扣5分</td></tr>
<tr><td>5</td><td>其他</td><td></td><td></td><td>在工作过程中出现下述情况直接计零分：
（1）人身触电伤害；
（2）设备事故</td><td></td><td></td></tr>
<tr><td colspan="2">考试开始时间</td><td></td><td colspan="2">考试结束时间</td><td>合计</td><td></td></tr>
<tr><td colspan="2">考生栏</td><td colspan="5">编号：　姓名：　所在岗位：　单位：　日期：</td></tr>
<tr><td colspan="2">考评员栏</td><td colspan="5">成绩：　考评员：　考评组长：</td></tr>
</table>

高频保护通道测试及正确性判断

一、操作

（一）工器具、材料

（1）工器具：安全帽1顶，保护屏钥匙1把。

（2）材料：测试记录表格（见表 BD412-1）1张，纸、笔若干。

（二）操作要求

（1）日常高频保护通道测试只能在闭锁式高频保护上进行，允许式高频保护正常运行时严禁进行高频通道的测试。

（2）高频保护通道测试时，做好当时天气、测试记录，并与历史记录进行比对。

（3）高频保护通道测试时使用保护屏上试验按钮，避免使用收发信机装置上的测试按钮。禁止误碰收发信机装置、保护设备。

（三）操作步骤

高频通道的试验一般采用交换信号的方法进行。每日通道测试主要通过手动启动收发信机，检查收发信电平正常与否，装置无告警。通常高频通道收发信电平应不低于 8.68dB。

常用高频收发信机高频通道测试方法：

1. LFX-912 收发信机通道测试方法

（1）按下"通道试验"按钮，本侧启动发信，200ms 启动对侧发信，"启信"灯亮。进入第一个 5s 为对侧单独发信，本侧收信，此时"收信启动""收信"灯亮，"+6～+15dB"灯亮。功率放大插件上表头回零。

（2）第二个 5s 后两侧同时发信，"收信启动""收信""启信"对侧发信 5s，"+6～+15dB"灯亮，表头指示约在 50% 左右摆动，接口插件上"正常"灯有可能熄灭。

（3）第三个 5s 为本侧单独发信，"收信启动""收信""启信"对侧发信 5s，"＋6～＋15dB"灯亮，表头指示约在 40％左右在通道测试过程中"裕度告警""过载指示""通道异常"灯均不能点亮，否则通道异常。

（4）测试完毕，复归收发信机上所有信号。

2. SF－600 型收发信机通道测试方法

（1）首先检查表头指针指示表头"绿色区域"，按下"通道试验"按钮，本侧启动发信，200ms 后停止此时远方启动对侧发信 10s（10s 后停止发信）。

（2）对侧发信 5s，启动本侧发信 10s（10s 后停止发信）。

（3）对侧发信时，频率显示屏显示其工作频率，表头指针回零，收信灯灯亮，9 号插件检测过程中还需要检查高频电压和高频电流（正常检测值，表头指示为 36.5～41V 与 490～550mA）在通道测试过程中"裕度告警""过载指示""通道异常"灯均不能点亮，否则通道异常。

（4）测试完毕，复归收发信机上所有信号。

3. PSF－631 型收发信机通道测试方法

（1）按下"通道试验"按钮，本侧启动发信，200ms 后停止，此时远方启动对侧发信 10s（10s 后停止发信）。

（2）对侧发信 5s，启动本侧发信 10s（10s 后停止发信）。

（3）本侧发信时，收发信机启动，面板"收信""发信"灯亮，收信电平显示值为 36.5～41dB，发信电平显示值为 18～25dB，在通道测试过程中"通道异常""装置告警"灯不能点亮。若点亮表示通道异常。

（4）测试完毕，复归收发信机上所有信号。

二、考核

（一）要求

（1）通道测试。

（2）测试记录填写，测试完毕信号复归。

（3）单人完成全部工作任务。

（二）考核场地

带收发信机运行的保护屏 1 台，1 个工位面积 10m²。

表 **BD412－1**　　　　　　　　　　**收发信机测试记录**　　　日期：　　　　年　　月　　日

编号		姓名			岗位			单位			
线路及保护名称	装置型号	电源指示	0～0.2s	0.2～5s	5～10s	10～15s	测试时间	测试人	气候	测试时表头、指示灯指示情况	
			本侧发信	对侧发信	两侧发信	本侧发信					
测试结论											

（三）考核时间

考核时间为 30min。

（四）考核要点

（1）能安全、规范进行高频保护通道测试及正确性判断。

（2）工作流程、步骤标准。

三、评分参考标准

行业：电力工程　　　　　　　　工种：变电站值班员　　　　　　　　等级：四

编号	BD412	行为领域	e	鉴定范围	
考核时间	30min	题型	A	含权题分	25
试题名称	高频保护通道测试及正确性判断				
考试要点及要求	（1）先拟高频保护通道通道测试记录表格。 （2）通道测试。 （3）测试记录填写，测试完毕信号复归				
现场设备、工器具及材料	220kV 高频闭锁式保护屏（含收发信机）				
备注	考生自备工作服，安全帽				

序号	作业名称	质量要求	分值	扣分标准	扣分原因	得分
1	工器具准备	按本次测试要求准备工器具和材料	5	（1）漏（或多）一种扣3分； （2）测量过程中重新取用工器具扣2分		
2	检查测试保护收发信机、保护	检查测试保护收发信机、保护指示、信号正常	10	（1）不检查扣10分； （2）检查漏项或错误每处扣2分		
3	通道测试	正确进行通道测试	25	（1）使用收发信装置测试按钮，未使用保护屏通道试验按钮进行测试扣10分； （2）测试过程严格按照测试方法操作，测试方法不正确扣15分		
4	测试结论	正确判断通道测试结果	20	结果判断错误扣20分		
5	填写测试记录	正确填写收发讯机通道测试记录	25	（1）记录不完整每处扣3分； （2）字迹潦草每处扣3分； （3）涂改每处扣2分； （4）填写测试时表头、指示灯指示情况填写错误扣20分，记录其余部分每错误或遗漏一处扣5分		
6	信号复归	屏面、监控系统信号复归	10	（1）未复归信号扣10分； （2）复归信号漏项，每少一处扣3分		
7	现场整理	关闭保护屏面	5	未关闭保护屏面扣5分		
8	其他			安全生产不规范每处扣2分		
考试开始时间				考试结束时间		合计
考生栏	编号：	姓名：		所在岗位：	单位：	日期：
考评员栏	成绩：	考评员：			考评组长：	

加热器、灯泡更换，打印机工作异常处理

一、操作

（一）工器具、材料

（1）工器具：安全帽 1 顶、毛刷 2 把（金属裸露部分包裹好绝缘布）、干燥抹布若干、绝缘胶布若干（单层耐压大于 250V）、加热器、灯泡、打印机等备件若干、组合工具一套。

（2）材料：纸、笔若干。

（二）操作要求

（1）现场工作严格按照作业卡进行。

（2）工作中不得误碰、误动和误操作，做好危险点分析和控制。

（3）防止出现触电、绝缘故障，严防交流串入直流系统。

（三）危险点分析

（1）由工作负责人结合工作情况，提出具体的安全措施和注意事项。一般包括工作中必须停用的继电保护、安全自动装置的跳闸压板（主要是工作中可能引起误跳运行设备的出口压板）；防止电压二次回路短路、电流二次回路开路、直流回路短路接地以及防止误碰、误动其他运行设备的安全措施；高压设备区域工作与带电设备应保持的具体距离；现场围栏（红布幔）、标示牌和其他安全注意事项等。

（2）危险点分析到位，控制措施到位，见表 BD413 - 1。

表 BD413 - 1   危险点分析与控制措施

序号	危险点内容	控制措施
1	人身触电	工作人员穿长袖工作服，袖口扎紧，穿绝缘靴。工作前断开加热器、灯泡电源

序号	危险点内容	控制措施
2	误碰导致继电保护误动和断路器跳闸	（1）布置工作前，必须认真核对运行设备，不得停用继电保护装置直流电源，特别要注意清扫交、直流空气断路器时动作要轻，防止误碰断断路器，造成保护失压。 （2）对可能造成的继电保护误动或断路器跳闸的应制订好事故预案。 （3）工作负责人必须及时提醒和制止影响作业人员精力的言行。 （4）工作负责人须注意观察工作班成员的精神状态和身体状态，必要时对作业人员进行适当调整。 （5）全部工作结束后，办理终结手续前，工作负责人应对全部工作现场进行周密的检查，确保无遗漏问题。 （6）坚持执行"三级验收制"，办理完工手续后，严禁再对设备进行作业
3	直流短路或接地，电压互感器短路或电流互感器开路	（1）工作中不得松动二次端子，不得拉扯二次线，使用前检查工具绝缘良好。 （2）发现直流短路或接地，电压互感器短路或电流互感器开路后，应立即停止工作，汇报有关人员，采取有效措施予以恢复
4	易燃易爆	工作场所严禁烟火

二、考核

（一）要求

（1）填写现场作业卡。

（2）按现场工作流程进行，严格执行作业卡。

（3）单人完成全部工作任务。

（二）考核场地

二次盘柜，1个工位面积 $10m^2$。

（三）考核时间

考核时间为30min。

（四）考核要点

（1）能安全、规范进行保护装置加热器更换、灯泡更换、打印机工作不正常处理。

（2）工作流程、步骤标准。

三、评分参考标准

行业：电力工程　　　　　　工种：变电站值班员　　　　　　等级：四

编号	BD413	行为领域	e	鉴定范围	
考核时间	30min	题型	A	含权题分	25
试题名称	加热器更换、灯泡更换、打印机工作异常处理				
考试要点及要求	(1) 整个工作由一人完成，各项审查工作由考生完成。 (2) 考评员下达书面工作任务，考生填写作业卡完成任务				
现场设备、工器具及材料	二次盘柜、电力安全工器具柜、安全帽、毛刷2把（金属裸露部分包裹好绝缘布）、干燥抹布若干、绝缘胶布若干（单层耐压大于250V）、加热器、灯泡、打印机等备件若干、组合工具一套等				
备注	考生自备工作服、安全帽、绝缘鞋				

评分标准

序号	作业名称	质量要求	分值	扣分标准	扣分原因	得分
1	材料、工器具准备	根据工作任务，准备工器具和材料	15	(1) 漏（或多）一种扣3分； (2) 未准备同规格同型号的设备扣2分		
2	编制作业指导书、卡	根据工作任务认真编写，必要时到现场实地勘查	15	(1) 作业卡不规范扣3分； (2) 作业卡步骤不全，每处扣5分		
3	安全作业规范	着装、安全帽佩戴、检查工器具合格等	15	(1) 着装不规范，扣3分； (2) 未检查工具绝缘合格扣2分； (3) 工作完未清理工作现场扣5分		
4	缺陷处理	按作业卡规范工作	10	未按照作业卡规范工作，每处扣3分		
		正确处理缺陷	20	(1) 加热器、灯泡等更换前未先断开交流电源，检查被更换设备无电压的扣10分； (2) 更换完毕后未合上电源检查的扣5分； (3) 缺陷处理完毕，未用抹布完成柜内清洁的扣5分		

评分标准						
序号	作业名称	质量要求	分值	扣分标准	扣分原因	得分
4	缺陷处理	正确处理缺陷	15	（1）打印机不能打印时，未检查打印纸是否装好，打印机是否联机的扣10分； （2）如果一切正常还是不能打印，则未更换同型号规格的打印机检查的扣5分； （3）缺陷处理完毕，未用抹布完成柜内清洁的扣5分		
5	其他	不发生人员、设备异常	10	在工作过程中出现下述情况直接计零分 （1）人身触电伤害； （2）误碰导致继电保护误动和断路器跳闸； （3）直流短路或接地，电压互感器短路或电流互感器开路； （4）作业现场起火		
考试开始时间				考试结束时间		合计
考生栏	编号：　　　姓名：		所在岗位：	单位：		日期：
考评员栏	成绩：　　　考评员：			考评组长：		

BD414　强油风冷变压器冷却器运行轮换试验

一、操作

（一）工器具、材料

（1）工器具：万用表、个人安全防护用具。

（2）材料：熔断器（站用变压器低压侧、主变压器风冷系统各控制回路），空白作业指导卡（A4）1张，纸、笔若干。

（二）安全要求

（1）防人身触电：工作时应与带电设备保持足够的安全工作距离（1000kV，8.7m；500kV，5.0m；220kV，3.0m；110kV，1.5m；35kV，1.0m；10kV，0.7m），不得触及低压带电设备。

（2）防风冷全停造成主变压器跳闸：工作前应检查冷控箱各电源回路各接头无过热现象、冷控系统各信号指示灯指示正常、强油风冷系统运转正常、熟悉所用接线方式，做好事故预想。

（三）操作步骤

1．准备工作

（1）着装：两穿一戴。

（2）选择工器具并检查备品备件，进行外观检查。

（3）检查主变压器负荷、温度及冷控系统运转状况并记录。

2．工作步骤

（1）冷却器启动试验：对备用或辅助冷却器进行手动启动试验，将冷却器转换开关由"辅助"或"备用"切至"工作"位置，检查冷却器正常投入。

（2）冷却器组的轮换：将原"备用"和"辅助"的冷却器转换开关切至"工作"位置，部分工作的冷却器转换开关切换至"备用"和"辅助"，检查冷却器工作正常。

（3）工作电源的轮换：将冷却器控制箱工作电源由"Ⅰ路"切换至"Ⅱ路"（或"Ⅱ路"切换至"Ⅰ路"）。

（4）冷却器组故障切换检查：断开工作中冷却组电源开关，检查备用冷却器应投入运行同时发对应发出指示信号（运行冷却组 30％ 即可）。

（5）主电源故障切换检查：在所用屏断开主变压器冷却系统主用电源，检查备用电源投入运行，冷却系统运行正常并对应发出指示信号。

二、考核

（一）要求

（1）填写作业指导卡。

（2）按现场工作流程完成轮换操作。

（3）单人完成全部工作任务。

（二）考核场地

110kV 或 220kV 变电站仿真机，仿真培训机房。

（三）考核时间

考核时间为 20min。

（四）考核要点

（1）能安全、规范进行变压器冷却器运行轮换。

（2）工作流程、步骤标准。

三、评分参考标准

行业：电力工程　　　　　工种：变电站值班员　　　　　等级：四

编号	BD414	行为领域	e	鉴定范围	
考核时间	20min	题型	A	含权题分	20
试题名称	强油风冷变压器冷却器运行轮换试验				
考试要点 及要求	（1）整个操作由一人完成，各项工作由考生完成。 （2）备用（辅助）冷却装置全部启动运行。 （3）冷却装置电源主用电源轮换。 （4）运行冷却装置根据原方式打至备用或（辅助）位置				
现场设备、 工器具及材料	220kV 仿真机，笔				
备注					
评分标准					

序号	作业名称	质量要求	分值	扣分标准	扣分原因	得分
1	安全工器具	取安全帽	5	一项未取用扣 2 分		

		评分标准				
序号	作业名称	质量要求	分值	扣分标准	扣分原因	得分
2	编制、填写作业卡	完整、顺序正确	20	不完整，缺项每处扣2分，重要步骤漏项每处扣5～10分。顺序错误每处扣2分，重要顺序错误每处扣5～10分		
3	作业前检查	冷却系统及所用系统无异常	10	(1) 未检查不得分； (2) 检查不到位每处扣3分		
4	现场倒换	逐台启动备用（辅助）冷却器并检查	10	(1) 逐台启动、没有启动备用或辅助冷却器，每台扣5分； (2) 冷却器启动后没立即检查，每台扣2分		
		停用部分工作冷却器并检查	10	(1) 停用数量应与启动冷却器数量一致，不对应多或少每台扣5分； (2) 冷却器停用后没立即检查，每台扣2分		
		将停用工作冷却器的把手打至正确位置（备用辅助）	10	(1) 备用冷却器应打至"备用"方式，与原方式不对应，扣5分； (2) 备用冷却器应打至"辅助"方式，与原方式不对应，扣5分； (3) 无冷却器在"停用"位置，存在停用方式扣10分		
		将主变压器冷却器电源回路由Ⅰ路（Ⅱ路）切换至Ⅱ路（Ⅰ路）	10	(1) 电源倒换中不能造成冷却器全停，全停扣20分； (2) 电源倒换后应检查冷却器运行状况，未全面检查扣10分		
5	故障切换检查	将工作冷却器电源开关断开检查备用冷却器自动投入	10	(1) 未故障试验不得分； (2) 试验方法不当不得分； (3) 试验台数未达总数量20%，每台扣3分		

评分标准						
序号	作业名称	质量要求	分值	扣分标准	扣分原因	得分
5	故障切换检查	将所用屏主变压器冷却系统主用电源断开，检查备用电源投入	10	（1）未故障试验不得分；（2）试验方法不当不得分		
6	其他		5	倒换完成后未复归或检查测控（保护）装置信号扣 5 分		
考试开始时间			考试结束时间		合计	
考生栏	编号：	姓名：	所在岗位：	单位：	日期：	
考评员栏	成绩：	考评员：		考评组长：		

一、分项目

1. 变压器呼吸器油杯油更换
2. 变压器呼吸器吸潮剂（硅胶）更换

二、操作

（一）工器具、材料

（1）工器具：安全帽若干，组合工具1套，电吹风1个，抹布若干，小漏斗（用于硅胶装罐）1个，托盘1个。

（2）材料：酒精（或清水），硅胶（颗粒，直径小于2、7mm，1kg），变压器油（1kg），空白作业指导卡1张，纸、笔若干。

（二）要求

（1）工作前应做好准备工作，应学习作业指导书，分析设备状况，准备合格工器具及材料，办理好工作票。

（2）应做好人身触电、高空坠落、玻璃设备损坏的危险点分析和预控措施。

（3）工作时穿工作服、工作鞋、戴安全帽。

（4）呼吸器油罐、油杯装拆时轻拿轻放，防止损坏。

（5）工作时严禁烟火。

（三）操作步骤

1. 变压器呼吸器油杯油更换

（1）检查充油设备呼吸器油杯内油出现劣化、杯壁及杯底有油垢，应进行更换。

（2）用工具拧下充油设备呼吸器下端的油杯（无油杯无此项工作），将油杯内滤油倒入垃圾桶内，用去污剂、抹布擦净油杯内污渍、油渍，用清水冲洗油杯，用干抹布擦拭后用电吹风吹干备用。

（3）将合格的变压器油加入油杯中，油量在油杯最低油位线与最高油位线之间，靠近最高油位线2/3处，将油杯安装到呼吸器上。

（4）将更换后的变压器油倒入指定地点（便于回收处理）。

（5）检查呼吸器油杯油量适当，具备空气过滤作用，油杯无污垢，油色透明。

2. 变压器呼吸器吸潮剂（硅胶）更换

（1）检查充油设备呼吸器吸潮剂，发现罐体内吸潮剂有 1/3 以上变色即需要更换，更换时将吸潮剂罐从呼吸器管上脱出，用工具拧开固定螺母，用手拉开固定螺杆（带油杯的呼吸器应先取下呼吸器油杯，防止更换吸潮剂时损坏油杯）；变压器吸潮剂罐脱出后应将呼吸器管采取临时密封措施。

（2）打开吸潮剂罐，将受潮的硅胶倒入垃圾桶内，用干净的抹布擦拭干净，用电吹风将罐体吹干。

（3）将合格硅胶装入硅胶罐内，拆除临时密封措施，装好吸潮剂罐，将罐体固定到呼吸器管上装好油杯。

（4）将更换后的硅胶倒入指定地点（便于回收处理）。

（5）吸潮剂罐与呼吸器装配良好，吸潮剂装量适当无变色。

三、考核

（一）要求

（1）填写作业指导卡（或第二种工作票）。

（2）按现场工作流程完成变压器呼吸器油杯油（或硅胶）更换。

（3）单人完成全部工作任务。

（二）考核场地

变压器呼吸器，每个工位面积 $10m^2$。

（三）考核时间

考核时间为 30～40min。

（四）考核要点

（1）能安全、规范进行变压器呼吸器油杯油更换。

（2）能安全、规范进行变压器呼吸器硅胶更换。

（3）工作流程、步骤标准。

四、评分参考标准

（一）变压器呼吸器油杯油更换

行业：电力工程　　　　　　　　工种：变电站值班员　　　　　　等级：四

编号	BD415-1	行为领域	e	鉴定范围	
考核时间	30min	题型	A	含权题分	25
试题名称	变压器呼吸器油杯油更换				

考试要点及要求	(1) 办理第二种工作票。 (2) 按现场作业指导书完成更换工作
现场设备、工器具及材料	变压器呼吸器，组合工具 1 套，电吹风（1000W）1 部，酒精（或清水）、棉质抹布若干，硅胶（颗粒状，直径小于 2、7mm）1kg，小漏斗 1 个，托盘 1 个，变压器油 1kg 作业指导书（卡）A4 各 1 张（见表 3），纸、笔若干
备注	

评分标准

序号	作业名称	质量要求	分值	扣分标准	扣分原因	得分
1	着装、工器具准备	(1) 着装规范、整齐； (2) 工器具校验有效期内，具有校验报告，状况良好	5	(1) 着装不整齐扣 2 分； (2) 工器具准备不全扣 2 分		
2	办理第二种工作票	(1) 工作票填写正确规范； (2) 程序正确	5	(1) 不规范扣 3 分； (2) 程序错误每处扣 2 分		
3	检查呼吸器	检查呼吸器油杯油劣化，油垢，判断更换	10	(1) 未检查扣 3 分； (2) 判断不正确扣 3 分		
4	更换油杯油	(1) 用工具拧下充油设备呼吸器下端的油杯将油杯内滤油倒入垃圾桶内； (2) 用去污剂、抹布擦净油杯内污渍、油渍，用清水冲洗油杯，用干抹布擦拭后用电吹风吹干备用； (3) 将合格的变压器油加入油杯中，油量在油杯最低油位线与最高油位线之间，靠近最高油位线 2/3 处，将油杯安装到呼吸器上； (4) 将更换后的变压器油倒入指定地点（便于回收处理）	60	(1) 程序不正确每处扣 5 分； (2) 未清理干净每处扣 5 分； (3) 有水分进入扣 10 分； (4) 安装不到位每处扣 10 分		

			评分标准				
序号	作业名称	质量要求	分值	扣分标准		扣分原因	得分
5	检查	呼吸器油杯油量适当，具备空气过滤作用，油杯无污垢，油色透明	10	(1) 不检查扣 10 分； (2) 检查不到位每处扣 5 分			
6	现场整理，办理工作票终结手续	清理恢复现场，交代工作项目、工作结果和存在问题	10	(1) 清理现场不彻底扣 3 分； (2) 未清理扣 5 分； (3) 交代不清每处扣 3 分			
7	其他			安全生产不规范每处扣 2 分			
考试开始时间				考试结束时间		合计	
考生栏		编号： 姓名：		所在岗位： 单位：		日期：	
考评员栏		成绩： 考评员：			考评组长：		

（二）变压器呼吸器吸潮剂（硅胶）更换

行业：电力工程　　　　　　工种：变电站值班员　　　　　　等级：四

编号	BD415－2	行为领域	e	鉴定范围	
考核时间	40min	题型	A	含权题分	25
试题名称	变压器呼吸器吸潮剂（硅胶）更换				
考试要点及要求	(1) 办理第二种工作票。 (2) 按现场作业指导书完成更换工作				
现场设备、工器具及材料	变压器呼吸器				
备注	本评分标准满分 100 分，鉴定时按权值折算				

			评分标准				
序号	作业名称	质量要求	分值	扣分标准		扣分原因	得分
1	着装、工器具准备	(1) 着装规范、整齐； (2) 工器具校验有效期内，具有校验报告，状况良好	5	(1) 着装不整齐扣 2 分； (2) 工器具准备不全扣 2 分			
2	办理第二种工作票	(1) 工作票填写正确规范； (2) 程序正确	5	(1) 不规范扣 3 分； (2) 程序错误每处扣 2 分			
3	检查呼吸器	检查呼吸器硅胶 1/3 以上变色，判断更换	10	(1) 未检查扣 3 分； (2) 判断不正确扣 3 分			

		评分标准				
序号	作业名称	质量要求	分值	扣分标准	扣分原因	得分
4	更换硅胶	(1) 更换时将吸潮剂罐从呼吸器管上脱出，用工具拧开固定螺母，用手拉开固定螺杆（带油杯的呼吸器应先取下呼吸器油杯，防止更换吸潮剂时损坏油杯），变压器吸潮剂罐脱出后应将呼吸器管采取临时密封措施； (2) 打开吸潮剂罐，将受潮的硅胶倒入垃圾桶内，用干净的抹布擦拭干净，用电吹风将罐体吹干； (3) 将合格硅胶装入硅胶罐内，拆除临时密封措施，装好吸潮剂罐，将罐体固定到呼吸器管上装好油杯； (4) 将更换后的硅胶倒入指定地点（便于回收处理）	60	(1) 程序不正确每处扣5分； (2) 未清理干净每处扣5分； (3) 有水分进入扣10分； (4) 安装不到位每处扣10分		
5	检查	吸潮剂罐与呼吸器装配良好，吸潮剂装量适当无变色	10	(1) 不检查扣10分； (2) 检查不到位每处扣5分		
6	现场整理，办理工作票终结手续	清理恢复现场，交代工作项目、工作结果和存在问题	10	(1) 清理现场不彻底扣3分； (2) 未清理扣5分； (3) 交代不清每处扣3分		
7	其他			安全生产不规范每处扣2分		
考试开始时间			考试结束时间		合计	
考生栏	编号：	姓名：	所在岗位：	单位：	日期：	
考评员栏	成绩：	考评员：		考评组长：		

一、巡视项目

1. 变电站继电保护及自动装置正常巡视
2. 变电站综合自动化系统正常巡视
3. 变电站直流系统正常巡视

二、操作

（一）工器具、材料

（1）工器具：安全帽。

（2）材料：纸、笔，正常巡视标准化作业指导卡。

（二）操作要求

（1）正常巡视指站内设备进行全面的外部检查。

（2）巡视步骤：见图 BD402 - 1。

（3）巡视流程：见图 BD402 - 2。

（4）典型设备巡视标准。

1）继电保护及自动装置正常巡视作业标准见表 BD301 - 1，本标准适用于继电保护（含自动装置）的巡视检查。

表 BD301 - 1   继电保护及自动装置正常巡视作业标准

设备名称	序号	巡视内容	巡视标准
继电保护及自动装置	1	信号	运行状态、运行监视应正确，无异常信号
	2	显示屏	显示屏显示的时间应正确，显示的内容应正确无误
	3	端子排	端子排无锈蚀及松动脱落
	4	接线、接头	接线应紧固，无松脱、发热变色现象
	5	二次电缆	二次电缆无破损，受潮；电缆孔洞封堵严密
	6	空气开关	交、直流电源空气开关均投入正常

设备名称	序号	巡视内容	巡视标准
继电保护及 自动装置	7	打印机	打印机电源良好且工作正常，检查有无打印报告
	8	压板	保护投退情况符合调度命令要求，压板位置正确，压接牢固，编号清晰准确
	9	互感器回路	TA、TV 回路无异常
	10	把手、小开关	各把手、小开关位置应正确
	11	屏柜	屏内清洁无杂物，接地良好
	12	柜门	柜门密封良好，开启灵活

2）综合自动化系统正常巡视作业标准见表 BD301－2，本标准适用于综合自动化系统的巡视检查。

表 BD301－2   **综合自动化系统正常巡视作业标准**

设备名称	序号	巡视内容	巡视标准
综合自动化系统	1	运行方式	检查后台机上显示的一次设备名称、状态是否与现场一致
	2	运行参数	检查监控系统各运行参数是否正常，有无过负荷现象
	3	母线电压	检查电压棒图等，查看母线电压三相是否平衡、正常
	4	系统频率	检查系统频率是否在规定的范围内
	5	模拟量	检查各模拟量有无变化、其他模拟量是否正常
	6	二次设备运行状态	检查继电保护、自动装置、直流系统等状态与现场实际状态一致
	7	保护动作情况	检查记录有关继电保护及自动装置的动作情况
	8	监控系统功能	检查变电站计算机监控系统功能，包括控制功能、数据采集和处理、报警功能、历史数据存储功能等是否正常
	9	报表	调阅其他报表的登录信息，检查有无异常情况
	10	历史操作	检查历史操作在操作一览表中的登录情况
	11	光字牌	检查光字牌信号有无异常
	12	四遥	检查"四遥"即遥测、遥信、遥控、遥调功能是否正常
	13	五防	检查监控系统与"五防"系统通信是否正常，能否正常操作
	14	音响	检查告警音响和事故音响是否良好
	15	病毒	检查工作站是否感染病毒
	16	通信	检查监控系统与监控主站之间网络通信是否正常
			检查监控系统与各保护装置之间通信是否正常

続表

设备名称	序号	巡视内容	巡视标准
综合自动化系统	17	指示灯	检查监控系统设备信息指示灯是否正常
	18	小开关	检查监控系统设备电源小开关、功能开关、把手的位置是否正确
	19	信号	检查监控系统有无异常信号，测控屏控制面板上有无异常报警信号
	20	数据刷新	检查各遥测一览表中的时实数据能否刷新

3）直流系统正常巡视作业标准见表 BD301 - 3，本标准适用于直流系统的巡视检查。

表 BD301 - 3　　　　　　直流系统正常巡视作业标准

设备名称	序号	巡视内容	巡视标准
直流系统	1	对地绝缘	直流系统绝缘状况良好
	2	高频开关	检查装置交流输入电压、直流输出电压应保持在合格范围。电流正常，表计指示正确，各信号正常，无异常
	3	母线电压	直流控制母线、合闸母线电压值在规定范围内，浮充电流值符合规定
	4	支路	各支路的运行监视信号完好，指示正常，熔断器无熔断，自动空气开关位置正确
	5	蓄电池	蓄电池组端电压值、浮充电流值、每只单体蓄电池的电压值、蓄电池组及直流母线的对地电阻值和绝缘状态应正常
			蓄电池室通风、照明及消防设备完好，温度符合要求，无易燃、易爆物品
			蓄电池组外观清洁，无短路、接地，密封良好
			各连接片无松动和腐蚀现象，壳体无渗漏和变形，壳体与安全阀周围无酸雾溢出
			蓄电池组正常应以浮充电方式运行，浮充电压值在合格范围
			蓄电池在运行中电压偏差值及放电终止电压值应符合有关规定

三、考核

（一）要求

（1）指出按标准巡视的部位，并口述巡视要点。

（2）记录巡视结果。

（3）单人完成全部工作任务。

（二）考核场地

某实际变电站（或 220kV 或 110kV 仿真变电站）。

（三）考核时间

考核时间为 30min。

（四）考核要点

（1）变电站设备巡视作业规范、流程。

（2）各类变电站二次设备巡视方法、要点。

（3）巡视记录。

四、评分参考标准

（一）变电站继电保护及自动装置正常巡视标准指示

行业：电力工程　　　　　　工种：变电站值班员　　　　　　等级：三

编号	BD301-1	行为领域	e	鉴定范围	
考核时间	30min	题型	A	含权题分	25
试题名称	变电站继电保护及自动装置正常巡视，指示正常巡视部位及巡视标准				
考试要点及要求	（1）对照继电保护及自动装置，指示巡视位置名称、巡视标准。 （2）记录巡视结果				
现场设备、工器具及材料	220kV 或 110kV 实际变电站或仿真变电站；空白纸、笔等				
备注					

评分标准							
序号	作业名称	质量要求	分值	扣分标准	扣分原因	得分
1	信号	核对运行状态，口述各种信号是否正常	10	（1）运行状态及信号核对错误一处扣 3 分； （2）标准口述不清楚扣 2～3 分		
2	显示屏	口述显示内容，核对显示时间	10	（1）漏指一处扣 3 分； （2）标准口述不清楚扣 2～3 分		
3	端子排	指示端子排巡视部位，口述巡视标准	5	（1）漏指一处扣 2 分； （2）标准口述不清楚扣 2～3 分		
4	接线、接头	指示接线、接头巡视部位，口述巡视标准	5	（1）漏指一处扣 2 分； （2）标准口述不清楚扣 2～3 分		

		评分标准				
序号	作业名称	质量要求	分值	扣分标准	扣分原因	得分
5	二次电缆	指示二次电缆巡视部位，口述巡视标准	5	（1）漏指一处扣2分； （2）标准口述不清楚扣2~3分		
6	空气开关	口述空气开关状态是否正确	15	（1）空开状态核对错误一处扣3分； （2）标准口述不清楚扣2~3分		
7	打印机	指示打印机巡视部位，口述是否有打印报告	5	（1）漏指一处扣3分； （2）标准口述不清楚扣2~3分		
8	压板	口述各压板状态是否正确并按巡视标准检查压板	20	（1）压板状态核对错误一处扣3分； （2）标准口述不清楚扣2~3分		
9	互感器回路	指示互感器回路巡视部位，口述巡视标准	5	（1）漏指一处扣3分； （2）标准口述不清楚扣2~3分		
10	把手、小开关	口述各把手、小开关位置是否正确	10	（1）把手、小开关位置核对错误一处扣3分； （2）标准口述不清楚扣2~3分		
11	屏柜	指示屏柜巡视部位，口述巡视标准	5	（1）漏指一处扣3分； （2）标准口述不清楚扣2~3分		
12	柜门	指示柜门巡视部位，口述巡视标准	5	（1）漏指一处扣3分； （2）标准口述不清楚扣2~3分		
13	其他			巡视过程不规范扣5分，巡视记录不完整扣5分		
考试开始时间			考试结束时间		合计	
考生栏	编号： 姓名：		所在岗位：	单位：	日期：	
考评员栏	成绩： 考评员：			考评组长：		

（二）变电站综合自动化系统巡视标准指示

行业：电力工程　　　　　　　工种：变电站值班员　　　　　　　等级：三

编号	BD301－2	行为领域	e	鉴定范围	
考核时间	30min	题型	A	含权题分	25
试题名称	变电站综合自动化系统正常巡视，指示正常巡视部位及巡视标准				
考试要点及要求	（1）对照综合自动化系统，指示巡视位置名称、巡视标准。 （2）记录巡视结果				
现场设备、工器具及材料	220kV 或 110kV 实际变电站或仿真变电站；空白纸、笔等				
备注					

评分标准

序号	作业名称	质量要求	分值	扣分标准	扣分原因	得分
1	运行方式	口述综自系统显示的运行方式并与实际设备对应检查	10	（1）设备位置错误一处扣2分； （2）未与实际对应检查的一处扣2分		
2	运行参数	口述各设备运行参数，过负荷设备应指出	10	（1）运行参数错误一处扣2分； （2）过负荷设备未指出一处扣5分		
3	母线电压	口述母线三相电压，并指出是否正常	10	（1）母线电压错误一处扣2分； （2）电压不正常未指出一处扣5分		
4	系统频率	口述系统频率，并指出是否正常	2	（1）频率错误扣2分； （2）未指出是否正常扣1分		
5	模拟量	指示巡视部位，口述巡视标准	2	（1）漏指一处扣1分； （2）标准口述不清楚扣1分		
6	二次设备运行状态	指示巡视部位，口述巡视标准	2	（1）漏指一处扣1分； （2）标准口述不清楚扣1分		
7	保护动作情况	指示巡视部位，口述巡视标准	2	（1）漏指一处扣1分； （2）标准口述不清楚扣1分		
8	监控系统功能	指示巡视部位，口述巡视标准	2	（1）漏指一处扣1分； （2）标准口述不清楚扣1分		

			评分标准			
序号	作业名称	质量要求	分值	扣分标准	扣分原因	得分
9	报表	指示巡视部位，口述巡视标准	2	（1）漏指一处扣1分； （2）标准口述不清楚扣1分		
10	历史操作	指示巡视部位，口述巡视标准	2	（1）漏指一处扣1分； （2）标准口述不清楚扣1分		
11	光字牌	口述各光字牌信号是否正常	10	（1）漏指一处扣5分； （2）光字牌是否正常指示错误一处扣3分		
12	四遥	指示巡视部位，口述巡视标准	2	（1）漏指一处扣1分； （2）标准口述不清楚扣1分		
13	五防	指示巡视部位，口述巡视标准	5	（1）漏指扣5分； （2）标准口述不清楚扣2～3分		
14	音响	指示巡视部位，口述巡视标准	5	（1）漏指一处扣3分； （2）标准口述不清楚扣2～3分		
15	病毒	指示巡视部位，口述巡视标准	2	（1）漏指扣2分； （2）标准口述不清楚扣1分		
16	通信	指示巡视部位，口述巡视标准	2	（1）漏指一处扣1分； （2）标准口述不清楚扣1分		
17	指示灯	口述各指示灯是否正常	8	（1）漏指一处扣2分； （2）指示灯判断错误一处扣4分		
18	小开关	口述各小开关、把手位置是否正确	10	（1）漏指一处扣2分； （2）位置判断错误一处扣5分		
19	信号	口述各报警信号，并指出是否正常	10	（1）漏指一处扣2分； （2）信号判断错误一处扣5分		
20	数据刷新	口述各遥测一览表中数据是否能刷新	2	（1）漏指一处扣1分； （2）标准口述不清楚扣1分		
21	其他			巡视过程不规范扣5分，巡视记录不完整扣5分		
考试开始时间				考试结束时间	合计	
考生栏	编号：　　姓名：			所在岗位：　　　　单位：	日期：	
考评员栏	成绩：　　考评员：			考评组长：		

（三）变电站直流系统巡视标准指示

行业：电力工程　　　　　　工种：变电站值班员　　　　　　等级：三

编号	BD301-3	行为领域	e	鉴定范围	
考核时间	30min	题型	A	含权题分	25
试题名称	变电站直流系统正常巡视，指示正常巡视部位及巡视标准				
考试要点 及要求	（1）对照直流系统，指示巡视位置名称、巡视标准。 （2）记录巡视结果				
现场设备、 工器具及材料	220kV 或 110kV 实际变电站或仿真变电站；空白纸、笔等				
备注	本评分标准满分 100 分，鉴定时按权值折算				

评分标准

序号	作业名称	质量要求	分值	扣分标准	扣分 原因	得分
1	对地绝缘	口述直流系统绝缘数据，并判断是否正常	20	（1）绝缘数据读取错误扣10分； （2）判断错误扣10分		
2	高频开关	口述各电压值，判断电压值、表计、信号是否正常	20	（1）电压值读取错误一处扣10分； （2）判断错误一处扣5分		
3	母线电压	口述直流母线电压值和浮充电流值，并判断是否正常	20	（1）电压、电流值读取错误一处扣10分； （2）判断错误一处扣10分		
4	支路	指示巡视部位，口述巡视标准	20	（1）漏指一处扣5分； （2）标准口述不清楚扣5～10分		
5	蓄电池	指出蓄电池单个电压值并判断是否正常，口述巡视标准	20	（1）电压值读取错误一处扣5分； （2）判断错误扣10分； （3）标准口述不清楚扣5～10分		
6	其他			巡视过程不规范扣5分，巡视记录不完整扣5分		
考试开始时间			考试结束时间		合计	
考生栏	编号：　　姓名：		所在岗位：	单位：	日期：	
考评员栏	成绩：　　考评员：			考评组长：		

一、操作

（一）工器具、材料

（1）工器具：安全帽、绝缘手套、绝缘鞋，"禁止合闸，有人工作"标示牌，对应电压等级验电器，接地线若干（根据现场情况）。

（2）材料：纸、笔、录音设备，空白操作票、空白汇报单各1张。

（二）操作要求

1．500kV变压器

（1）500kV变压器一般在500kV侧停送电，220kV侧解合环。

（2）停电时先将低压侧设备停运，送电时后送低压侧设备。

（3）强油循环冷却系统的变压器，送电前应先启动冷却系统，停电后应手动使冷却系统运转半小时后再停止冷却器运行。

（4）送电前检查有载调压装置三相位置应一致，无载调压装置经过调压后，还应测量直阻合格。

2．220kV或110kV变压器

（1）220kV或110kV变压器停、送电按逐级停送电的原则。

（2）大电流接地系统的中性点应按继电保护的要求设置，但主变压器倒闸中中性点隔离开关必须合上，正常时按调度令决定其投退。

（3）主变压器停送电时，注意中性点消弧线圈的运行方式，主变压器停电检修时，在主变压器消弧线圈中性点隔离开关主变压器侧挂一组接地线。

（4）主变压器恢复运行时，应核对变压器分接头位置与运行变压器一致。

（5）主变压器停电检修时要考虑相应保护的变动，联跳压板应停用，如停用切母联、分段断路器的压板等。

（6）一台主变压器停电时，应考虑另一台主变压器的负荷情况及温度变化情况。

（7）强迫油循环的变压器，不允许不开冷却器运行，即使空载也应启动一定数量冷却器。

(三）操作步骤

变压器停送电的主要操作包括变压器由运行转检修，变压器由检修转运行两种情况。下面以两台并列运行的变压器其中一台停送电操作为例说明变压器停、送电操作。

1. 500kV 变电站双台变压器运行，其中一台变压器由运行转检修操作

（1）将要停电变压器低压侧负荷倒换至运行变压器，断开低压侧断路器。

（2）检查运行变压器负荷情况，判断一台变压器运行是否可能过负荷。

（3）断开要停电变压器中压侧 220kV 断路器。

（4）断开变压器高压侧 500kV 联络断路器。

（5）断开变压器高压侧 500kV 边断路器。

（6）确认变压器负荷转移正常。

（7）依次拉开变压器三侧开关两侧隔离开关，并确认相应隔离开关二次回路切换正常。

（8）变压器三侧隔离开关靠变压器侧验电，推上接地开关。

（9）断开该变压器相应保护、安全自动装置压板。

（10）停用变压器冷却器。

2. 220kV 或 110kV 变压器由运行转检修操作

（1）检查要停电变压器、运行变压器负荷分配。

（2）切换变压器中性点零序、间隙保护，合运行变压器 220kV 侧中性点接地开关。

（3）将停电变压器 10kV 负荷转移至运行变压器。

（4）停电变压器从运行转为热备用。

（5）停电变压器从热备用转为冷备用。

（6）停电变压器从冷备用转为检修。

（四）操作流程

见 BD403 项目所述操作流程。

二、考核

（一）要求

（1）按现场倒闸操作流程进行。

（2）要求填票操作。

（3）单人完成全部操作任务。

（二）考核场地

500kV 仿真机 1 套。

（三）考核时间

考核时间为 40min。

（四）考核要点

接线系统参见附录 8。

（1）变电站变压器倒闸操作规范操作、流程。

（2）变电站变压器倒闸操作顺序、方法。

三、评分参考标准

行业：电力工程　　　　　工种：变电站值班员　　　　　等级：三

编号	BD302	行为领域	e	鉴定范围	
考核时间	40min	题型	A	含权题分	30
试题名称	变压器停送电倒闸操作				
考试要点及要求	（1）整个操作由一人完成，各项审查工作由考生完成。 （2）考评员下达书面综合指令票，考生按票完成任务。 （3）汇报用书面形式进行				
现场设备、工器具及材料	500kV 仿真机；空白操作票、笔、空白汇报单				
备注	以 500kV 变电站 500kV 1 号主变压器由运行转检修为例				
评分标准					

序号	作业名称	质量要求	分值	扣分标准	扣分原因	得分
1	操作票填写	按照 500kV 仿真变电站实际设备及运行方式进行操作票填写	30	（1）漏填单位名称，单位名称不全扣 1 分； （2）漏填发令人、受令人姓名、发令时间之一扣 1 分； （3）未填写设备双编号者扣 1 分； （4）未按规定签名扣 1 分； （5）字迹潦草、模糊不清扣 1 分； （6）未按规定填操作项目或操作项目不全或未用操作术语扣 1 分		
2	汇报调度	书面汇报	5	与调度员联系时，未严格遵守调度规程、未使用规范化术语，每处扣 1 分		

		评分标准				
序号	作业名称	质量要求	分值	扣分标准	扣分原因	得分
3	安全工器具	取绝缘手套、安全帽、绝缘鞋、验电器等	5	一项未取用扣2分		
4	操作	检查1号站用变压器负荷由0号站用变压器带用正常	1	按正确操作票执行操作： （1）每漏一项扣2分； （2）严重顺序错误每项扣5分； （3）格式规范错误每处扣2分； （4）涂改等每处扣1分； （5）每漏一项扣2分； （6）操作母线侧隔离开关未检查母差和本屏切换灯的每个扣2分； （7）误操作每处扣15分； （8）漏填操作时间，漏打"√"等扣1分		
		检查531隔离开关确在拉开位置	1			
		断开55、56、60断路器	3			
		拉开551、561、601隔离开关	3			
		断开51断路器	2			
		拉开511隔离开关	1			
		断开24断路器	2			
		断开5012断路器	2			
		断开5011断路器	2			
		拉开50116隔离开关	2			
		加用短引线保护	2			
		合上5011断路器	2			
		合上5012断路器	2			
		拉开246、241隔离开关	2			
		检查241隔离开关电压切换	1			
		停用1号主变压器第一套保护	2			
		停用1号主变压器第二套保护	2			
		停用1号主变压器非电量保护	2			
		断开50116隔离开关动力电源	1			
		断开246隔离开关动力电源	1			
		断开243隔离开关动力电源	1			
		断开511隔离开关动力电源	1			
		断开1号主变压器高压侧TV二次小开关	2			

		评分标准				
序号	作业名称	质量要求	分值	扣分标准	扣分原因	得分
4	操作	断开 1 号主变压器中压侧 TV 二次小开关	2	按正确操作票执行操作： (1) 每漏一项扣 2 分； (2) 严重顺序错误每项扣 5 分； (3) 格式规范错误每处扣 2 分； (4) 涂改等每处扣 1 分； (5) 每漏一项扣 2 分； (6) 操作母线侧隔离开关未检查母差和本屏切换灯的每个扣 2 分； (7) 误操作每处扣 15 分； (8) 漏填操作时间，漏打"√"等扣 1 分		
		断开 1 号主变压器低压侧 TV 二次小开关	2			
		验明 1 号主变压器低压侧 511 隔离开关靠主变侧三相确无电压，推上 514 接地开关	3			
		验明 1 号主变压器中压侧 246 隔离开关靠主变压器侧三相确无电压，推上 249 接地开关	3			
		验明 1 号主变压器高压侧 50116 隔离开关靠主变压器侧三相确无电压，推上 501167 接地开关	3			
		断开 1 号主变压器冷却器动力电源开关	2			
		以上断路器操作后检查位置	3			
		以上隔离开关操作后检查位置	3			
5	其他			在填票或操作中出现下列误操作之一者，成绩记零分： (1) 带负荷拉隔离开关； (2) 带电挂地线； (3) 带地线合闸； (4) 误分合断路器； (5) 误入带电间隔		
考试开始时间				考试结束时间		合计
考生栏	编号：	姓名：	所在岗位：	单位：		日期：
考评员栏	成绩：	考评员：		考评组长：		

BD303　双母线接线停送电倒闸操作

一、操作

（一）工器具、材料

（1）工器具：安全帽、绝缘手套、绝缘鞋，"禁止合闸，有人工作"标示牌 2 块，对应电压等级验电器 1 支，接地线若干（根据现场情况）。

（2）材料：纸、笔若干，录音设备，空白操作票（见附录 11）、空白汇报单各 1 张。

（二）操作原则及要求

（1）双母线倒换操作前，应先确认两条母线在并列运行状态，然后先将母差互联压板加用，断开母联断路器控制电源；倒换操作完毕后，先合上母联断路器控制电源，然后将母差互联压板停用。

（2）110kV 及以上的母线与其电压互感器配合操作的原则：

1）对于母线电源断路器断口带均压电容的且电压互感器为电感式的母线停、送电操作，为防止串联谐振过电压烧毁电压互感器，停电操作应在电压互感器低压侧断开后，在母线失压之前拉开该母线上的电压互感器的高压侧隔离开关，然后断开其母线电源断路器。送电操作与此相反。新安装的电压互感器的充电操作除外。

2）对于母线电压互感器为电容式的母线停、送电操作，停电操作应在电压互感器低压侧断开后，用断路器先断开母线及电压互感器，再拉开电压互感器的高压侧隔离开关。送电操作与此相反。

（三）操作步骤

参见 BD403 项目。

二、考核

（一）要求

（1）按现场倒闸操作流程进行。

（2）要求填票操作。

（3）单人完成全部操作任务。

（二）考核场地

220kV 仿真机 1 套。

（三）考核时间

考核时间为 40min。

（四）考核要点

考核系统接线参见附录 6。

（1）变电站母线倒闸操作规范操作、流程。

（2）变电站母线倒闸操作顺序、方法。

三、评分参考标准

（一）220kV Ⅰ母线由运行转检修操作

行业：电力工程   工种：变电站值班员   等级：三

编号	BD303－1	行为领域	e	鉴定范围	
考核时间	40min	题型	A	含权题分	30
试题名称	双母线接线停送电倒闸操作				
考试要点及要求	（1）整个操作由一人完成，各项审查工作由考生完成。 （2）考评员下达书面综合指令票，考生按票完成任务。 （3）汇报用书面形式进行				
现场设备、工器具及材料	220kV 仿真机；空白操作票、笔、空白汇报单				
备注	以 220kV 变电站 220kV Ⅰ母由运行转检修为例				
评分标准					

序号	作业名称	质量要求	分值	扣分标准	扣分原因	得分
1	操作票填写	按照 220kV 仿真变实际设备及运行方式进行操作票填写	40	（1）漏填单位名称，单位名称不全扣 1 分； （2）漏填发令人、受令人姓名、发令时间之一扣 1 分； （3）未填写设备双编号者扣 1 分； （4）未按规定签名扣 1 分； （5）字迹潦草、模糊不清扣 1 分； （6）未按规定填操作项目或操作项目不全或未用操作术语扣 1 分		

		评分标准				
序号	作业名称	质量要求	分值	扣分标准	扣分原因	得分
2	汇报调度	书面汇报	5	与调度员联系时，未严格遵守调度规程、未使用规范化语言，每处扣1分		
3	安全工器具	取绝缘手套、安全帽、绝缘鞋、验电器等	5	一项未取用扣2分		
4	操作	检查母联仿212断路器及两侧隔离开关在合位	2	（1）每漏一项扣2分； （2）严重顺序错误每项扣5分； （3）格式规范错误每处扣2分； （4）涂改等每处扣1分； （5）每漏一项扣2分； （6）误操作每处扣15分； （7）操作母线侧隔离开关未检查母差和本屏切换灯，每个扣2分； （8）漏填操作时间，漏打"√"等扣1分		
		加用220kV母差互联压板	2			
		断开母联仿212控制电源	2			
		推上仿2612隔离开关	2			
		检查仿2612隔离开关确已推上	1			
		检查仿2612隔离开关电压切换	1			
		拉开仿2611隔离开关	2			
		检查仿2611隔离开关确已拉开	1			
		检查仿2611隔离开关电压切换	1			
		断开仿261间隔隔离开关操作电源	1			
		推上仿2672隔离开关	2			
		检查仿2672隔离开关确已推上	1			
		检查仿2672隔离开关电压切换	1			
		拉开仿2671隔离开关	2			
		检查仿2671隔离开关确已拉开	1			
		检查仿2671隔离开关电压切换	1			
		断开仿267间隔隔离开关操作电源	1			
		合上母联仿212控制电源	2			
		停用220kV母差互联压板	2			

		评分标准					
序号	作业名称	质量要求	分值	扣分标准		扣分原因	得分
4	操作	断开仿220kV 1号TV二次空气断路器	1	（1）每漏一项扣2分； （2）严重顺序错误每项扣5分； （3）格式规范错误每处扣2分； （4）涂改等每处扣1分； （5）每漏一项扣2分； （6）误操作每处扣15分； （7）操作母线侧隔离开关未检查母差和本屏切换灯，每个扣2分； （8）漏填操作时间，漏打"√"等扣1分			
		断开仿212断路器	2				
		检查仿212断路器确已断开	1				
		拉开仿互218隔离开关	2				
		检查仿互218隔离开关确已拉开	1				
		拉开仿2121隔离开关	2				
		检查防2121隔离开关确已拉开	1				
		拉开仿2122隔离开关	2				
		检查防2122隔离开关确已拉开	1				
		断开仿212间隔隔离开关操作电源	1				
		在220kV 1号母线验电（仿218隔离开关靠母线处）无电	2				
		推上仿地2110隔离开关	2				
		检查仿地2110隔离开关确已推上	1				
		断开仿1号TV间隔隔离开关操作电源	1				
		挂牌	2				
5	其他			在填票或操作中出现下列误操作之一者，成绩记零分： （1）带负荷拉刀闸； （2）带电挂地线； （3）带地线合闸； （4）误分合开关； （5）误入带电间隔			
考试开始时间				考试结束时间		合计	
考生栏	编号：	姓名：		所在岗位：	单位：		日期：
考评员栏	成绩：	考评员：			考评组长：		

（二）220kV Ⅰ母线由检修转运行操作

行业：电力工程　　　　　　工种：变电站值班员　　　　　　等级：三

编号	BD303－2	行为领域	e	鉴定范围	
考核时间	40min	题型	A	含权题分	30
试题名称	双母线接线停送电倒闸操作				
考试要点及要求	(1) 整个操作由一人完成，各项审查工作由考生完成。 (2) 考评员下达书面综合指令票，考生按票完成任务。 (3) 汇报用书面形式进行				
现场设备、工器具及材料	220kV仿真机；空白操作票、笔、空白汇报单				
备注	以220kV变电站220kV Ⅰ母由检修转运行为例				

评分标准

序号	作业名称	质量要求	分值	扣分标准	扣分原因	得分
1	操作票填写	按照220kV仿真变实际设备及运行方式进行操作票填写	40	(1) 漏填单位名称，单位名称不全扣1分； (2) 漏填发令人、受令人姓名、发令时间之一扣1分； (3) 未填写设备双编号者扣1分； (4) 未按规定签名扣1分； (5) 字迹潦草、模糊不清扣1分； (6) 未按规定填操作项目或操作项目不全或未用操作术语扣1分		
2	汇报调度	书面汇报	5	与调度员联系时，未严格遵守调度规程、未使用规范化语言，每处扣1分		
3	安全工器具	取绝缘手套、安全帽、绝缘鞋、验电器等	5	一项未取用扣2分		
4	操作	拉开仿地2110隔离开关	2	(1) 每漏一项扣2分； (2) 严重顺序错误每项扣5分； (3) 格式规范错误每处扣2分； (4) 涂改等每处扣1分； (5) 每漏一项扣2分； (6) 误操作每处扣15分； (7) 操作母线侧隔离开关未检查母差和本屏切换灯的每个扣2分； (8) 漏填操作时间，漏打"√"等扣1分		
		检查仿地2110隔离开关确已拉开	1			
		推上仿互218隔离开关	2			
		检查仿互218隔离开关已推上	1			
		检查仿212断路器确在断开位置	2			

		评分标准					
序号	作业名称	质量要求	分值	扣分标准		扣分原因	得分
4	操作	推上仿 2122 隔离开关	2				
		检查防 2122 隔离开关确已推上	1				
		推上仿 2121 隔离开关	2				
		检查防 2121 隔离开关确已推上	1				
		断开仿 212 间隔隔离开关操作电源	1				
		将 212 母联断路器"充电保护"把手打至"充电 1"位置	2				
		合上仿 212 断路器	2				
		检查仿 212 断路器确已合上及 220kV Ⅰ 母充电正常	1	(1) 每漏一项扣 2 分; (2) 严重顺序错误每项扣 5 分; (3) 格式规范错误每处扣 2 分; (4) 涂改等每处扣 1 分; (5) 每漏一项扣 2 分; (6) 误操作每处扣 15 分; (7) 操作母线侧隔离开关未检查母差和本屏切换灯的每个扣 2 分; (8) 漏填操作时间,漏打"√"等扣 1 分			
		将 212 母联断路器"充电保护"把手打至"退出"位置	2				
		合上仿 220kV 1 号 TV 二次空气断路器	1				
		断开仿 1 号 TV 间隔隔离开关操作电源	1				
		加用 220kV 母差互联压板	2				
		断开母联仿 212 控制电源	2				
		推上仿 2611 隔离开关	2				
		检查仿 2611 隔离开关确已推上	1				
		检查仿 2611 隔离开关电压切换	1				
		拉开仿 2612 隔离开关	2				
		检查仿 2612 隔离开关确已拉开	1				
		检查仿 2612 隔离开关电压切换	1				
		断开仿 261 间隔隔离开关操作电源	1				

	评分标准					
序号	作业名称	质量要求	分值	扣分标准	扣分原因	得分
4	操作	推上仿 2671 隔离开关	2	（1）每漏一项扣 2 分； （2）严重顺序错误每项扣 5 分； （3）格式规范错误每处扣 2 分； （4）涂改等每处扣 1 分； （5）每漏一项扣 2 分； （6）误操作每处扣 15 分； （7）操作母线侧隔离开关未检查母差和本屏切换灯的每个扣 2 分； （8）漏填操作时间，漏打"√"等扣 1 分		
		检查仿 2671 隔离开关确已推上	1			
		检查仿 2671 隔离开关电压切换	1			
		拉开仿 2672 隔离开关	2			
		检查仿 2672 隔离开关确已拉开	1			
		检查仿 2672 隔离开关电压切换	1			
		断开仿 267 间隔隔离开关操作电源	1			
		合上母联仿 212 控制电源	2			
		停用 220kV 母差互联压板	2			
5	其他			在填票或操作中出现下列误操作之一者，成绩记零分： （1）带负荷拉刀闸； （2）带电挂地线； （3）带地线合闸； （4）误分合断路器； （5）误入带电间隔		
考试开始时间				考试结束时间	合计	
考生栏		编号：　　姓名：		所在岗位：　　单位：	日期：	
考评员栏		成绩：　　考评员：			考评组长：	

BD304 直流系统倒换操作

一、操作

（一）工器具、材料

（1）工器具：电力安全工器具柜 1 组，绝缘手套 1 双，安全帽 1 顶，录音电话 1 台。

（2）材料：空白操作票、空白汇报单，纸、笔若干。

（二）操作要求

1. 直流系统停、送电一般规定

（1）直流一段充电机及蓄电池停用前，应将相应直流母线的负荷倒由另一组直流母线带。

（2）直流系统出现一点接地时，不宜进行直流系统倒换操作。

2. 直流系统停、送电操作顺序

（1）直流系统停电操作时，应先停负荷侧小开关，后停电源侧小开关。

（2）直流系统送电操作时，应先送电源侧小开关，后送负荷侧小开关。

（三）操作步骤

参考 BD406 项目倒闸操作流程。

二、考核

（一）要求

（1）按现场倒闸操作流程进行。

（2）要求填票操作。

（3）单人完成全部操作任务。

（二）考核场地

220kV 仿真机 1 套或实际变电站直流系统（220V）1 套（包括充电屏、馈线屏等）；直流电源屏、录音电话等。

（三）考核时间

考核时间为 40min。

（四）考核要点

考核接线系统参见附录9。

（1）变电站直流系统倒换倒闸操作规范操作、流程。

（2）变电站直流系统倒换倒闸操作顺序、方法。

三、评分参考标准

（一）1号充电机及1号蓄电池由运行转备用（仿真操作）

行业：电力工程　　　　　　工种：变电站值班员　　　　　　等级：三

编号	BD304-1	行为领域	e	鉴定范围	
考核时间	40min	题型	A	含权题分	25
试题名称	直流系统倒换操作				
考试要点及要求	（1）整个操作由一人完成，各项审查工作由考生完成。 （2）考评员下达书面综合指令票，考生按票完成任务。 （3）汇报用书面形式进行				
现场设备、工器具及材料	220kV仿真机，空白操作票、笔、空白汇报单				
备注	以220kV变电站1号充电机及1号蓄电池由运行转备用为例				
评分标准					

序号	作业名称	质量要求	分值	扣分标准	扣分原因	得分
1	操作票填写	按照220kV仿真变实际设备及运行方式进行操作票填写	40	（1）漏填单位名称，单位名称不全扣1分； （2）漏填发令人、受令人姓名、发令时间之一扣1分； （3）未填写设备双编号者扣1分； （4）未按规定签名扣1分； （5）字迹潦草、模糊不清扣1分； （6）未按规定填操作项目或操作项目不全或未用操作术语扣1分		
2	汇报调度	书面汇报	5	与调度员联系时，未严格遵守调度规程、未使用规范化语言，每处扣1分		
3	安全工器具	取绝缘手套、安全帽、绝缘鞋等	5	一项未取用扣2分		

			评分标准			
序号	作业名称	质量要求	分值	扣分标准	扣分原因	得分
4	操作	在仿真机上单人操作	50	（1）不按票操作扣5分； （2）操作后未检查一处扣1分； （3）关键项错误或漏项每处扣5分； （4）漏填操作时间，漏打"√"等扣1分		
5	其他			在填票或操作中出现下列误操作之一者，成绩记零分： （1）带负荷拉隔离开关； （2）错分、合断路器； （3）误入带电间隔； （4）直流负荷丢失		
考试开始时间				考试结束时间		合计
考生栏		编号： 姓名：		所在岗位： 单位：		日期：
考评员栏		成绩： 考评员：			考评组长：	

（二）1号充电机及1号蓄电池由运行转备用、由备用转运行操作（有现场实际直流设备）

行业：电力工程　　　　　　工种：变电站值班员　　　　　　等级：三

编号	BD304-2	行为领域	e	鉴定范围	
考核时间	40min	题型	A	含权题分	25
试题名称	直流系统倒换操作				
考试要点及要求	（1）整个操作按实际现场要求完成。 （2）两人进行，一人监护，一人操作，停电、送电人员调换。 （3）考评员下达书面综合指令票，考生按票完成任务				
现场设备、工器具及材料	直流屏柜，电力安全工器具柜、绝缘手套、安全帽、直流电源屏、录音电话等				
备注	以220kV变电站1号充电机及1号蓄电池由运行转备用、由备用转运行为例				

评分标准						
序号	作业名称	质量要求	分值	扣分标准	扣分原因	得分
1	操作票填写	按照直流设备及运行方式进行操作票填写	20	（1）漏填单位名称或单位名称不全扣2分； （2）漏填发令人姓名扣2分，漏填受令人姓名扣2分； （3）漏填或填错发令时间扣2分； （4）未填写设备双重编号扣2分； （5）修改个别错、漏字时，字迹模糊，不易分辨扣2分； （6）未按规定填写操作项目或操作项目不全或未使用操作术语扣5分； （7）顺序错误N项扣$N \times 5$分； （8）漏填N项扣$N \times 5$分； （9）其他不合格项每处扣2分		
2	汇报调度	电话汇报	10	（1）未使用普通话扣0.5分； （2）未报变电站名扣0.5分； （3）未报本人岗位值班长扣0.5分； （4）未使用设备电压等级扣0.5分； （5）未使用设备双重编号扣0.5分； （6）未录音扣0.5分； （7）未复诵扣0.5分		
3	安全工器具	取绝缘手套、安全帽、绝缘鞋等	10	（1）未检查试验标签或选择工具错误扣5分； （2）未检查手套漏气、有效期扣3分； （3）携带工具遗漏N项（安全帽、绝缘手套）扣$N \times 3$分		
4	停电操作	操作票	2	未将操作票带至现场扣20分		
		核对操作设备及编号	1	未核对操作设备及编号扣2分		
		确认操作任务	2	未确认操作任务扣2分		

		评分标准				
序号	作业名称	质量要求	分值	扣分标准	扣分原因	得分
4	停电操作	将联络屏上的母线进线断路器操作把手12ZK切换至"母联二段母线"位置	4	(1) 未唱票扣2分; (2) 未复诵扣2分; (3) 监护人未认真监护或检查不到位扣2分; (4) 未操作该项或顺序错误共扣20分		
		将1号充电机直流输出断路器操作把手11ZK切换至"退出"位置	4	(1) 未唱票扣2分; (2) 未复诵扣2分; (3) 监护人未认真监护或检查不到位扣2分; (4) 未操作该项或顺序错误共扣20分		
		检查直流一段母线电压正常	2	(1) 未唱票扣2分; (2) 未复诵扣2分; (3) 未操作该项共扣10分		
		断开1号充电机上的5个交流电源断路器	4	(1) 未唱票扣2分; (2) 未复诵扣2分; (3) 监护人未认真监护或检查不到位扣2分; (4) 未操作该项或顺序错误共扣20分		
		将1号充电机屏后的交流电断路器操作把手切换至"退出"位置	4	(1) 未唱票扣2分; (2) 未复诵扣2分; (3) 监护人未认真监护或检查不到位扣2分; (4) 未操作该项或顺序错误共扣20分		
		操作完毕进行检查	2	(1) 操作人未检查扣5分; (2) 检查不到位每项扣2分; (3) 监护人未检查扣5分; (4) 检查不到位每项扣2分		

		评分标准				
序号	作业名称	质量要求	分值	扣分标准	扣分原因	得分
5	送电操作	操作票	2	未将操作票带至现场扣20分		
		核对操作设备及编号	1	未核对操作设备及编号扣2分		
		确认操作任务	2	未确认操作任务扣2分		
		将1号充电机屏后的交流电断路器操作把手切换至"互投"位置	4	(1) 未唱票扣2分； (2) 未复诵扣2分； (3) 监护人未认真监护或检查不到位扣2分； (4) 未操作该项或顺序错误共扣20分		
		合上1号充电机上的5个交流电源断路器	4	(1) 未唱票扣2分； (2) 未复诵扣2分； (3) 监护人未认真监护或检查不到位扣2分； (4) 未操作该项或顺序错误共扣20分		
		将1号充电机直流输出断路器操作把手11ZK切换至"充电机输出投向一段母线"位置	4	(1) 未唱票扣2分； (2) 未复诵扣2分； (3) 监护人未认真监护或检查不到位扣2分； (4) 未操作该项或顺序错误共扣20分		
		将联络屏上的母线进线断路器操作把手12ZK切换至"一组蓄电池输出投向一段母线"位置	4	(1) 未唱票扣2分； (2) 未复诵扣2分； (3) 监护人未认真监护或检查不到位扣2分； (4) 未操作该项或顺序错误共扣20分		
		检查直流一段母线电压正常	2	(1) 未唱票扣2分； (2) 未复诵扣2分； (3) 未操作该项共扣10分		
		操作完毕进行检查	2	(1) 操作人未检查扣5分； (2) 检查不到位每项扣2分； (3) 监护人未检查扣5分； (4) 检查不到位每项扣2分		

			评分标准				
序号	作业名称	质量要求	分值	扣分标准	扣分原因	得分
6	其他			在填票或执行操作中出现下述误操作者直接计零分： （1）发生直流接地或直流短路； （2）直流负荷丢失		
考试开始时间			考试结束时间		合计	
考生栏	编号：	姓名：	所在岗位：	单位：	日期：	
考评员栏	成绩：	考评员：		考评组长：		

BD305 变电站新设备投运操作

一、操作项目

1. 220kV 主变压器新设备投运操作
2. 110kV 母线新设备投运操作
3. 10kV 电容器新设备投运操作

二、操作

（一）工器具、材料

（1）工器具：安全帽、绝缘手套。

（2）材料：纸、笔、录音设备，空白汇报单、空白操作票（见附录 11）各 1 张。

（二）操作要求

1. 新设备投运一般规定

（1）新投运设备以工作电压冲击试验的次数：变压器 5 次，线路及母线设备 3 次。

（2）新设备投运要进行同电源、异电源校相。

（3）主变压器常负荷前停用差动保护进行极性校验，校验正确后加用差动保护。

2. 新设备送电操作要求

（1）新设备初充电（全压充电）。

1）新设备初充电，必须由断路器完成，禁止用隔离开关向新设备充电（预防新设备缺陷或故障）。

2）用于向新设备初充电的断路器上必须全部加用可靠且具有足够灵敏度的保护（可采用降低电气量定值和缩短后备保护的动作时限完成）。

3）为保证保护的可靠性，可同时用两台断路器串联进行新设备初充电。

4）新投入的主变充电 5 次，每次充电不少于 5min，间隔 3～5min，其他设备充电 3 次，每次 1～3min。

（2）新设备投运的核相（校核相位）。

1）核相一般在新设备初充电带电后进行。

2）变压器、母线、电压互感器、线路、输电线路等设备投运时必须核相。

3）待核相设备与在运行设备合环点上应有明显断开点。

4）核相分为一次核相和二次核相。其中一次核相：指核定新设备一次相序、相别与运行系统一致。通常先在同一电源的三相导线上进行自核，再在不同电源的各相进行互核。二次核相：指新设备二次相序、相别正确。主要是在电压互感器二次侧进行自核和互核。

5）核相完成后条件允许时应进行一次合环并联操作，以保证核相结果的真实性。

6）新电压互感器二次核相前，其二次侧均应断开，检查相位正确、开口三角处无电压后方可接通。

（3）新设备投运的极性测量和接线正确性检查（校核保护极性）。

1）主要指保护及自动装置带负荷测量极性及二次接线正确性。

2）差动保护（变压器差动、母线差动）、带方向的保护（距离、阻抗、方向过电流等）极性测量和正确性检验。

（4）变压器有载调压空载和带负荷测试。

1）新投主变压器的有载调压装置在带电后未带负荷前应进行一次带电空载循环，调压操作时要严格观察并记录各侧母线电压的变化情况是否符合要求。同时注意中、低压侧电压变化情况，不得超出所能承受的电压范围。

2）带负荷调压测试时要注意实际电压变化范围，不得超出电压合格需要的规定。

3）每次调挡之间不得连续进行。

4）并列运行主变压器调压时应交替进行，两台主变压器之间挡位差不得大于 2。

（三）操作步骤

见 BD403 项目。

三、考核

（一）要求

（1）按现场倒闸操作流程进行。

（2）要求填票操作。

（3）单人完成全部操作任务。

（二）考核场地

220kV 或 110kV 仿真机 1 套。

（三）考核时间

考核时间为 40min。

（四）考核要点

考核系统接线参见附录 6。

（1）变电站主变压器、母线、电容器等一次新设备投运操作规范操作、流程。

（2）变电站主变压器、母线、电容器等一次新设备投运操作顺序、方法。

四、评分参考标准

（一）220kV 主变压器新设备投运操作

行业：电力工程　　　　　　　工种：变电站值班员　　　　　　等级：三

编号	BD305-1	行为领域	e	鉴定范围	
考核时间	40min	题型	A	含权题分	25
试题名称	220kV 主变压器新设备投运操作				
考试要点及要求	（1）整个操作由一人完成，各项审查工作由考生完成。 （2）考评员下达书面综合指令票，考生按票完成任务。 （3）汇报用书面形式进行				
现场设备、工器具及材料	220kV 仿真机，空白操作票、笔、空白汇报单				
备注	以 220kV 变电站 220kV 1 号主变压器新设备投运为例				
评分标准					

序号	作业名称	质量要求	分值	扣分标准	扣分原因	得分
1	操作票填写	按照 220kV 仿真变实际设备及运行方式进行操作票填写	30	（1）漏填单位名称，单位名称不全扣 1 分； （2）漏填发令人、受令人姓名、发令时间之一扣 1 分； （3）未填写设备双编号者扣 1 分； （4）未按规定签名扣 1 分； （5）字迹潦草、模糊不清扣 1 分； （6）未按规定填操作项目或操作项目不全或未用操作术语扣 1 分		

		评分标准					
序号	作业名称	质量要求	分值	扣分标准		扣分原因	得分
2	汇报调度	书面汇报	5	与调度员联系时，未严格遵守调度规程、未使用规范化语言，每处扣1分			
3	安全工器具	取绝缘手套、安全帽、绝缘鞋等	5	一项未取用扣2分			
4	操作	检查1号主变压器范围内所有安全措施已拆除	1	（1）每漏一项扣2分；（2）严重顺序错误每项扣5分；（3）格式规范错误每处扣2分；（4）涂改等每处扣1分；（5）每漏一项扣2分；（6）操作母线侧隔离开关未检查母差和本屏切换灯的每个扣2分；（7）误操作每处扣15分；（8）漏填操作时间，漏打"√"等扣1分			
		检查1号主变压器保护按XX定值单整定加用	5				
		检查1号主变压器保护屏1投高压侧接地零序已加用	1				
		检查1号主变压器保护屏1投中压侧接地零序已加用	1				
		检查1号主变压器保护屏2投高压侧接地零序已加用	1				
		检查1号主变压器保护屏2投中压侧接地零序已加用	1				
		检查仿地2019隔离开关确已推上	1				
		检查仿地1019隔离开关确已推上	1				
		检查仿201断路器三相确在断开位置	1				
		检查仿2012隔离开关三相确已拉开	1				
		推上仿2011隔离开关	1				
		检查仿2011隔离开关三相确已推上	1				
		检查仿2011隔离开关电压切换	1				
		推上仿2016隔离开关	1				
		检查仿2016隔离开关三相确已推上	1				

		评分标准				
序号	作业名称	质量要求	分值	扣分标准	扣分原因	得分
4	操作	检查仿101断路器三相确在断开位置	1	（1）每漏一项扣2分； （2）严重顺序错误每项扣5分； （3）格式规范错误每处扣2分； （4）涂改等每处扣1分； （5）每漏一项扣2分； （6）操作母线侧隔离开关未检查母差和本屏切换灯的每个扣2分； （7）误操作每处扣15分； （8）漏填操作时间，漏打"√"等扣1分		
		检查仿1012隔离开关三相确已拉开	1			
		推上仿1011隔离开关	1			
		检查仿1011隔离开关三相确已推上	1			
		检查仿1011隔离开关电压切换	1			
		推上仿1016隔离开关	1			
		检查仿1016隔离开关三相确已推上	1			
		检查仿901断路器三相确在断开位置	1			
		将仿901开关小车推进位	1			
		检查仿901开关小车确已推进位	1			
		将仿9013开关小车推进位	1			
		检查仿9013开关小车确已推进位	1			
		推上仿9016隔离开关	1			
		检查仿9016隔离开关三相确已推上	1			
		合上仿1号主变压器冷控电源断路器	4			
		合上仿1号主变压器调压电源断路器	4			
		合上仿201断路器合闸电源空气断路器	1			
		合上仿201断路器	1			
		检查仿201断路器三相确已合上	1			

		评分标准					

序号	作业名称	质量要求	分值	扣分标准	扣分原因	得分
4	操作	断开仿201断路器	1	（1）每漏一项扣2分； （2）严重顺序错误每项扣5分； （3）格式规范错误每处扣2分； （4）涂改等每处扣1分； （5）每漏一项扣2分； （6）操作母线侧隔离开关未检查母差和本屏切换灯的每个扣2分； （7）误操作每处扣15分； （8）漏填操作时间，漏填"√"等扣1分		
		检查仿201断路器三相确在断开位置	1			
		合上仿201断路器	1			
		检查仿201断路器三相确已合上	1			
		断开仿201断路器	1			
		检查仿201断路器三相确在断开位置	1			
		合上仿201断路器	1			
		检查仿201断路器三相确已合上	1			
		断开仿201断路器	1			
		检查仿201断路器三相确在断开位置	1			
		合上仿201断路器	1			
		检查仿201断路器三相确已合上	1			
		断开仿201断路器	1			
		检查仿201断路器三相确在断开位置	1			
		合上仿201断路器	1			
		检查仿201断路器三相确已合上	1			
5	其他			在填票或操作中出现下列误操作之一者，成绩记零分： （1）带负荷拉隔离开关； （2）带电挂地线； （3）带地线合闸； （4）误分、合断路器； （5）误入带电间隔		
	考试开始时间			考试结束时间		合计
	考生栏	编号：　　姓名：　　　　所在岗位：　　　　单位：　　　　日期：				
	考评员栏	成绩：　　考评员：　　　　　　　　　　考评组长：				

（二）110kV 母线新设备投运操作

行业：电力工程　　　　　　　工种：变电站值班员　　　　　　　等级：三

编号	BD305－2	行为领域	e	鉴定范围	
考核时间	40min	题型	A	含权题分	25
试题名称	110kV 母线新设备投运操作				
考试要点 及要求	（1）整个操作由一人完成，各项审查工作由考生完成。 （2）考评员下达书面综合指令票，考生按票完成任务。 （3）汇报用书面形式进行				
现场设备、 工器具及材料	220kV 仿真机，空白操作票、笔、空白汇报单				
备注	以 220kV 变电站 110kVⅡ母新设备投运为例				
评分标准					

序号	作业名称	质量要求	分值	扣分标准	扣分原因	得分
1	操作票填写	按照 220kV 仿真变实际设备及运行方式进行操作票填写	30	（1）漏填单位名称，单位名称不全扣1分； （2）漏填发令人、受令人姓名、发令时间之一扣1分； （3）未填写设备双编号者扣1分； （4）未按规定签名扣1分； （5）字迹潦草、模糊不清扣1分； （6）未按规定填操作项目或操作项目不全或未用操作术语扣1分		
2	汇报调度	书面汇报	5	与调度员联系时，未严格遵守调度规程、未使用规范化语言，每处扣1分		
3	安全工器具	取绝缘手套、安全帽、绝缘鞋等	5	一项未取用扣2分		
4	操作	检查仿100间隔范围内所有安全措施已拆除	1	（1）每漏一项扣2分； （2）严重顺序错误每项扣5分； （3）格式规范错误每处扣2分； （4）涂改等每处扣1分； （5）每漏一项扣2分； （6）操作母线侧隔离开关未检查母差和本屏切换灯的每个扣2分； （7）误操作每处扣15分； （8）漏填操作时间，漏打"√"等扣1分		
4	操作	检查110kVⅡ母间隔范围内所有安全措施已拆除	1			
4	操作	检查110kV 2号 TV 间隔范围内所有安全措施已拆除	1			
4	操作	推上仿1007隔离开关	1			

序号	作业名称	质量要求	分值	扣分标准	扣分原因	得分
4	操作	检查仿 1007 隔离开关三相确已推上	1	（1）每漏一项扣 2 分； （2）严重顺序错误每项扣 5 分； （3）格式规范错误每处扣 2 分； （4）涂改等每处扣 1 分； （5）每漏一项扣 2 分； （6）操作母线侧隔离开关未检查母差和本屏切换灯的每个扣 2 分； （7）误操作每处扣 15 分； （8）漏填操作时间，漏打"√"等扣 1 分		
		检查仿 100 保护、测控屏空气断路器已合上	1			
		停用仿 110kV 母差屏仿 100 断路器跳闸出口压板	2			
		检查仿 100 保护屏充电保护整定正确	2			
		加用仿 100 保护屏充电保护	5			
		检查仿 100 断路器三相确在断开位置	2			
		推上仿 1001 隔离开关	2			
		检查仿 1001 隔离开关三相确已推上	2			
		推上仿 1002 隔离开关	2			
		检查仿 1002 隔离开关三相确已推上	2			
		合上仿 100 断路器合闸电源空开	2			
		合上仿 100 断路器	2			
		检查仿 100 断路器三相已合上	2			
		断开仿 100 断路器	2			
		检查仿 100 断路器三相确在断开位置	2			
		合上仿 100 断路器	2			
		检查仿 100 断路器三相确已合上	2			
		断开仿 100 断路器	2			
		检查仿 100 断路器三相确在断开位置	2			
		合上仿 100 断路器	2			

<table>
<tr><td colspan="7" style="text-align:center">评分标准</td></tr>
</table>

序号	作业名称	质量要求	分值	扣分标准	扣分原因	得分
4	操作	检查仿 100 断路器三相确已合上	2	(1) 每漏一项扣 2 分; (2) 严重顺序错误每项扣 5 分; (3) 格式规范错误每处扣 2 分; (4) 涂改等每处扣 1 分; (5) 每漏一项扣 2 分; (6) 操作母线侧隔离开关未检查母差和本屏切换灯的每个扣 2 分; (7) 误操作每处扣 15 分; (8) 漏填操作时间, 漏打 "√" 等扣 1 分		
		合上仿 110kV 2 号 TV 二次保护空气断路器	2			
		合上仿 110kV 2 号 TV 二次测量空气断路器	2			
		检查仿 110kV Ⅱ 母电压正常	2			
		在仿 110kV 1 号、2 号 TV 二次侧校相	5			
		停用仿 100 保护屏充电保护	2			
5	其他			在填票或操作中出现下列误操作之一者, 成绩记零分: (1) 带负荷拉隔离开关; (2) 带电挂地线; (3) 带地线合闸; (4) 误分、合断路器; (5) 误入带电间隔		
考试开始时间				考试结束时间		合计
考生栏		编号: 姓名:		所在岗位: 单位:		日期:
考评员栏		成绩: 考评员:			考评组长:	

(三) 10kV 电容器新设备投运操作

行业: 电力工程   工种: 变电站值班员   等级: 三

编号	BD305 - 3	行为领域	e	鉴定范围	
考核时间	40min	题型	A	含权题分	25
试题名称	10kV 电容器新设备投运操作				
考试要点及要求	(1) 整个操作由一人完成, 各项审查工作由考生完成。 (2) 考评员下达书面综合指令票, 考生按票完成任务。 (3) 汇报用书面形式进行				
现场设备、工器具及材料	220kV 仿真机, 空白操作票、笔、空白汇报单				
备注	以 220kV 变电站 10kV 1 号电容器新设备投运为例				

评分标准						
序号	作业名称	质量要求	分值	扣分标准	扣分原因	得分
1	操作票填写	按照 220kV 仿真变实际设备及运行方式进行操作票填写	30	（1）漏填单位名称，单位名称不全扣 1 分； （2）漏填发令人、受令人姓名、发令时间之一扣 1 分； （3）未填写设备双编号者扣 1 分； （4）未按规定签名扣 1 分； （5）字迹潦草、模糊不清扣 1 分； （6）未按规定填操作项目或操作项目不全或未用操作术语扣 1 分		
2	汇报调度	书面汇报	5	与调度员联系时，未严格遵守调度规程、未使用规范化语言，每处扣 1 分		
3	安全工器具	取绝缘手套、安全帽、绝缘鞋等	5	一项未取用扣 2 分		
4	操作	检查仿 911 及 1 号电容器间隔范围内所有安全措施已拆除	2	（1）每漏一项扣 2 分； （2）严重顺序错误每项扣 5 分； （3）格式规范错误每处扣 2 分； （4）涂改等每处扣 1 分； （5）每漏一项扣 2 分； （6）仿 911 断路器断开后再次合闸须间隔 3min 以上； （7）误操作每处扣 15 分； （8）漏填操作时间，漏打"√"等扣 1 分		
		检查仿 911 断路器三相确在断开位置	2			
		推上仿 9117 隔离开关	2			
		检查仿 9117 隔离开关三相确已推上	2			
		推上仿 9111 隔离开关	2			
		检查仿 9111 隔离开关三相确已推上	2			
		推上仿 9116 隔离开关	2			
		检查仿 9116 隔离开关三相确已推上	2			
		停用仿 1 号主变压器差动保护压板	10			
		合上仿 911 断路器合闸电源空气断路器	2			

		评分标准				
序号	作业名称	质量要求	分值	扣分标准	扣分原因	得分
4	操作	合上仿911断路器	2	(1) 每漏一项扣2分； (2) 严重顺序错误每项扣5分； (3) 格式规范错误每处扣2分； (4) 涂改等每处扣1分； (5) 每漏一项扣2分； (6) 仿911断路器断开后再次合闸须间隔3min以上； (7) 误操作每处扣15分； (8) 漏填操作时间，漏打"√"等扣1分		
		检查仿911断路器三相确已合上	2			
		断开仿911断路器	2			
		检查仿911断路器三相确在断开位置	2			
		合上仿911断路器	2			
		检查仿911断路器三相确已合上	2			
		断开仿911断路器	2			
		检查仿911断路器三相确在断开位置	2			
		合上仿911断路器	2			
		检查仿911断路器三相确已合上	2			
		校仿1号主变压器差动保护极性正确	2			
		加用仿1号主变压器差动保护压板	10			
5	其他			在填票或操作中出现下列误操作之一者，成绩记零分： (1) 带负荷拉隔离开关； (2) 带电挂地线； (3) 带地线合闸； (4) 误分、合断路器； (5) 误入带电间隔		
	考试开始时间			考试结束时间	合计	
	考生栏	编号：　　姓名：		所在岗位：　　单位：	日期：	
	考评员栏	成绩：　　考评员：		考评组长：		

BD306 断路器闭锁情况下倒闸操作

一、操作项目

1. 35kV 输电线路断路器闭锁，用分段断路器串带，将线路断路器由运行转检修操作

2. 220kV 输电线路断路器闭锁，用母联断路器串带，将线路断路器由运行转检修操作

3. 220kV 主变压器断路器闭锁，用母联断路器串带，将主变压器断路器由运行转检修操作

二、操作

(一) 工器具、材料

(1) 工器具：安全帽、绝缘手套、"禁止合闸，有人工作"标示牌 2 块，对应电压等级验电器 1 支，接地线若干（根据现场情况）。

(2) 材料：空白操作票（见附录 11）、空白汇报单各 1 张，纸、笔若干。

(二) 操作原则及要求

1. 输电线路操作方法

断路器因缺陷不允许分闸或不能分闸，不能正常将输电线路停电。通常采用的方法是：

(1) 对侧断路器断开，切断负荷，用隔离开关停电。

(2) 若用隔离开关拉开空载长线路，超出隔离开关操作允许范围则必须通过其他断路器停电，通过方式倒换或直接上级停电后处理，如图 BD306 - 1 所示。

图 BD306 - 1 输电线路断路器分闸闭锁停电

2. 主变压器断路器闭锁操作方法

断路器缺陷不能分闸，不能正常将主变压器停电。通常采用的方法：

（1）主变压器另两侧断路器断开，切断负荷，用隔离开关停电。

（2）若用隔离开关拉开空载变压器，超出隔离开关操作允许范围则必须通过其他断路器停电，通过方式倒换或直接上级停电后处理。

3. 操作顺序

（1）进行方式倒换，如倒母线、转移负荷等。

（2）对侧线路停电，主变压器其他侧停电。

（3）通过母联或上级断路器停电。

（4）停电状态下拉开断路器两侧隔离开关。

（5）将故障断路器转至检修状态。

三、考核

（一）要求

（1）按现场倒闸操作流程进行。

（2）要求填票操作。

（3）单人完成全部操作任务。

（二）考核场地

220、110kV仿真机1套。

（三）考核时间

考核时间为50min。

（四）考核要点

（1）断路器缺陷分闸闭锁时设备停电操作顺序、方法。

（2）断路器缺陷分闸闭锁时设备停电操作规范操作、流程。

四、评分参考标准

（一）35kV输电线路断路器闭锁，用母联断路器串带，将线路断路器由运行转检修操作

考核系统接线参见附录4。

行业：电力工程　　　　　　工种：变电站值班员　　　　　　等级：三

编号	BD306-1	行为领域	e	鉴定范围	
考核时间	50min	题型	A	含权题分	35
试题名称	35kV输电线路断路器闭锁，用母联断路器串带，将线路断路器由运行转检修操作				

考试要点及要求	(1) 整个操作由一人完成，各项审查工作由考生完成。 (2) 考评员下达书面综合指令票，考生按票完成任务
现场设备、工器具及材料	110kV 仿真机，空白操作票、笔
备注	本项操作以 35kV 宗专一线宗 3513 断路器为例

评分标准

序号	作业名称	质量要求	分值	扣分标准	扣分原因	得分
1	安全工器具	取绝缘手套、安全帽、绝缘鞋、35kV 验电器等	3	一项未取用扣 2 分		
2	填写倒闸操作票	按照仿真变电站设备及运行方式进行操作票填写	27	(1) 漏填单位名称或单位名称不全扣 2 分； (2) 未填写设备双重编号扣 2 分； (3) 修改个别错、漏字时，字迹模糊，不易分辨扣 2 分； (4) 未按规定填写操作项目或操作项目不全或未使用操作术语扣 5 分； (5) 顺序错误 N 项扣 $N \times$ 5 分； (6) 漏填 N 项扣 $N \times 5$ 分		
3	操作	解除 3500 断路器备自投保护（拉开 1LP1，1LP2，1LP3，1LP4，1LP5，1LP6）	2	(1) 每漏一项扣 2 分； (2) 严重顺序错误每项扣 5 分； (3) 格式规范错误每处扣 2 分； (4) 涂改等每处扣 1 分； (5) 每漏一项扣 2 分； (6) 误操作每处扣 15 分； (7) 漏填操作时间，漏打 "√" 等扣 1 分		
		断开 3515 断路器检查确已断开	2			
		拉开 3515 丙隔离开关，检查确已拉开	2			
		拉开 3515 甲隔离开关，检查确已拉开	2			
		加用 2 号主变压器中压侧零序保护压板（LP16、LP17、LP18）	2			
		拉开 1 号主变压器 35kV 侧经消弧线圈中性点 3010 接地开关	2			

続表

序号	作业名称	质量要求	分值	扣分标准	扣分原因	得分
		评分标准				
3	操作	推上2号主变压器35kV侧经消弧线圈中性点3020接地开关	2			
		停用2号主变压器中压侧间隙保护压板压板（LP19）	2			
		断开3501断路器；检查确已断开	2			
		拉开3501丙隔离开关，检查确已拉开	2			
		拉开3501甲隔离开关，检查确已拉开	2			
		断开35kVⅠ母TV二次空气断路器	2			
		断开35kVⅠ母TV一次隔离开关	2	(1)每漏一项扣2分；(2)严重顺序错误每项扣5分；(3)格式规范错误每处扣2分；(4)涂改等每处扣1分；(5)每漏一项扣2分；(6)误操作每处扣15分；(7)漏填操作时间，漏打"√"等扣1分		
		断开3500断路器；检查确已断开	2			
		拉开3500甲1隔离开关，检查确已拉开	2			
		拉开3500甲2隔离开关，检查确已拉开	2			
		解锁拉开3513丙隔离开关，检查确已拉开	2			
		解锁拉开3513甲隔离开关，检查确已拉开	2			
		加用35kVⅠ母充电保护	2			
		推上3500甲1隔离开关，检查确已推上	2			
		推上3500甲2隔离开关，检查确已推上	2			
		推上35kVⅠ母TV一次隔离开关；检查确已推上	2			
		合上3500断路器；检查确已合上	2			

155

续表

评分标准						
序号	作业名称	质量要求	分值	扣分标准	扣分原因	得分
3	操作	检查母线充电正常；退出35kV I 母充电保护	2	(1) 每漏一项扣 2 分； (2) 严重顺序错误每项扣 5 分； (3) 格式规范错误每处扣 2 分； (4) 涂改等每处扣 1 分； (5) 每漏一项扣 2 分； (6) 误操作每处扣 15 分； (7) 漏填操作时间，漏打"√"等扣 1 分		
		合上 35kV I 母 TV 二次空气断路器	2			
		推上 3501 甲隔离开关，检查确已推上	2			
		推上 3501 丙隔离开关，检查确已推上	2			
		合上 3501 断路器；检查确已合上	2			
		推上 3515 甲隔离开关，检查确已推上	2			
		推上 3515 甲隔离开关，检查确已推上	2			
		合上 2515 断路器，检查合上；负荷正常	2			
		验明三相确无电压后推上 3513 甲丁接地隔离开关	2			
		验明三相确无电压后推上 3513 丙丁接地隔离开关	2			
		断开 3513 控制熔断器、动力熔断器	2			
		悬挂标示牌	2			
4	其他			在操作中出现下列误操作之一者，成绩记零分： (1) 带负荷拉隔离开关； (2) 带电挂地线； (3) 带地线合闸； (4) 误分合断路器； (5) 误入带电间隔		
考试开始时间				考试结束时间		合计
考生栏	编号：	姓名：		所在岗位：	单位：	日期：
考评员栏	成绩：	考评员：			考评组长：	

（二）220kV 输电线路断路器闭锁，用母联断路器串带，将线路断路器由运行转检修操作

考核系统接线参见附录 6。

行业：电力工程　　　　　　　工种：变电站值班员　　　　　　　等级：三

编号	BD306-2	行为领域	e	鉴定范围	
考核时间	50min	题型	A	含权题分	35
试题名称	220kV 输电线路断路器闭锁，用母联断路器串带，将线路断路器由运行转检修操作				
考试要点及要求	（1）整个操作由一人完成，各项审查工作由考生完成。 （2）考评员下达书面综合指令票，考生按票完成任务				
现场设备、工器具及材料	220kV 仿真机、空白操作票、笔				
备注	本项操作以 220kV 关巡一回关 261 断路器为例				

评分标准

序号	作业名称	质量要求	分值	扣分标准	扣分原因	得分
1	安全工器具	取绝缘手套、安全帽、绝缘鞋、验电器等	3	一项未取用扣 2 分		
2	填写倒闸操作票	按照仿真变电站设备及运行方式进行操作票填写	40	（1）未填写设备双重编号扣 2 分； （2）修改个别错、漏字时，字迹模糊，不易分辨扣 2 分； （3）未按规定填写操作项目或操作项目不全或未使用操作术语扣 5 分； （4）顺序错误 N 项扣 $N \times 5$ 分； （5）漏填 N 项扣 $N \times 5$ 分		
3	操作	加用仿 212 母联断路器"互联投退"压板，断开仿 212 母联断路器直流控制回路空气断路器	4	（1）每漏一项扣 2 分； （2）严重顺序错误每项扣 5 分； （3）格式规范错误每处扣 2 分； （4）涂改等每处扣 1 分； （5）每漏一项扣 2 分； （6）误操作每处扣 15 分； （7）漏填操作时间，漏打"√"等扣 1 分		
		推上仿 2672 隔离开关，检查仿 2672 隔离开关确已合上，加锁，检查仿 2672 隔离开关电压切换	2			
		拉开仿 2671 隔离开关，检查仿 2671 隔离开关确已断开，加锁，检查仿 2671 隔离开关电压切换	2			
		推上仿 2012 隔离开关，检查仿 2012 隔离开关确已合上，加锁	2			

		评分标准				
序号	作业名称	质量要求	分值	扣分标准	扣分原因	得分
3	操作	拉开仿 2011 隔离开关,检查仿 2011 隔离开关确已断开,加锁	2	(1) 每漏一项扣 2 分; (2) 严重顺序错误每项扣 5 分; (3) 格式规范错误每处扣 2 分; (4) 涂改等每处扣 1 分; (5) 每漏一项扣 2 分; (6) 误操作每处扣 15 分; (7) 漏填操作时间,漏打"√"等扣 1 分		
		合上仿 212 母联断路器直流控制回路空气断路器,停用仿 212 母联断路器"互联投退"压板	3			
		断开仿 212 母联断路器	2			
		断开线路对侧断路器	1			
		检查仿 212 母联断路器确已断开,220kV Ⅰ 母线电压指示为零	2			
		拉开仿 2616、2611 隔离开关,加锁,检查 2611 隔离开关电压切换	2			
		检查仿 2616、2611、2612 隔离开关确在断开位置	2			
		断开仿 2616、2611、2612 隔离开关动力电源断路器,加锁	2			
		断开仿 261 断路器动力、控制电源	2			
		分别验电,推上仿 26130、26140 地刀,加锁	2			
		断开仿 261 断路器信号电源,261、2611、2612、2616 挂牌	2			
		加用仿 212 母联断路器"充电保护"压板	2			
		合上仿 212 母联断路器,检查仿 21 母联断路器确已合上	2			
		检查 220kV Ⅰ 母线电压正常	2			
		停用仿 212 母联断路器"充电保护"压板	2			

		评分标准				
序号	作业名称	质量要求	分值	扣分标准	扣分原因	得分
3	操作	加用仿 212 母联断路器"互联投退"压板，断开仿 212 母联断路器直流控制回路空气断路器	3	（1）每漏一项扣 2 分； （2）严重顺序错误每项扣 5 分； （3）格式规范错误每处扣 2 分； （4）涂改等每处扣 1 分； （5）每漏一项扣 2 分； （6）误操作每处扣 15 分； （7）漏填操作时间，漏打"√"等扣 1 分		
		推上仿 2671 隔离开关，检查仿 2671 隔离开关确已合上，加锁，检查仿 2671 隔离开关电压切换	2			
		断开仿 2672 隔离开关，检查仿 2672 隔离开关确已断开，加锁，检查仿 2672 隔离开关电压切换	2			
		推上仿 2011 隔离开关，检查仿 2011 隔离开关确已合上，加锁，检查仿 2011 隔离开关电压切换	2			
		断开仿 2012 隔离开关，检查仿 2012 隔离开关确已断开，加锁，检查仿 2012 隔离开关电压切换	2			
		合上仿 212 母联断路器直流控制回路空气断路器，停用仿 212 母联断路器"互联投退"压板	4			
		挂牌 做好仿 261 断路器检修安全措施	2			
4	其他			在操作中出现下列误操作之一者，成绩记零分： （1）带负荷拉隔离开关； （2）带电挂地线； （3）带地线合闸； （4）误分合断路器； （5）误入带电间隔		
考试开始时间				考试结束时间		合计
考生栏	编号：	姓名：		所在岗位：	单位：	日期：
考评员栏	成绩：	考评员：			考评组长：	

（三）220kV 主变压器断路器闭锁，用母联断路器串带，将主变压器断路器由运行转检修操作

考核系统接线参见附录 6。

行业：电力工程　　　　　　工种：变电站值班员　　　　　　等级：三

编号	BD306－3	行为领域	e	鉴定范围	
考核时间	60min	题型	A	含权题分	45
试题名称		220kV 主变压器断路器（中压侧）闭锁，用母联断路器串带，将主变压器断路器由运行转检修操作			
考试要点及要求		（1）整个操作由一人完成，各项审查工作由考生完成。 （2）考评员下达书面综合指令票，考生按票完成任务			
现场设备、工器具及材料		220kV 仿真机，空白操作票、笔			
备注		本项操作以 220kV 1 号主变压器断路器（中压侧）为例			

评分标准

序号	作业名称	质量要求	分值	扣分标准	扣分原因	得分
1	安全工器具	取绝缘手套、安全帽、绝缘鞋、验电器等	2	一项未取用扣 2 分		
2	填写倒闸操作票	按照仿真变电站设备及运行方式进行操作票填写	28	（1）未填写设备双重编号扣 2 分； （2）修改个别错、漏字时，字迹模糊，不易分辨扣 2 分； （3）未按规定填写操作项目或操作项目不全或未使用操作术语扣 5 分； （4）顺序错误 N 项扣 $N \times$ 5 分； （5）漏填 N 项扣 $N \times 5$ 分		
3	操作	加用仿 100 母联断路器"互联投退"压板，断开仿 100 母联断路器直流控制回路空气断路器	2	（1）每漏一项扣 2 分； （2）严重顺序错误每项扣 5 分； （3）格式规范错误每处扣 2 分； （4）涂改等每处扣 1 分； （5）每漏一项扣 2 分； （6）误操作每处扣 15 分； （7）漏填操作时间，漏打"√"等扣 1 分		
		推上仿 1612 隔离开关，检查仿 1612 隔离开关确已合上，加锁，检查仿 1612 隔离开关电压切换	2			
		拉开仿 1611 隔离开关，检查仿 1611 隔离开关确已断开，加锁，检查仿 1611 隔离开关电压切换	2			

		评分标准					
序号	作业名称	质量要求	分值	扣分标准	扣分原因	得分	
3	操作	推上仿 1632 隔离开关，检查仿 1632 隔离开关已合上，加锁，检查仿 1632 隔离开关电压切换	2	（1）每漏一项扣2分； （2）严重顺序错误每项扣5分； （3）格式规范错误每处扣2分； （4）涂改等每处扣1分； （5）每漏一项扣2分； （6）误操作每处扣15分； （7）漏填操作时间，漏打"√"等扣1分			
		拉开仿 1631 隔离开关，检查仿 1631 隔离开关已断开，加锁，检查仿 1631 隔离开关电压切换	2				
		推上仿 1652 隔离开关，检查仿 1652 隔离开关已合上，加锁，检查仿 1652 隔离开关电压切换	2				
		拉开仿 1651 隔离开关，检查仿 1651 隔离开关已断开，加锁，检查仿 1651 隔离开关电压切换	2				
		合上仿 100 母联断路器直流控制回路空气断路器，停用仿 100 母联断路器"互联投退"压板	2				
		投入2号主变压器高中压侧零序保护压板	2				
		推上2号主变压器高压侧中性点接地开关	2				
		退出2号主变压器高中压侧间隙保护压板	2				
		合上 10kV 仿 900 断路器	2				
		断开1号主变压器仿 901 断路器	2				
		断开仿 100 母联断路器	2				
		断开1号主变压器仿 201 断路器	2				
		检查仿 100 母联断路器确已断开，110kV I 母线电压指示为零	2				

		评分标准					
序号	作业名称	质量要求	分值	扣分标准		扣分原因	得分
3	操作	拉开仿 1016、1012 隔离开关，加锁，检查 1012 隔离开关电压切换	2	(1) 每漏一项扣 2 分； (2) 严重顺序错误每项扣 5 分； (3) 格式规范错误每处扣 2 分； (4) 涂改等每处扣 1 分； (5) 每漏一项扣 2 分； (6) 误操作每处扣 15 分； (7) 漏填操作时间，漏打"√"等扣 1 分			
		检查仿 1016、1012、1013 隔离开关确在断开位置	2				
		断开仿 1016、1012、1013 隔离开关动力电源开关，加锁	2				
		断开仿 101 断路器动力、控制电源	2				
		分别验电，推上仿 10130、10140 地刀，加锁	2				
		断开仿 101 断路器信号电源，101、1012、1016、1011 挂牌	2				
		加用仿 100 母联断路器"充电保护"压板	2				
		合上仿 100 母联断路器，检查仿 100 母联断路器确已合上	2				
		检查 110kV I 母线电压正常	2				
		停用仿 100 母联断路器"充电保护"压板	2				
		加用仿 100 母联断路器"互联投退"压板，断开仿 100 母联断路器直流控制回路空气断路器	2				
		推上仿 1611 隔离开关，检查仿 1611 隔离开关确已合上，加锁，检查仿 1611 隔离开关电压切换	2				
		断开仿 1612 隔离开关，检查仿 1612 隔离开关确已断开，加锁，检查仿 1612 隔离开关电压切换	2				

		评分标准				
序号	作业名称	质量要求	分值	扣分标准	扣分原因	得分
3	操作	推上仿1631隔离开关,检查仿1631隔离开关确已合上,加锁,检查仿1631隔离开关电压切换	2	(1)每漏一项扣2分; (2)严重顺序错误每项扣5分; (3)格式规范错误每处扣2分; (4)涂改等每处扣1分; (5)每漏一项扣2分; (6)误操作每处扣15分; (7)漏填操作时间,漏打"√"等扣1分		
		断开仿1632隔离开关,检查仿1632隔离开关确已断开,加锁,检查仿1632隔离开关电压切换	2			
		推上仿1651隔离开关,检查仿1651隔离开关确已合上,加锁,检查仿1651隔离开关电压切换	2			
		断开仿1652隔离开关,检查仿1652隔离开关确已断开,加锁,检查仿1652隔离开关电压切换	2			
		合上仿100母联断路器直流控制回路空气断路器,停用仿100母联断路器"互联投退"压板	2			
		挂牌 做好仿101断路器检修安全措施	2			
4	其他			在操作中出现下列误操作之一者,成绩记零分: (1)带负荷拉隔离开关; (2)带电挂地线; (3)带地线合闸; (4)误分合断路器; (5)误入带电间隔		
考试开始时间				考试结束时间	合计	
考生栏	编号:	姓名:		所在岗位:	单位:	日期:
考评员栏	成绩:	考评员:			考评组长:	

一、操作

(一) 材料

材料：调度指令票 1 张 (见附录 14、15)，倒闸操作票 (见附录 11) 1 份，变电站一次接线图 (220kV 或 110kV) 1 套，保护压板对照表 1 份，空白纸 (A4) 2 张、尺、笔若干。

(二) 操作要求

1. 应填入倒闸操作票的项目

(1) 应拉合的设备 [断路器 (开关)、隔离开关 (刀闸)、接地开关 (装置) 等]。

(2) 拉合设备 [断路器 (开关)、隔离开关 (刀闸)、接地开关 (装置) 等] 后，设备位置 (包括手车开关拉至检修位置后的绝缘挡板位置) 的检查。

(3) 验电 (包括直接验电、间接验电)、装设接地线、拆除接地线。

(4) 设备检修后合闸送电前，检查送电范围内接地开关已全部拉开，接地线已全部拆除。

(5) 拉开或推上隔离开关 (刀闸) 前、手车式开关推入或拉出前，应检查断路器 (开关) 确在分闸位置。

(6) 合上 (安装) 或断开 (拆除) 控制回路、合闸回路、电压互感器回路或站用变压器高低压侧的空气开关 (熔断器)，切换保护回路或自动化装置 (包括自动切换后的检查项目)，检验是否确无电压或确认电压正常等。

(7) 投退保护电源开关，停、加用保护压板、端子切换片或转换开关 (包括远、近控开关) 等。

(8) 在进行倒负荷或解、并列 (含二次) 操作前后，检查相关电源运行和负荷分配以及电压指示情况等。

(9) 电气设备操作后无法看到实际位置时，通过检查设备机械位置指示、电气指示、负荷指示、带电显示装置及遥测、遥信等信号来判断设备实际位置的检查判断项目。

对于开关位置的检查，按《国家电网公司电力安全工作规程》的规定应通过检查机械位置指示、电气指示、仪表及各种遥信、遥测信号的变化等方面进行检查，且至少应有两个及以上指示已同时发生对应变化，以判明开关的确切状态。

（10）无法直接进行验电而采用间接验电的检查判断项目。当只能以带电显示器作为判断线路确无电压的唯一依据时，在停电操作前应先检查带电显示器完好，并列入操作票中。

（11）高压直流输电系统启停、功率变化及状态转换、控制方式改变、主控站转换，控制、保护系统投退，换流变压器冷却器切换及分接头手动调节。

（12）阀冷却、阀厅消防和空调系统的投退、方式变化等操作。

（13）直流输电控制系统对断路器进行的锁定操作。

（14）其他与操作项目有关的元件位置或状态的检查项目。

2．倒闸操作基本原则

（1）一次设备操作原则。

1）电气设备的工作状态分为运行、热备用、冷备用、检修四种，电气设备的倒闸操作即是该四种状态的依次转换。

由运行状态改为热备用状态：是指断开该设备的断路器。

热备用状态改为冷备用状态：是指拉开该设备的隔离开关、电压互感器的隔离开关或取下熔断器。

冷备用状态改为检修状态：是指通过上述操作，用验电器将停电设备验明确无电压后，在有可能来电的各侧装设接地线（即推上接地开关），并在邻近设备间隔及检修设备上挂上标示牌，以便于进行检修工作。

电气设备修复后的投入运行的操作与上相反。

2）开关间隔（含线路）停电操作应按照断路器（开关）——负荷侧隔离开关（刀闸）——电源侧隔离开关（刀闸）的顺序依次进行；送电合闸操作应按上述相反顺序进行。禁止带负荷拉、合隔离开关（刀闸）。

3）单母接线母线停电时，若母线上接有无功补偿装置，应先将其退出运行，然后按照先负荷侧、后电源侧的顺序将该母线上的断路器转为冷备用状态，当母线上接有站用电负荷时，应将其负荷转移再进行停电操作，不得在操作过程中造成站用电丢失；母线电压互感器停电时应先取下电压互感器低压侧熔丝或断开其低压侧自动空气开关，然后拉开其高压侧隔离开关。

4）变压器送电时，应先从电源侧充电，再送负荷侧；停电操作时，应先停负荷侧，后停电源侧。

从电源侧充电具有以下优点：送电的变压器若有故障，保护动作的灵敏性较高，能够可靠动作，便于判断事故，处理事故。例如，在合变压器电源侧断路器时，保护动作跳闸，说明故障点在变压器上，在合变压器负荷侧断路器时，保护动作跳闸，说明故障在线路上，虽然都是保护动作跳闸，但故障范围的层次清楚，判断、处理事故比较方便。

5）电容器停电检修时，应在电容器开关间隔转为冷备用后再将电容器转为检修状态，注意星形接线的电容器中性点也应接地。

（2）二次设备操作原则。

1）设备不允许无保护运行。设备送电前，保护及自动装置应齐全，整定值应正确，传动试验良好，连接片在规定位置。

2）倒闸操作中或设备停电后，如无特殊要求，一般不必操作保护或断开连接片，但在下列情况下应特别注意，必须采取措施：

倒闸操作将影响某些保护的工作条件，可能引起误动作时，应将保护提前停用。

倒闸操作引起运行方式的变化将破坏某些保护的工作原理，因而可能出现误动时，也必须将这些保护停用。

3）在断路器停电操作中，断路器的操作电源（控制熔断器）应在拉开隔离开关并做好安全措施（指装设接地线或绝缘罩）之后断开（取下），因为当断路器万一未断开，造成带负荷拉隔离开关时，断路器的保护可动作于跳闸；在断路器送电过程中，断路器的操作电源（控制熔断器）应在拆除安全措施之前合上（装上），因为在合上（装上）断路器的操作电源（控制熔断器）后，可以检查保护装置和控制回路的工作状态是否完好，如有问题，可在安全措施未拆除时予以处理。

4）断路器电磁操动机构的合闸熔断器，在断路器停电操作时，应在断路器断开之后取下，目的是防止在停电操作中，由于某种意外原因误动作而合闸，造成带负荷拉隔离开关的事故。同理，在断路器送电操作中，合闸熔断器应在推上隔离开关之后，合上断路器之前装上。

3. 倒闸操作票填写说明

（1）操作单位栏。填写变电站（开关站、配电站）名称，不能填写运维站（操巡队）名称。

（2）编号栏。填写操作票的编号，以变电站（开关站、配电站）为单位连续编号。每张倒闸操作票只能编一个号，编号为 10 位数（前 4 位为年份、中间 2 位为月度、后 4 位为操作票流水号）。计算机生成的操作票必须在正式出票前自动编号。

（3）发、受令人及发令时间栏。由受令人在接受操作指令后填写发、受令人姓名和发令时间。

（4）操作开始时间栏。填写第一项的开始操作时间。

（5）操作结束时间栏。填写最后一项的操作结束时间。

（6）操作类型栏。在监护操作、单人操作或检修人员操作的对应括号内打"√"

记号。

（7）操作任务栏。操作任务应与操作指令票内容一致，操作人在填写操作任务后应在备注栏中填写拟票依据。一张操作票只能填写一个操作任务。

（8）序号栏。根据综合操作指令票或口头操作指令填写的倒闸操作票，其操作项目序号采用顺序连续编号，不得中断。根据逐项操作指令票填写的倒闸操作票，其序号采用双重序号。左侧数字是逐项操作指令票操作项目序号（应完全一致），右侧序号是对应的倒闸操作项目序号。左边数字编号间断，则右边序号连续编号、无需间断（如：1-1，1-2，2-3，3-4，3-5等），两序号用"—"相连。当逐项操作指令票不连续的两项之间应间断留出空行，盖上"暂停，待调度令继续操作"的图章。在逐项操作指令票连续的两项之间，若出现操作暂停，应在操作指令票暂停位置划上红线，作为操作间断的标志。

（9）倒闸操作项目栏。应按操作步骤逐项填写。

（10）执行打"√"栏。在执行过程中，每操作完一项操作项目，在对应的项目序号前作记号"√"。

（11）操作时间栏。依据综合操作指令票填写的倒闸操作票，操作项目的第一项、最后一项和重要操作项目（包括断合断路器、隔离开关，装、拆接地线和拉、推接地开关等），应填写具体操作时间。

依据逐项操作指令票填写的倒闸操作票，若逐项操作指令票的操作项目只对应一个倒闸操作票操作项目序号时，则只填一个操作时间。若逐项操作指令票的操作项目对应两个或多个倒闸操作票操作项目序号时，则应填写两个操作时间，即逐项操作指令票操作项目的操作开始时间及结束时间。

（12）备注栏。根据实际情况填写操作依据。如"此票以（地）调（综）字第（0100）指令票为依据"，"此票以（中）调（\）字第（口头）指令票为依据"等。倒闸操作因故中止或某些项目不执行操作，应在备注栏中说明原因。

（13）签名栏。由本次倒闸操作票的实际操作人、监护人、当值值班长或变电站（操巡队）现场运行值班负责人分别在对应栏签名；第二监护人应与第一监护人并行签名。

（三）倒闸操作票常见错误

（1）未按倒闸操作基本原则要求的次序填写倒闸操作票。

（2）倒闸操作票未填写双重名称，用字过于简化。

（3）将综合操作指令票注意事项的顺序作为操作项目填写顺序的依据。

（4）操作票中有并项现象（如：继电保护整定与加用并项填写）。

（5）倒闸操作票漏项。

（6）随意增添倒闸操作项。

（7）设备编号、动词等关键字存在涂改现象。

（8）根据逐项指令票填写的倒闸操作票操作项编号错误。

（9）未逐项打勾并填写实际操作时间。

（10）操作人、监护人、值班负责人未分别签名。

（11）直接调用生产管理系统、计算机内保存的典型票，不符合实际需要。

二、考核

（一）要求

（1）对照主接线图、保护压板对照表判断倒闸操作票填写正确性。

（2）将错误之处画线并注明原因。

（二）考核场地

220、110kV仿真机1套。

（三）考核时间

考核时间为30min。

（四）考核要点

（1）熟练应用现场操作票实施细则，正确区分、判断倒闸操作票正误。

（2）正确修改操作票错误。

三、评分参考标准

行业：电力工程　　　　　　　工种：变电站值班员　　　　　　等级：三

编号	BD307	行为领域	e	鉴定范围	
考核时间	30min	题型	A	含权题分	25
试题名称	倒闸操作票错误判断和识别				
考试要点及要求	（1）根据调度指令，查阅一次接线图和保护压板对照表，了解操作任务。 （2）检查倒闸操作票填写的正确性。 （3）注明倒闸操作项错误原因。				
现场设备、工器具及材料	调度指令票、倒闸操作票、一次接线图、保护压板对照表（或220、110kV变电仿真机）、空白纸、笔、尺等				
备注					
评分标准					

序号	作业名称	质量要求	分值	扣分标准	扣分原因	得分
1	审核倒闸操作票	根据一次接线图、保护压板一览表、调度指令票内容查找倒闸操作票错误处	50	错误未找全每处扣5分		

			评分标准			
序号	作业名称	质量要求	分值	扣分标准	扣分原因	得分
2	填写错误项序号及原因	明确写出错误项数及错误原因	50	(1) 原因未填写每项扣 5 分； (2) 原因填写错误每处扣 3 分		
3	其他			答题卷面不整洁扣 2 分		
考试开始时间			考试结束时间		合计	
考生栏	编号：	姓名：	所在岗位：	单位：	日期：	
考评员栏	成绩：	考评员：		考评组长：		

BD308　工作票填写

一、操作

（一）工器具、材料

空白一、二种工作票（见附录 12、13）各 1 份，带电作业票 1 份，纸、笔若干，设备停电检修申请票、PMS 生产管理系统工单、一次接线图、保护压板对照表、安全帽。

（二）操作要求

（1）根据所给出的工作任务选择需要填写的工作票种类。

（2）按照工作任务、一次接线图及现场设备实际接线情况正确填写工作票：

1）一种工作票工作任务与设备停电检修申请票内容应一致，工作任务应写明确切地点、带电压等级的设备双重名称，工作内容应具体。

2）一种工作票计划工作时间应与设备停电检修申请票时间一致。

3）个别错、漏字修改应规范，操作术语、设备名称及编号等关键字段不得修改。

4）安全措施栏中，应拉开的隔离开关、应装设的接地线应符合作业现场的实际位置，不得漏填、多填，应停用的保护压板及二次回路电源，在室外构架上工作，其邻近可能误登的爬梯上应要求悬挂"禁止攀登，高压危险"标示牌，工作地点邻近带电部分的横梁上应要求悬挂"止步，高压危险"标示牌，重要的补充安全措施应填写在工作票内。

5）采用总工作票和分工作票时，总工作票上所列的安全措施应包括所有分工作票上所列的安全措施。

6）在变电站生产区域内进行的生产业务外包时，工作票应由设备运行单位（或设备检修维护单位）和承包单位"双签发"。

7）具备法人资格的外来企业以承包形式进入变电站从事土建、防腐、防火、绿化、房屋维修和装饰等工作，工作票应由设备运行单位和承包单位"双签发"。

8）在变电站高频复用通道保护的载波设备上工作、户外高频结合设备或保护光缆设备上工作时，工作票应由保护装置设备管理单位和通信设备管理单位有资格的人员共同签发。

9）在原工作票的停电及安全措施范围内增加工作任务，应由工作负责人征得工作票签发人和工作许可人同意，并在工作票上增填工作项目。需变更或增设安全措施时应填用新的工作票，并重新履行签发许可手续，新增的工作任务前应注明"新增"字样。

10）二种工作票注意事项（安全措施）栏应有针对性，不得漏填关键安全措施及注意事项。

11）工作班成员不得代签名。

二、考核

（一）要求

（1）工作票种类选择正确。

（2）工作票内容填写正确，安全措施符合现场工作要求。

（二）考核场地

某实际变电站（或 220kV 或 110kV 仿真变电站）1 套。

（三）考核时间

考核时间为 30min。

（四）考核要点

（1）熟练应用现场工作票实施细则，选用和填写工作票。

（2）根据工作性质，制订现场安全措施和危险点分析。

三、评分参考标准

行业：电力工程　　　　　　工种：变电站值班员　　　　　　等级：三

编号	BD308	行为领域	e	鉴定范围	
考核时间	30min	题型	A	含权题分	25
试题名称	工作票填写				
考试要点及要求	（1）按照工作任务正确选择所需填写的工作票种类。 （2）正确填写工作票内容。 （3）工作票安全措施和注意事项必须符合工作现场实际				
现场设备、工器具及材料	220kV 或 110kV 实际变电站或仿真变电站，设备停电检修申请票、PMS 生产管理系统工单、一次接线图、保护压板对照表、空白一、二种工作票及带电作业票，纸、笔、等				
备注					

			评分标准				
序号	作业名称	质量要求	分值	扣分标准	扣分原因	得分
1	按照工作任务选择工作票种类	按照《国家电网公司电力安全工作规程（变电部分）》要求正确选择相应的工作票	20	工作票种类错误不得分		
2	填写工作票内容	内容正确，安全措施符合现场实际	80	（1）计划工作时间错误一处扣5分； （2）安全措施漏填一项扣5分； （3）安全措施多填一项扣5分； （4）安全措施不符合现场实际扣5分； （5）未按规定签发扣5分		
3	其他			票面修改不规范每处扣3分		
考试开始时间				考试结束时间		合计	
考生栏	编号：	姓名：		所在岗位：	单位：	日期：	
考评员栏	成绩：	考评员：			考评组长：		

一、操作

(一) 工器具、材料

(1) 工器具:电力安全工器具柜、安全帽、毛刷 2 把 (金属裸露部分包裹好绝缘布)、干燥抹布、绝缘胶布、防误装置 1 套。

(2) 材料:纸、笔若干,空白工作票 (见附录 13)、空白汇报单各 1 张。

(二) 操作要求

参见 BD503 项目。

(三) 操作步骤

参见 BD503 项目。

(四) 危险点分析

(1) 由工作负责人结合工作情况,提出具体的安全措施和注意事项。一般包括工作中必须停用的继电保护、安全自动装置的跳闸压板 (主要是工作中可能引起误跳运行设备的出口压板);防止电压二次回路短路、电流二次回路开路、直流回路短路接地以及防止误碰、误动其他运行设备的安全措施;高压设备区域工作与带电设备应保持的具体距离;现场围栏 (红布幔)、标示牌和其他安全注意事项等。危险点及控制措施见表 BD309 - 1。

表 BD309 - 1 危险点及控制措施

序号	危险点内容	控 制 措 施
1	人身触电	工作人员穿长袖工作服,袖口扎紧,穿绝缘靴
2	易燃易爆	工作场所严禁烟火

(2) 工作票签发人审核工作票填写正确无误,增填必要的补充安全措施后签名并填写签发日期。

二、考核

（一）要求

（1）按现场工作流程进行。

（2）要求填票工作。

（3）单人完成全部工作任务。

（二）考核场地

防误装置 1 套。

（三）考核时间

考核时间为 30min。

（四）考核要点

（1）按照现场工作要求，填写工作票。

（2）对防误装置典型性缺陷进行分析、判断或处理。

三、评分参考标准

行业：电力工程　　　　　工种：变电站值班员　　　　　等级：三

编号	BD309	行为领域	e	鉴定范围	
考核时间	30min	题型	A	含权题分	25
试题名称	防误装置维护及异常处理				
考试要点及要求	（1）整个工作由一人完成，各项审查工作由考生完成。 （2）考评员下达书面工作任务，考生填票完成任务				
现场设备、工器具及材料	防误装置 1 套，电力安全工器具柜、安全帽、毛刷 2 把（金属裸露部分包裹好绝缘布）、干燥抹布若干、绝缘胶布等				
备注					
评分标准					

序号	作业名称	质量要求	分值	扣分标准	扣分原因	得分
1	工作票填写与签发	填写工作票时必须认真核对工作任务，必要时到现场实地勘查	10	（1）漏填工作负责人（监护人）姓名扣 2 分； （2）漏填或填错工作票人员栏扣 2 分； （3）漏填或填错工作的变电站名称及设备双重名称栏扣 2 分； （4）漏填或填写工作任务含糊不清，未填写设备双重名称扣 2 分；		

评分标准						
序号	作业名称	质量要求	分值	扣分标准	扣分原因	得分
1	工作票填写与签发	填写工作票时必须认真核对工作任务,必要时到现场实地勘查	10	(5) 漏填或填错计划工作时间栏扣2分; (6) 漏填或填错工作条件栏扣5分; (7) 漏填或填写注意事项(安全措施)不具体扣5分; (8) 漏填或填错工作许可栏扣2分; (9) 漏填或填错确认工作负责人布置的任务和安全措施,工作班人员签名栏扣5分; (10) 漏填或填错工作终结栏扣2分; (11) 修改个别错、漏字时,字迹模糊,不易分辨扣2分		
2	准备安全工器具	安全帽、毛刷等	5	(1) 未检查试验标签或选择工具错误扣2分; (2) 携带工具遗漏 N 项(安全帽、毛刷2把、干燥抹布若干、绝缘胶布若干)扣 N×2分; (3) 未检查工具绝缘合格扣2分		
3	工作票传送工作许可		3	未会同运行人员到现场检查设备实际位置及注意事项的扣3分		
4	工作监护	工作票	2	未将工作票带至现场扣2分		
		危险点告知	5	工作负责人未向工作班人员交代工作内容、人员分工、带电部位和现场安全措施,进行危险点告知,未履行确认手续的扣5分		
		检查微机防误装置电源正常	5	未检查出电源故障扣5分		
		启动微机防误装置软件	5	未启动微机防误装置软件扣5分		
		登录系统	5	未登录系统扣5分		
		设备对位	10	未进行设备对位扣10分		

评分标准						
序号	作业名称	质量要求	分值	扣分标准	扣分原因	得分
4	工作监护	模拟操作	30	未检查出设备五防错误扣30分		
		传送操作票	5	未传送操作票扣5分		
		回传操作票	5	未回传操作票扣5分		
5	工作终结	工作现场	10	未清理工作现场扣5分		
		现场交代		（1）工作负责人未向运行人员做好现场交代、工作结果和存在问题扣5分； （2）未办理工作终结手续扣5分		
6	其他			在工作过程中出现下述情况直接计零分： （1）人身触电伤害； （2）作业现场起火		
考试开始时间				考试结束时间		合计
考生栏	编号：	姓名：		所在岗位：	单位：	日期：
考评员栏	成绩：	考评员：			考评组长：	

典型一次设备异常信号分析、判断和处理

一、操作项目

1. 变压器类设备异常信号分析、判断和处理

(1) 变压器冷却系统异常信号分析、判断和处理。

(2) 变压器本体异常信号分析、判断和处理。

(3) 电压互感器异常信号分析、判断和处理。

2. 断路器类设备异常信号分析、判断和处理

(1) 液压机构异常信号分析、判断和处理。

(2) SF_6 断路器本体异常信号分析、判断和处理。

二、操作

(一) 材料

空白汇报单 (见表 BD407 - 1),纸、笔若干。

(二) 基本原则

当监控系统发出异常信号时,值班调控员 (监控员) 应本着准确、迅速的原则进行处理。值班调控员 (监控员) 对异常信号内容、发生时间等重要相关信息进行记录、判断,及时汇报相关调度,并通知运维人员到现场检查、核实。现场运维人员对值班调控员 (监控员) 通知的异常情况应及时予以答复。若异常信号无法复归,现场运维人员应告知值班调控员 (监控员) 现场设备实际状态和后台机信号情况。

(三) 操作要求

(1) 值班调控员 (监控员) 对异常信号的记录应完整、准确。在汇报调度、告知现场运维人员时应详细告知异常信号发生的时间、地点和信号的紧急程度。

(2) 现场运维人员在接到值班调控员 (监控员) 的通知后应立即赶赴发生异常的变电站,详细检查发生异常信号的设备,分析异常信号产生的原因,将检查结

果及时告知值班调控员（监控员）并汇报相应调度。

（3）现场运维人员的异常检查汇报调度应精确，应告知现场设备的实际状态及异常信号的发展程度。

三、考核

（一）要求

（1）分析主变压器、断路器类设备异常的原因。

（2）分析主变压器、断路器类设备异常可能造成的后果。

（3）根据分析结果写出具体处理步骤。

（4）单人完成全部操作任务。

（二）考核场地

仿真机 220kV 或 110kV 1 套。

（三）考核时间

考核时间为 30min。

（四）考核要点

（1）根据电气原理、设备结构或回路接线等正确分析、判断一次设备异常。

（2）根据现场规程正确处理一次设备异常。

四、评分参考标准

（一）主变压器冷却系统异常信号分析、判断和处理

行业：电力工程　　　　　　工种：变电站值班员　　　　　　等级：三

编号	BD310-1	行为领域	e	鉴定范围	
考核时间	30min	题型	A	含权题分	25
试题名称	主变压器冷却器全停信号分析及处理步骤				
考试要点及要求	（1）分析主变压器冷却器全停的原因。 （2）分析主变压器冷却器全停可能造成的后果。 （3）根据分析结果写出具体处理步骤。 （4）考评员下达试题，考生按要求完成任务。 （5）汇报用书面形式进行				
现场设备、工器具及材料	笔、空白汇报单				
备注					

続表

		評分標準				
序号	作业名称	质量要求	分值	扣分标准	扣分原因	得分
1	记录异常信号	详细记录异常信号的发生及发展情况	10	（1）未记录异常发生的时间，扣1分； （2）未记录故障发生的变电站，扣1分； （3）异常信号记录不全每差1条，扣1分		
2	汇报调度	书面汇报	5	（1）未报变电站名，扣0.5分； （2）未报本人姓名，扣0.5分； （3）未使用设备电压等级，扣0.5分； （4）未使用设备双重编号，扣0.5分		
3	故障原因分析	详细分析造成主变压器（强油风冷）冷却器全停原因	20	（1）主变压器冷却器故障，扣5分； （2）冷却装置控制回路故障，扣5分； （3）主变压器冷却系统电源故障，扣5分； （4）站用电系统故障，扣5分		
4	造成后果分析	分析主变压器（强油风冷）冷却器全停的后果	26	（1）造成主变压器温度异常，扣8分； （2）造成主变压器油位异常，扣8分； （3）全停时间过长造成主变压器三侧断路器跳闸，扣10分		
5	故障处理	（1）汇报调度，停用故障主变压器风冷全停跳三侧断路器压板	5	未申请停用压板，扣5分		
		（2）检查站用电源	5	未检查站用电源，扣5分		
		（3）检查冷却系统控制回路	10	未检查主变压器冷却系统控制回路，扣10分		
		（4）检查冷却器	4	漏检查一组冷却器，扣1分		
		（5）将故障冷却器停用，恢复正常冷却器运行	5	漏恢复一组冷却器，扣5分		

		评分标准				
序号	作业名称	质量要求	分值	扣分标准	扣分原因	得分
5	故障处理	（6）加用故障主变压器风冷全停跳三侧断路器压板	5	未申请加用压板扣5分		
		（7）做好相关记录：运行日志、事故障碍及异常记录、操作记录（填写记录名称）	5	记录名称漏一项扣1分		
6	其他			（1）处理过程中造成主变压器跳闸者，成绩记零分；（2）造成站用电跳闸，扣50分		
考试开始时间				考试结束时间	合计	
考生栏		编号： 姓名：		所在岗位： 单位：	日期：	
考评员栏		成绩： 考评员：		考评组长：		

（二）变压器本体异常信号分析、判断和处理

行业：电力工程　　　　　　工种：变电站值班员　　　　　　等级：三

编号	BD310-2	行为领域	e	鉴定范围	
考核时间	30min	题型	A	含权题分	25
试题名称	主变压器油温高及本体轻瓦斯动作信号分析及处理步骤				
考试要点及要求	（1）分析油温高及本体轻瓦斯动作的原因。（2）分析油温高及本体轻瓦斯动作可能造成的后果。（3）根据分析结果写出具体处理步骤。（4）考评员下达试题，考生按要求完成任务。（5）汇报用书面形式进行				
现场设备、工器具及材料	笔、空白汇报单				
备注					

		评分标准				
序号	作业名称	质量要求	分值	扣分标准	扣分原因	得分
1	记录异常信号	详细记录异常信号的发生及发展情况	10	（1）未记录异常发生的时间扣1分；（2）未记录故障发生的变电站扣1分；（3）异常信号记录不全每差1条扣1分		

			评分标准			
序号	作业名称	质量要求	分值	扣分标准	扣分原因	得分
2	汇报调度	书面汇报	5	（1）未报变电站名扣0.5分； （2）未报本人姓名扣0.5分； （3）未使用设备电压等级扣0.5分； （4）未使用设备双重编号扣0.5分		
3	故障原因分析	详细分析主变压器油温高及本体轻瓦斯动作的原因	27	（1）油温高的原因分析： 　1）主变压器冷却器故障，扣3分； 　2）铁芯局部过热，扣3分； 　3）绕组过热，扣3分； 　4）分接开关过热，扣3分。 （2）轻瓦斯动作原因分析： 　1）变压器内部有轻微故障产生气体，扣3分； 　2）变压器内部聚积空气，扣3分； 　3）外部发生穿越性短路故障，扣3分； 　4）轻瓦斯保护二次回路故障，扣3分； 　5）气体继电器本身故障，扣3分		
4	造成后果分析	分析主变压器油温高及本体轻瓦斯动作的后果	18	（1）变压器油温在高温情况下运行易造成绝缘劣化，寿命缩短，扣6分； （2）内部油温异常升高易造成变压器损坏，扣6分； （3）轻瓦斯动作如不及时检查处理有可能引起内部严重故障，扣6分		
5	故障处理	（1）检查变压器负荷及油温情况（顶层油温不得超过105℃）	4	（1）未检查记录负荷和油温各扣1分； （2）未说明顶层油温限值扣1分		
		（2）现场核对温度测量装置	4	未进行现场核对扣4分		
		（3）检查冷却系统装置及变压器室通风	4	未检查主变压器冷却系统及变压器室通风情况各扣2分		

		评分标准					
序号	作业名称	质量要求	分值	扣分标准	扣分原因	得分	
5	故障处理	（4）汇报调度压减变压器负荷	4	未申请压减负荷，扣4分			
		（5）负荷不变的情况下温度持续升高应申请将变压器转检修	4	未进行本项操作，扣4分			
		（6）轻瓦斯动作应记录气体量，观察气体的颜色及实验是否可燃，并取气体及油样做色谱分析	10	（1）未记录气量，扣1分；（2）未观察气体颜色，扣1分；（3）未做可燃实验，扣2分；（4）未取气样和油样，扣3分			
		（7）如果判断为内部故障且发信间隔时间缩短应尽快将变压器停运	5	未进行相关说明，扣5分			
		（8）做好相关记录：运行日志、事故障碍及异常记录、操作记录（填写记录名称）	5	记录名称漏一项，扣1分			
6	其他			（1）处理过程中造成主变压器跳闸者，成绩记零分；（2）造成变压器损坏者，成绩记零分			
考试开始时间				考试结束时间		合计	
考生栏		编号： 姓名：		所在岗位： 单位：		日期：	
考评员栏		成绩： 考评员：			考评组长：		

（三）电压互感器异常信号分析、判断和处理

行业：电力工程　　　　　　工种：变电站值班员　　　　　　等级：三

编号	BD310-3	行为领域	e	鉴定范围	
考核时间	30min	题型	A	含权题分	25
试题名称	电压互感器异常信号分析及处理步骤				
考试要点及要求	（1）分析电压互感器"电压回路断线""装置闭锁"的原因。（2）分析电压互感器"电压回路断线""装置闭锁"可能造成的后果。（3）考评员下达试题，考生按要求完成任务。（4）汇报用书面形式进行				
现场设备、工器具及材料	笔、空白汇报单				
备注					

评分标准						
序号	作业名称	质量要求	分值	扣分标准	扣分原因	得分
1	记录异常信号	详细记录异常信号的发生及发展情况	10	（1）未记录异常发生的时间扣1分； （2）未记录故障发生的变电站扣1分； （3）异常信号记录不全每差1条扣1分		
2	汇报调度	书面汇报	5	（1）未报变电站名，扣0.5分； （2）未报本人姓名，扣0.5分； （3）未使用设备电压等级，扣0.5分； （4）未使用设备双重编号，扣0.5分		
3	故障原因分析	详细分析"电压回路断线""装置闭锁"产生的原因	25	（1）TV内部故障（110kV以上），扣5分； （2）TV高压熔断器熔断（35kV及以下），扣5分； （3）TV二次快分熔断器跳闸，扣5分； （4）TV二次回路故障，扣5分； （5）电压切换回路辅助触点接触不良，扣5分		
4	造成后果分析	分析"电压回路断线""装置闭锁"动作的后果	18	（1）造成电压计量的缺失，扣6分； （2）影响保护的正确动作，扣6分； （3）可能造成电压类保护拒动或误动，扣6分		
5	故障处理	（1）记录故障TV所在母线的公用保护（母差、失灵、母联保护）异常信号动作情况	6	漏检查一套保护扣2分		
		（2）检查母线上所接的所有间隔异常信号动作情况	12	漏检查一套线路保护扣2分		
		（3）现场检查故障TV的运行状况，查明故障原因	5	未检查TV二次电压扣2分；未说明TV故障原因扣3分		
		（4）根据调度令进行故障处理（更换一、二次熔断器，检查二次回路排除故障点，将故障TV停运）	7	未写明详细处理步骤每缺一项扣2分		

序号	作业名称	质量要求	分值	扣分标准	扣分原因	得分
5	故障处理	（5）隔离故障 TV，排除二次回路故障后将 TV 二次并列	7	（1）未排除二次回路故障扣 5 分； （2）未进行 TV 二次并列扣 2 分		
		（6）做好相关记录：运行日志、事故障碍及异常记录、操作记录（填写记录名称）	5	记录名称漏一项扣 1 分		
6	其他			处理过程中造成断路器跳闸者，成绩记零分		

考试开始时间			考试结束时间		合计	
考生栏	编号：	姓名：	所在岗位：	单位：	日期：	
考评员栏	成绩：	考评员：		考评组长：		

（四）液压机构异常信号分析、判断和处理

行业：电力工程　　　　　　　工种：变电站值班员　　　　　　等级：三

编号	BD310－4	行为领域	e	鉴定范围	
考核时间	30min	题型	A	含权题分	25
试题名称	"断路器机构液压降低分合闸闭锁"信号分析及处理步骤				
考试要点及要求	（1）分析"断路器机构液压降低分合闸闭锁"的原因。 （2）说明"断路器机构液压降低分合闸闭锁"监控系统发出的所有异常信号。 （3）分析"断路器机构液压降低分合闸闭锁"可能造成的后果。 （4）根据分析结果写出具体处理步骤（要求至少两种处理方案）。 （5）考评员下达试题，考生按要求完成任务。 （6）汇报用书面形式进行				
现场设备、工器具及材料	笔、空白汇报单				
备注					

			评分标准			
序号	作业名称	质量要求	分值	扣分标准	扣分原因	得分
1	记录异常信号	详细记录异常信号的发生及发展情况	10	（1）未记录异常发生的时间扣 1 分； （2）未记录故障发生的变电站扣 1 分； （3）异常信号记录不全每差 1 条扣 1 分		

		评分标准				
序号	作业名称	质量要求	分值	扣分标准	扣分原因	得分
2	汇报调度	书面汇报	5	（1）未报变电站名扣0.5分； （2）未报本人姓名扣0.5分； （3）未使用设备电压等级扣0.5分； （4）未使用设备双重编号扣0.5分		
3	故障原因分析	详细分析"断路器机构液压降低分合闸闭锁"产生的原因	20	（1）断路器机构高压油管泄漏，扣5分； （2）断路器机构内泄，扣5分； （3）机构打压回路故障，扣5分； （4）机构油泵或电机损坏，扣5分		
4	造成后果分析	分析"断路器机构液压降低分合闸闭锁"动作的后果	10	（1）造成断路器失去分合能力，扣5分； （2）故障情况下断路器拒动，造成事故扩大，扣5分		
5	故障处理	（1）记录"断路器机构液压降低分合闸闭锁"时伴生的所有信号（"控制回路断线""液压降低分闸闭锁""液压降低合闸闭锁""液压降低重合闸闭锁"	15	漏记录一项异常扣3分		
		（2）现场检查断路器机构运行状况，查明故障原因	5	未说明故障原因扣5分		
		（3）停用断路器操作电源（操作箱、测控屏）	5	漏操作一项扣5分		
		（4）采取措施将断路器转检修：通过旁路带将断路器停电；通过母联停母线将断路器转检修；通过加装防慢分卡检修机构	25	至少说出两种处理办法： （1）只有一种处理办法扣15分； （2）一种处理方法错误扣15分		
		（5）做好相关记录：运行日志、事故障碍及异常记录、操作记录（填写记录名称）	5	记录名称漏一项扣1分		

序号	作业名称	质量要求	分值	扣分标准	扣分原因	得分
				评分标准		
6	其他			处理过程中造成开关跳闸者，成绩记零分；		

考试开始时间			考试结束时间		合计	
考生栏	编号：	姓名：	所在岗位：	单位：	日期：	
考评员栏	成绩：	考评员：		考评组长：		

（五）SF₆ 断路器本体异常信号分析、判断和处理

行业：电力工程　　　　　　　工种：变电站值班员　　　　　　　等级：三

编号	BD310-5	行为领域	e	鉴定范围	
考核时间	30min	题型	A	含权题分	25
试题名称	"SF₆ 断路器气压降低分合闸闭锁"信号分析及处理步骤				
考试要点及要求	(1) 分析"断路器 SF₆ 气压降低分合闸闭锁"的原因。 (2) 说明"断路器 SF₆ 气压降低分合闸闭锁"监控系统发出的所有异常信号。 (3) 分析"断路器 SF₆ 气压降低分合闸闭锁"可能造成的后果。 (4) 根据分析结果写出具体处理步骤（要求至少两种处理方案）。 (5) 考评员下达试题，考生按要求完成任务。 (6) 汇报用书面形式进行				
现场设备、工器具及材料	笔、空白汇报单				
备注					

评分标准

序号	作业名称	质量要求	分值	扣分标准	扣分原因	得分
1	记录异常信号	详细记录异常信号的发生及发展情况	10	(1) 未记录异常发生的时间，扣1分； (2) 未记录故障发生的变电站，扣1分； (3) 异常信号记录不全每差1条，扣1分		
2	汇报调度	书面汇报	5	(1) 未报变电站名，扣0.5分； (2) 未报本人姓名，扣0.5分； (3) 未使用设备电压等级，扣0.5分； (4) 未使用设备双重编号，扣0.5分		

			评分标准				

序号	作业名称	质量要求	分值	扣分标准	扣分原因	得分
3	故障原因分析	详细分析"断路器 SF$_6$ 气压降低分合闸闭锁"产生的原因	20	(1) 断路器本体 SF$_6$ 泄漏，扣 5 分； (2) 断路器机构 SF$_6$ 阀门泄漏，扣 5 分； (3) SF$_6$ 监视密度继电器损坏，扣 5 分； (4) 表计指示错误，扣 5 分		
4	造成后果分析	分析"断路器 SF$_6$ 气压降低分合闸闭锁"动作的后果	10	(1) 造成断路器失去分合能力，扣 5 分； (2) 故障情况下断路器拒动，造成事故扩大，扣 5 分		
5	故障处理	(1) 记录"断路器 SF$_6$ 气压降低分合闸闭锁"时伴生的所有信号（"控制回路断线""SF$_6$ 压力降低告警"）	15	漏记录一项异常扣 5 分		
		(2) 现场进行 SF$_6$ 检漏，查找故障点	5	未说明故障原因扣 5 分		
		(3) 停用断路器操作电源（操作箱、测控屏）	5	漏操作一项扣 5 分		
		(4) 采取措施将断路器转检修：通过旁路带将断路器停电；通过母联停母线将断路器转检修；通过带电补气保证断路器正常运行	25	至少说出两种处理办法，写出具体的操作步骤： (1) 只有一种处理办法扣 15 分； (2) 一种处理方法错误扣 15 分； (3) 操作步骤漏项扣 5 分； (4) 出现严重误操作不得分		
		(5) 做好相关记录：运行日志、事故障碍及异常记录、操作记录（填写记录名称）	5	记录名称漏一项扣 1 分		
6	其他			处理过程中造成开关跳闸者，成绩记零分		
考试开始时间				考试结束时间		合计
考生栏	编号：　　姓名：			所在岗位：　　单位：		日期：
考评员栏	成绩：　　考评员：			考评组长：		

典型二次设备异常信号分析、判断和处理

一、操作项目

1. 变压器二次设备异常信号分析、判断和处理

(1) 变压器本体及非电量保护装置异常分析、判断和处理。

(2) 变压器保护装置故障分析、判断和处理。

2. 断路器、线路保护异常信号分析、判断和处理

(1) 断路器控制回路断线分析、判断和处理。

(2) 断路器保护装置故障分析、判断和处理。

3. 公用二次设备信号分析、判断和处理

(1) 测控装置异常分析、判断和处理。

(2) 装置通信中断分析、判断和处理。

二、操作

(一) 材料

空白汇报单 (见表 BD407 - 1),笔若干。

(二) 基本原则

当监控系统发出异常信号时,值班调控员 (监控员) 应本着准确、迅速的原则处理。值班调控员 (监控员) 对异常信号、时间等重要相关信息进行记录、判断,汇报相关调度,并通知运维人员到现场检查、核实。现场运维人员对值班调控员 (监控员) 通知的异常情况应及时予以答复。若异常信号无法复归,现场运维人员应告知值班调控员 (监控员) 现场设备实际状态和后台机信号情况。

(三) 操作要求

(1) 值班调控员 (监控员) 对异常信号的记录应完整、准确。在汇报调度、告知现场运维人员时应详细告知异常信号发生的时间、地点和信号的紧急程度。

（2）现场运维人员在接到值班调控员（监控员）的通知后应立即赶赴异常发生变电站，详细检查异常信号发生的设备，分析异常信号产生的原因，并将检查结果及时告知值班调控员（监控员）并汇报相应调度。

（3）现场运维人员的异常检查汇报调度应精确，应告知现场设备的实际状态及异常信号的发展程度。

三、考核

（一）要求

（1）分析主变压器二次、断路器类设备二次、保护装置异常的原因。

（2）分析主变压器二次、断路器类设备二次、保护装置异常可能造成的后果。

（3）根据分析结果写出具体处理步骤。

（4）单人完成全部操作任务。

（二）考核场地

仿真机 220kV 或 110kV 1 套。

（三）考核时间

考核时间为 30min。

（四）考核要点

（1）根据电气原理、设备结构或回路接线等正确分析、判断二次设备异常。

（2）根据现场规程正确处理二次设备异常。

四、评分参考标准

（一）变压器本体及非电量保护装置异常分析、判断和处理

行业：电力工程　　　　　　　　工种：变电站值班员　　　　　　　等级：三

编号	BD311-1	行为领域	e	鉴定范围	
考核时间	30min	题型	A	含权题分	25
试题名称	主变压器本体及非电量保护装置异常分析及处理步骤				
考试要点及要求	（1）分析主变压器本体及非电量保护装置异常的原因。 （2）分析主变压器本体及非电量保护装置异常可能造成的后果。 （3）根据分析结果写出具体处理步骤。 （4）考评员下达试题，考生按要求完成任务。 （5）汇报用书面形式进行				
现场设备、工器具及材料	笔、空白汇报单				
备注					

		评分标准				
序号	作业名称	质量要求	分值	扣分标准	扣分原因	得分
1	记录异常信号	详细记录异常信号的发生及发展情况	10	(1) 未记录异常发生的时间扣1分； (2) 未记录故障发生的变电站扣1分； (3) 异常信号记录不全每差1条扣1分		
2	汇报调度	书面汇报	5	(1) 未报变电站名扣0.5分； (2) 未报本人姓名扣0.5分； (3) 未使用设备电压等级扣0.5分； (4) 未使用设备双重编号扣0.5分		
3	故障原因分析	详细分析本体及非电量保护装置异常原因	20	(1) 非电量保护装置异常，扣5分； (2) 释压器动作回路异常，扣5分； (3) 瓦斯保护回路异常，扣5分； (4) 冷控保护回路异常，扣5分		
4	造成后果分析	分析本体及非电量保护装置异常的后果	30	(1) 在主变压器本体故障的时候不能正确动作，扣10分； (2) 主变压器本体异常信号不能正确异常信号，扣10分； (3) 造成主变压器非电量保护误动，扣10分		
5	故障处理	(1) 检查、记录主变压器保护屏上非电量保护装置异常信息	10	信号记录不全面每项扣2分		
		(2) 检查瓦斯保护发信回路是否正常	10	未检查瓦斯保护发信回路扣10分		
		(3) 检查冷却系统控制回路是否正常	5	未检查主变压器冷却系统控制回路扣5分		
		(4) 检查释压器发信回路是否正常	5	未检查释压器发信回路扣5分		
		(5) 检查变压器本体及调压部分油温保护回路是否正常	5	未检查油温保护回路扣5分		
		(6) 做好相关记录：运行日志、事故障碍及异常记录、操作记录（填写记录名称）	5	记录名称漏一项扣1分		

			评分标准			
序号	作业名称	质量要求	分值	扣分标准	扣分原因	得分
6	其他			处理过程中造成主变压器跳闸者，成绩记零分		
考试开始时间				考试结束时间	合计	
考生栏	编号：	姓名：	所在岗位：	单位：	日期：	
考评员栏	成绩：	考评员：		考评组长：		

（二）变压器保护装置故障分析、判断和处理

行业：电力工程　　　　　　工种：变电站值班员　　　　　　等级：三

编号	BD311-2	行为领域	e	鉴定范围	
考核时间	30min	题型	A	含权题分	25
试题名称	主变压器保护装置故障分析及处理步骤				
考试要点及要求	（1）分析主变压器保护装置故障的原因。 （2）分析变压器保护装置故障可能造成的后果。 （3）根据分析结果写出具体处理步骤。 （4）考评员下达试题，考生按要求完成任务。 （5）汇报用书面形式进行				
现场设备、工器具及材料	笔、空白汇报单				
备注					

			评分标准			
序号	作业名称	质量要求	分值	扣分标准	扣分原因	得分
1	记录异常信号	详细记录异常信号的发生及发展情况	10	（1）未记录异常发生的时间，扣1分； （2）未记录故障发生的变电站，扣1分； （3）异常信号记录不全每差1条，扣1分		
2	汇报调度	书面汇报	5	（1）未报变电站名，扣0.5分； （2）未报本人姓名，扣0.5分； （3）未使用设备电压等级，扣0.5分； （4）未使用设备双重编号，扣0.5分		

序号	作业名称	质量要求	分值	扣分标准	扣分原因	得分
				评分标准		
3	故障原因分析	详细分析主变压器保护装置故障原因	25	（1）保护装置插件故障，扣5分； （2）保护电源装置故障，扣5分； （3）电压回路异常，扣5分； （4）电流回路异常，扣5分； （5）控制回路异常，扣5分		
4	造成后果分析	分析主变压器保护装置故障的后果	20	（1）在主变压器及其他情况触发的时候不能正确动作，扣10分； （2）在有外部干扰时造成主变保护误动，扣10分		
5	故障处理	（1）检查、记录主变压器保护屏上保护装置异常信息	10	信号记录不全面每项扣2分		
		（2）检查保护装置电源是否正常	5	未检查装置电源扣5分		
		（3）检查是否装置插件损坏	5	未检查插件状态扣5分		
		（4）检查保护电压回路是否正常	5	未检查保护电压回路扣5分		
		（5）检查保护电流回路是否正常	5	未检查保护电流回路扣5分		
		（6）检查变压器各侧断路器控制回路是否正常	5	漏检查一侧变压器控制回路扣5分		
		（7）做好相关记录：运行日志、事故障碍及异常记录、操作记录（填写记录名称）	5	记录名称漏一项扣1分		
6	其他			处理过程中造成主变压器跳闸者，成绩记零分		
考试开始时间			考试结束时间		合计	
考生栏	编号：　　姓名：　　　　　　所在岗位：　　　　　单位：　　　　　日期：					
考评员栏	成绩：　　考评员：　　　　　　　　　　考评组长：					

（三）断路器控制回路断线分析、判断和处理

行业：电力工程　　　　　　工种：变电站值班员　　　　　　等级：三

编号	BD311-3	行为领域	e	鉴定范围	
考核时间	30min	题型	A	含权题分	25
试题名称	断路器控制回路断线分析及处理步骤				
考试要点及要求	(1) 分析、判断断路器控制回路断线的原因。 (2) 分析断路器控制回路断线可能造成的后果。 (3) 根据分析结果写出具体处理步骤。 (4) 考评员下达试题，考生按要求完成任务。 (5) 汇报用书面形式进行				
现场设备、工器具及材料	笔、空白汇报单				
备注					

评分标准

序号	作业名称	质量要求	分值	扣分标准	扣分原因	得分
1	记录异常信号	详细记录异常信号的发生及发展情况	10	(1) 未记录异常发生的时间扣1分 (2) 未记录故障发生的变电站扣1分 (3) 异常信号记录不全每差1条扣1分		
2	汇报调度	书面汇报	5	(1) 未报变电站名扣0.5分； (2) 未报本人姓名扣0.5分； (3) 未使用设备电压等级扣0.5分； (4) 未使用设备双重编号扣0.5分		
3	故障原因分析	详细分析断路器控制回路断线的原因	25	(1) 断路器控制回路电源故障，扣5分； (2) 断路器控制回路中接线松动，扣5分； (3) 断路器机构压力降低闭锁操作，扣5分； (4) 断路器SF$_6$压力降低闭锁操作，扣5分； (5) 分、合闸线圈烧毁，扣5分		

		评分标准				
序号	作业名称	质量要求	分值	扣分标准	扣分原因	得分
4	造成后果分析	分析断路器控制回路断线的后果	20	（1）断路器不能进行正常的操作，扣10分； （2）故障情况下保护动作，断路器不能正确动作造成事故范围扩大，扣10分		
5	故障处理	（1）检查、记录保护装置异常信息	5	信号记录不全面每项，扣2分		
		（2）检查断路器控制回路电源是否正常	5	未检查控制回路电源，扣5分		
		（3）检查断路器油压、SF₆气压是否正常	5	未检查开关油压、SF₆气压，扣5分		
		（4）检查油压、气压告警继电器是否正常	5	未检查告警继电器，扣5分		
		（5）根据图纸一次排查控制回路各接点是否正常（绘制控制回路原理图）	10	控制回路原理图绘制不正确，扣5分； 不能正常分析回路，扣5分		
		（6）用万用表检查分、合闸线圈是否正常是否正常	5	未检查释压器发信回路，扣10分		
		（7）做好相关记录：运行日志、事故障碍及异常记录、操作记录（填写记录名称）	5	记录名称漏一项，扣1分		
6	其他			处理过程中造成断路器跳闸者，成绩记零分		
考试开始时间				考试结束时间		合计
考生栏	编号： 姓名：		所在岗位：	单位：	日期：	
考评员栏	成绩： 考评员：			考评组长：		

（3）检查断路器油压、SF_6 气压是否正常

（四）断路器保护装置故障分析、判断和处理

行业：电力工程　　　　　工种：变电站值班员　　　　　等级：三

编号	BD311-4	行为领域	e	鉴定范围	
考核时间	30min	题型	A	含权题分	25
试题名称	断路器保护装置故障分析及处理步骤				
考试要点及要求	（1）分析断路器保护装置故障的原因。 （2）分析断路器保护装置故障可能造成的后果。 （3）根据分析结果写出具体处理步骤。 （4）考评员下达试题，考生按要求完成任务。 （5）汇报用书面形式进行				

现场设备、工器具及材料	笔、空白汇报单					
备注						
评分标准						
序号	作业名称	质量要求	分值	扣分标准	扣分原因	得分
1	记录异常信号	详细记录异常信号的发生及发展情况	10	（1）未记录异常发生的时间扣1分； （2）未记录故障发生的变电站扣1分； （3）异常信号记录不全每差1条扣1分		
2	汇报调度	书面汇报	5	（1）未报变电站名扣0.5分； （2）未报本人姓名扣0.5分； （3）未使用设备电压等级扣0.5分； （4）未使用设备双重编号扣0.5分		
3	故障原因分析	详细分析断路器保护装置故障原因	25	（1）保护装置插件故障，扣5分； （2）保护电源装置故障，扣5分； （3）电压回路异常，扣5分； （4）电流回路异常，扣5分； （5）控制回路异常，扣5分		
4	造成后果分析	分析断路器保护装置故障的后果	25	（1）在线路故障及其他情况发生的时候不能正确动作，扣8分； （2）在有外部干扰时造成开关保护误动，扣8分； （3）220kV及以上电压等级双保护可停用一套保护故障时可停用；110kV及以下单保护运行，当保护装置故障时停用全套保护须将断路器停运，否则扣9分		
5	故障处理	（1）检查、记录断路器保护屏上保护装置异常信息	5	信号记录不全面每项扣2分		
		（2）检查保护装置电源是否正常	5	未检查装置电源扣5分		

		评分标准				
序号	作业名称	质量要求	分值	扣分标准	扣分原因	得分
5	故障处理	（3）检查是否装置插件损坏	5	未检查插件状态扣5分		
		（4）检查保护电压回路是否正常	5	未检查保护电压回路扣5分		
		（5）检查保护电流回路是否正常	5	未检查保护电流回路扣5分		
		（6）检查断路器控制回路是否正常	5	未检查开关控制回路扣5分		
		（7）做好相关记录：运行日志、事故障碍及异常记录、操作记录（填写记录名称）	5	记录名称漏一项扣1分		
6	其他			处理过程中造成断路器跳闸者，成绩记零分		
考试开始时间				考试结束时间	合计	
考生栏		编号： 姓名：		所在岗位： 单位：		日期：
考评员栏		成绩： 考评员：		考评组长：		

（五）测控装置故障分析、判断和处理

行业：电力工程　　　　　　　　工种：变电站值班员　　　　　　　等级：三

编号	BD311-5	行为领域	e	鉴定范围	
考核时间	30min	题型	A	含权题分	25
试题名称	断路器测控装置故障分析及处理步骤				
考试要点及要求	（1）分析测控装置故障的原因。 （2）分析测控装置故障可能造成的后果。 （3）根据分析结果写出具体处理步骤。 （4）考评员下达试题，考生按要求完成任务。 （5）汇报用书面形式进行				
现场设备、工器具及材料	笔、空白汇报单				
备注					

		评分标准				
序号	作业名称	质量要求	分值	扣分标准	扣分原因	得分
1	记录异常信号	详细记录异常信号的发生及发展情况	10	（1）未记录异常发生的时间扣1分；		

		评分标准				
序号	作业名称	质量要求	分值	扣分标准	扣分原因	得分
1	记录异常信号	详细记录异常信号的发生及发展情况	10	（2）未记录故障发生的变电站扣 1 分； （3）异常信号记录不全每差 1 条扣 1 分		
2	汇报调度	书面汇报	5	（1）未报变电站名扣 0.5 分； （2）未报本人岗位扣 0.5 分； （3）未使用设备电压等级扣 0.5 分； （4）未使用设备双重编号扣 0.5 分		
3	故障原因分析	详细分析测控装置故障原因	25	（1）测控装置元件故障，扣 5 分； （2）测控装置电源故障，扣 5 分； （3）电压回路异常，扣 5 分； （4）电流回路异常，扣 5 分； （5）测控装置网络故障，扣 5 分		
4	造成后果分析	分析测控装置故障的后果	25	（1）监控后台机及远方监控主站不能正常接收"四遥"信息，扣 10 分； （2）监控人员失去对故障间隔监控，扣 7 分； （3）不能对断路器进行操作，扣 8 分		
5	故障处理	（1）检查、记录监控后台显示的装置异常信息	5	信号记录不全面每项扣 2 分		
		（2）检查测控装置电源是否正常	5	未检查装置电源扣 5 分		
		（3）通过装置自检功能检查是否装置元件损坏	5	未通过自检功能检查元件状态扣 5 分		
		（4）检查保护电压回路是否正常	5	未检查保护电压回路扣 5 分		
		（5）检查保护电流回路是否正常	5	未检查保护电流回路扣 5 分		
		（6）检查测控装置网络连接是否正常	5	未检查网络连接扣 5 分		
		（7）做好相关记录：运行日志、事故障碍及异常记录、操作记录（填写记录名称）	5	记录名称漏一项扣 1 分		

评分标准						
序号	作业名称	质量要求	分值	扣分标准	扣分原因	得分
6	其他			处理过程中造成断路器跳闸者，成绩记零分		
考试开始时间				考试结束时间		合计
考生栏		编号：　　姓名：		所在岗位：　　单位：		日期：
考评员栏		成绩：　　考评员：		考评组长：		

（六）装置通信中断的分析、判断和处理

行业：电力工程　　　　　　工种：变电站值班员　　　　　　等级：三

编号	BD311-6	行为领域	e	鉴定范围	
考核时间	30min	题型	A	含权题分	25
试题名称	装置（保护、测控）通信中断分析及处理步骤				
考试要点及要求	（1）分析装置通信中断的原因。 （2）分析装置可能造成通信中断可能造成的后果。 （3）根据分析结果写出具体处理步骤。 （4）考评员下达试题，考生按要求完成任务。 （5）汇报用书面形式进行				
现场设备、工器具及材料	笔、空白汇报单				
备注					

评分标准						
序号	作业名称	质量要求	分值	扣分标准	扣分原因	得分
1	记录异常信号	详细记录异常信号的发生及发展情况	10	（1）未记录异常发生的时间扣1分； （2）未记录故障发生的变电站扣1分； （3）异常信号记录不全每差1条扣1分		
2	汇报调度	书面汇报	5	（1）未报变电站名扣0.5分； （2）未报本人姓名扣0.5分； （3）未使用设备电压等级扣0.5分； （4）未使用设备双重编号扣0.5分		

		评分标准				
序号	作业名称	质量要求	分值	扣分标准	扣分原因	得分
3	故障原因分析	详细分析装置通信中断的原因	25	（1）装置网卡故障，扣5分； （2）装置电源故障，扣5分； （3）连接网线故障，扣5分； （4）网络交换机故障，扣5分； （5）远动装置检测出错，扣5分		
4	造成后果分析	分析装置通信中断的后果	25	（1）监控后台机及远方监控主站不能正常接收故障装置远动信息，扣8分； （2）监控人员失去对故障装置监控，扣9分； （3）当测控装置通信中断时监控人员不能对开关进行远方操作，扣8分		
5	故障处理	（1）检查、记录监控后台显示的装置异常信息	5	信号记录不全面每项扣2分		
		（2）检查装置电源是否正常	5	未检查装置电源扣5分		
		（3）检查装置网卡是够运行正常	5	未检查网卡扣5分		
		（4）检查装置网线连接是否正常	5	未检查装置网线连接扣5分		
		（5）检查网络交换机是否正常	5	未检查网络交换机扣5分		
		（6）检查远动装置是否正常	5	未检查远动装置扣5分		
		（7）做好相关记录：运行日志、事故障碍及异常记录、操作记录（填写记录名称）	5	记录名称漏一项扣1分		
6	其他			处理过程中造成断路器跳闸者，成绩记零分		
考试开始时间				考试结束时间		合计
考生栏	编号：	姓名：		所在岗位：	单位：	日期：
考评员栏	成绩：	考评员：			考评组长：	

BD312　小电流接地系统故障查找和处理

一、操作

（一）故障现象

1. 单相接地故障现象

（1）变电站内监控机和调控中心监控系统发出预告音响并有系统接地报文。

（2）如故障点经高电阻接地，则接地相电压降低，其他两相对地电压高于相电压；如金属接地，则接地相电压降到零，其他两相对地电压升高到线电压。

（3）发生弧光接地时，产生过电压，非故障相电压很高，电压互感器高压熔断器可能熔断，甚至可能烧坏电压互感器。

2. 缺相运行的故障现象

（1）线路缺相运行时会造成三相负荷不平衡，引起线路三相电流不平衡，断线相电流为零，正常相电流增大。当线路电流表只接一相或两相电流互感器时，如断线发生在未接电流表的相，电流变化不易发现。

（2）由于三相负荷不平衡造成中性点位移，引起相电压发生变化，断线相电压升高，正常相电压降低，接地保护可能发出接地信号。中性点带有消弧线圈时，消弧线圈电压升高，电流增大。

（3）缺相运行时会造成系统对地电容不平衡，在系统中产生零序电压，引起主变压器本侧零序过电压发出信号。

（4）母线缺相运行时，断线相电压降低为零，正常相电压基本不变。

（二）故障查找和处理

由于小电流接地系统发生单相接地对系统危害较小，加之实现选择性的保护比较困难，所以一般不在每条线路装设专门的保护，而仅在变电站装设绝缘监察装置，在系统发生单相接地时发出告警信号，由运行值班人员查找。

（1）检查记录接地现象。首先记录故障时间、报文、遥测变化，汇报调度。

（2）判断接地相别。检查相应的遥测量及电压图表，判断是否为接地故障，判断故障相别。

（3）采用拉路或倒母线的方法查找接地点。一般拉路的顺序为：母线分段断路器、充电备用线路、双回路用户（分别停）、长线路负荷小的线路、较重要的用户线路、最后一条线路。

（4）拉路查找查不出接地线路时，应考虑双、多回线路同时接地，站内母线接地，主变压器低压侧套管、母线桥接地的可能。

（5）调控人员（监控员）及现场运维人员操作均应按照调度指令执行。调控人员（监控员）操作完毕后应告知现场运维人员，现场运维人员进行操作后应汇报当值调控人员（监控员）。

（三）安全注意事项

（1）由于接地点流过较大的接地电流，在接地点附近将产生较大的跨步电压，进入该区域是危险的。跨步电压的大小与接地点的接地电阻和接地电流的大小有关。

（2）高压设备发生接地时，室内不得接近故障点4m以内，室外不得接近故障点8m以内，进入上述范围人员应穿绝缘靴（如果发生非弧光的直接接地，接地象征并不明显，检查设备时可能进入该范围），触摸设备的外壳或架构时应戴绝缘手套。

二、考核

（一）要求

（1）按安全工作规程及现场运行规程执行。

（2）要求查找出故障点并隔离故障。

（3）单人完成全部操作任务。

（二）考核场地

220、110kV变电站仿真机1套。

（三）考核时间

考核时间为30min。

（四）考核要点

（1）根据电气现象准确判断小电流接地系统接地故障。

（2）根据现场规程正确处理小电流接地系统接地故障。

三、评分参考标准

行业：电力工程　　　　　　工种：变电站值班员　　　　　　等级：三

编号	BD312	行为领域	e	鉴定范围	
考核时间	30min	题型	A	含权题分	25
试题名称	小电流接地故障查找和处理				

考试要点及要求	（1）整个操作按实际现场要求完成。 （2）整个操作由一人完成，各项审查工作由考生完成。 （3）考评员下达书面口头指令票，考生按指令完成任务
现场设备、工器具及材料	110kV 或 220kV 仿真机，空白操作票、笔、空白汇报单
备注	此项操作以变电站 10kV 母线接地故障查找为例

评分标准

序号	作业名称	质量要求	分值	扣分标准	扣分原因	得分
1	记录故障信息	详细记录系统故障信息及遥测量变化情况	20	（1）遥信报文记录不全，每项扣 1 分； （2）相关母线电压记录，每缺一项数值扣 1 分		
2	汇报调度	书面汇报	10	（1）未报变电站名扣 0.5 分； （2）未报本人姓名扣 0.5 分； （3）未使用设备电压等级扣 0.5 分； （4）未使用设备双重编号扣 0.5 分		
3	拉路查找故障线路（设备）	断开母线分段断路器，确定故障母线	10	（1）未断开母线分段断路器扣 10 分； （2）故障母线判断错误扣 10 分		
		依次断开故障母线上的断路器	30	（1）每断开一台断路器应检查相应的信号变位情况，未执行检查扣 5 分； （2）造成误拉合断路器扣 30 分		
		隔离故障线路	5	未隔离故障线路扣 5 分		
		恢复母线分段断路器运行	5	未恢复母线分段断路器扣 5 分		
		恢复非故障线路运行	10	（1）每漏恢复一条线路扣 5 分； （2）误恢复故障线路扣 10 分		
		操作完毕进行检查	5	操作完毕未进行复查扣 5 分		
		做好相关记录	5	记录每缺一项扣 2 分		
4	其他			未正确查找出故障设备（线路）扣 50 分；操作中造成所用电失压或主变压器跳闸记 0 分		
考试开始时间			考试结束时间		合计	
考生栏	编号：　　姓名：　　所在岗位：　　单位：　　日期：					
考评员栏	成绩：　　考评员：　　考评组长：					

一、操作

(一) 材料

材料：空白操作票（见附录11）、空白汇报单（A4，见 BD407 - 1）各 2 张，纸、笔若干。

(二) 设备故障处理的原则和内容

1. 故障处理的原则

变电设备故障的处理，必须严格遵守相关的工作规程。运行人员故障处理的主要任务为：

（1）依据调度的相关指令正确地进行倒闸操作。

（2）当发生事故、障碍时，按规定及时进行处理和汇报。

（3）完成电气设备工作的安全措施，办理工作票的开工和完工手续，对设备进行完工验收。

（4）当运行方式改变、恶劣天气、设备存在严重缺陷和缺陷有发展时，认真做好事故的预想。

（5）按规定进行故障处理，认真做好各种记录和报表。

2. 故障处理的顺序

运行人员要首先根据相关计量表及继电保护装置的动作情况判断故障的范围和可能发生故障的变电设备；其次必须重点检查相关的变电设备是否有运行的故障情况及故障的动作情况，以进一步地准备分析事故的性质和范围，必要时可立即采用措施，隔离出现问题的变电设备，以避免事故的进一步扩大。在分析相关事故的同时，运行人员还必须将故障情况及事故报告给调度，如果是严重的威胁生命的事故，必须立即给予切除或停止相关设备的运行，如果自动保护装置失灵未动，应手动给予切除。未影响到系统正常运行的变电设备，应最大限度地保障其安全稳定运行。

3. 故障处理的注意事项

（1）保障变电站自身的用电。变电站的相关操作需要以变电站有电为基础，如果变电站没有蓄电池或者变电站的蓄电池不够好用，则将更加凸显站用电的重要性。如果失去站用电，则会使事故处理起来更加困难，在规定的时间内必须首先恢复站用电，以免扩大事故范围，不至于因为严重的事故而损坏相关的变电设备。

（2）避免故障范围进一步扩大。变电设备故障及故障情况处理时，非常重要的原则就是避免事故范围进一步扩大，最大限度地减少损失。如果因为运行人员故障时的紧张而进行错误的操作，则会带来巨大损失，甚至可能引发电力系统连锁的大停电事故。

（3）尽快处理变电设备事故。变电设备故障及故障情况造成的事故必须尽快地处理，因为这些小的事故是电力系统的薄弱环节，为确保电力系统的安全、稳定运行，必须尽快消除这些薄弱环节，避免发生巨大的灾难性的事故。

二、一次设备单一故障分析处理

（一）输电线路故障及故障处理

线路故障的原因很多，情况也比较复杂。如站内线路出现设备支撑绝缘、线路悬吊绝缘子闪络，大雾、大雪等天气原因造成沿面放电，树枝、动物引起对地、相间短路等瞬时性故障；设备缺陷、施工隐患、外物挂断线路、绝缘子破损等永久性故障，以及瞬时性故障发展为永久性故障，运行时应根据具体情况进行分析。

1. 线路故障跳闸的现象

（1）警铃响、喇叭短叫，跳闸断路器位置指示灯短时出现绿灯闪光，红灯熄灭后，最后恢复正常状态，对应电流表和有功功率、无功功率表摆动，继而恢复正常。220kV线路为单相重合闸，110kV及以下大多为三相重合闸。

（2）保护盘故障线路保护及重合闸动作信号灯亮或继电器动作掉牌，并指示故障性质及故障相别的动作情况，微机保护则打印出详细的报告。

（3）现场检查断路器位置三相均在合闸位置。

2. 线路故障跳闸的处理

（1）复归音响，记录故障时间，检查光字信号、表计指示和保护动作情况，确认后复归信号。

（2）检查断路器实际位置及动作断路器电流互感器外侧的一次设备有无短路、接地等故障，检查跳闸断路器油色是否变黑，有无喷油现象等。

（3）现场检查断路器位置三相均在合闸位置。

（二）断路器故障及故障处理

断路器是电力系统操作控制的主要设备，其控制回路与直流、保护、自动装置、断路器操作、中央信号等相互联系，实现对一次设备的控制、保护、监视等功能。

1. 断路器辅助触点转换故障现象

（1）合闸操作时，绿灯闪光，红灯不亮或红、绿灯指示均熄灭。

（2）分闸操作时，红灯闪光，绿灯不亮或红、绿指示灯均熄灭。与断路器相连的隔离开关辅助触点转换故障现象为警铃响，主控盘可能发出"电压回路断线"、"电压回路同时切换"或"电压互感器并列"光字牌。

2. 断路器辅助触点转换故障处理

断路器辅助触点转换故障时，应及时汇报调度，将对应断路器停运，然后检查处理。若无法处理，应通知检修人员处理。与断路器相连的隔离开关辅助触点转换故障时，若出现"交流电压回路断线"现象，则应首先汇报调度停用相关保护，然后再进行处理。

3. 断路器故障处理注意事项

（1）运行人员在实际工作中通常难以判断断路器偷跳事故，为确保以后不再发生相关的事故，可先准确地记录下出现的现象，事后再对数据进行分析，且在记录中必须严格地区分一次设备与二次设备的故障。

（2）断路器在发生偷跳现象后是绝对不允许再对其进行合闸操作的。必须检查断路器的操动机构、保护装置、二次回路的缺陷，对于不能检查只能观察的情况，需记录信号和现象，以免查找过程中再次导致断路器误跳，并汇报调度，保持断路器运行。

（3）若断路器发生偷跳故障，无法判明故障原因，运行人员按调度要求做好断路器停电处理措施，由上级部门处理。

三、考核

（一）要求

（1）按安全工作规程及现场运行规程执行。

（2）要求查找出故障点并隔离故障。

（3）按照调度要求恢复无故障设备或系统运行。

（4）单人完成全部操作任务。

（二）考核场地

220、110kV 或 500kV 变电站仿真机 1 套。

（三）考核时间

考核时间为 30min。

（四）考核要点

（1）根据电气现象准确分析、判断变电站一次设备故障。

（2）根据现场规程正确处理变电站一次设备故障。

四、评分参考标准

行业：电力工程　　　　　　工种：变电站值班员　　　　　　等级：三

编号	BD313	行为领域	e	鉴定范围	
考核时间	30min	题型	A	含权题分	25
试题名称	变电站一次设备单一故障分析和处理				
考试要点及要求	(1) 整个操作按实际现场要求完成。 (2) 一人完成故障分析处理。 (3) 考评员下达书面综合指令票，考生按票完成任务				
现场设备、工器具及材料	500kV仿真机或220、110kV仿真机，空白操作票、笔、空白汇报单				
备注					

评分标准

序号	作业名称	质量要求	分值	扣分标准	扣分原因	得分
1	记录监控异常信号	详细记录异常信号的发生及发展情况	5	(1) 未记录异常发生的时间扣1分； (2) 未记录故障发生的变电站扣1分； (3) 异常信号记录不全每差1条扣1分； (4) 检查监控信息不到位，漏一处扣1分		
2	现场检查	二次保护信息检查到位	8	(1) 检查保护及二次装置不到位，漏一处扣1分； (2) 检查一次设备不到位，漏一处扣1分		
		一次设备现场检查到位	8			
		查找到故障点	4			
3	汇报调度	书面汇报	10	(1) 未汇报故障时间扣1分； (2) 未汇报故障变电站名扣1分； (3) 汇报跳闸断路器不全，每个扣1分； (4) 未汇报故障母线或故障变压器失压情况，扣2分； (5) 未汇报现场一次设备检查情况，扣2分； (6) 未汇报主要保护动作情况，扣1~2分； (7) 未汇报故障点，扣2分； (8) 未使用设备双重编号扣1分		

		评分标准				
序号	作业名称	质量要求	分值	扣分标准	扣分原因	得分
4	故障处理	隔离故障	15	（1）处理过程中造成断路器跳闸扩大故障者，成绩记零分；（2）继电保护操作错误者，扣2~10分；（3）先隔离，后送电，违反此顺序者，扣5分		
		恢复送电	15			
		故障设备转检修和做安措	15			
5	故障分析报告	故障分析和报告整理	15	根据信号和检查情况，详细分析保护装置动作信息，确定故障范围，正确判断故障过程和动作情况		
6	其他		5	安全生产不规范每处扣1分		
考试开始时间				考试结束时间	合计	
考生栏		编号：　　姓名：		所在岗位：　　单位：	日期：	
考评员栏		成绩：　　考评员：		考评组长：		

站用交、直流系统故障分析和处理

一、操作项目

1. 1号站用变压器高压熔断器熔断分析和处理
2. 站用直流系统接地故障分析和处理

二、操作

（一）材料

材料：空白汇报单（见表 BD407-1），笔。

（二）设备异常处理的基本原则

当监控系统发出异常信号时，值班调控员（监控员）应本着准确、迅速的原则处理。值班调控员（监控员）对异常信号、时间等重要相关信息进行记录、判断，汇报相关调度，并通知运维人员到现场检查、核实。现场运维人员对值班调控员（监控员）通知的异常情况应及时予以答复。若异常信号无法复归，现场运维人员应告知值班调控员（监控员）现场设备实际状态和后台机信号情况。

（三）操作要求

（1）值班调控员（监控员）对异常信号的记录应完整、准确。在汇报调度、告知现场运维人员时应详细告知异常信号发生的时间、地点和信号的紧急程度。

（2）现场运维人员在接到值班调控员（监控员）的通知后应立即赶赴异常发生变电站，详细检查异常信号发生的设备，分析异常信号产生的原因，并将检查结果及时告知值班调控员（监控员）并汇报相应调度。

（3）现场运维人员的异常检查汇报调度应精确，应告知现场设备的实际状态及异常信号的发展程度。

三、考核

（一）要求

（1）对1号站用变压器高压保险熔断原因和后果进行分析。

（2）恢复失电1号站用电负荷供电。

（3）根据直流接地信号查找接地支路及处理接地情况。

（4）分析直流系统接地的原因和危害。

（5）写出具体操作处理步骤。

（6）单人完成全部操作任务。

（二）考核场地

220、110kV 或 500kV 变电站仿真机 1 套。

（三）考核时间

考核时间为 30min。

（四）考核要点

（1）根据电气现象准确分析、判断变电站所用电系统、直流系统故障。

（2）根据现场规程正确处理站用电系统、直流系统故障。

四、评分参考标准

（一）站用变压器高压熔断器熔断分析和处理

接线图参见附录10。

行业：电力工程　　　　　　工种：变电站值班员　　　　　　等级：三

编号	BD314-1	行为领域	e	鉴定范围	
考核时间	30min	题型	A	含权题分	25
试题名称	站用变压器高压熔断器熔断分析和处理				
考试要点及要求	（1）整个操作由一人完成，各项审查工作由考生完成。 （2）考评员下达试题，考生按要求完成任务。 （3）汇报用书面形式进行				
现场设备、工器具及材料	仿真机、笔、空白汇报单				
备注	要求分析1号站用高压熔断器熔断的原因、造成的后果，写出处理步骤（备自投装置未动作）				
评分标准					

序号	作业名称	质量要求	分值	扣分标准	扣分原因	得分
1	记录异常信号	详细记录异常信号的发生及发展情况	10	（1）未记录异常发生的时间扣1分；		

			评分标准				

序号	作业名称	质量要求	分值	扣分标准	扣分原因	得分
1	记录异常信号	详细记录异常信号的发生及发展情况	10	（2）未记录故障发生的变电站扣1分； （3）异常信号记录不全每差1条扣2分		
2	汇报调度	书面汇报	5	（1）未报变电站名扣0.5分； （2）未报本人姓名扣0.5分； （3）未使用设备电压等级扣0.5分； （4）未使用设备双重编号扣0.5分； （5）未复诵扣0.5分		
3	故障处理	断开仿01断路器	10	（1）1号站用变压器故障造成1号站用变压器高压熔断器熔断时，在未查明故障原因前，不得更换熔断器将站用变压器投入运行，试送1号站用变压器扣50分； （2）380V Ⅰ母线故障时，不得恢复母线送电，否则扣50分； （3）380V Ⅰ母线馈线故障电流过大，造成1号站用高压熔断器熔断的，应隔离故障后用1号站用变压器恢复送电，用2号站用变压器送电的扣20分； （4）操作后未检查的一次扣5分； （5）推接地开关（挂接地线）前未验电的一次扣5分		
		检查仿380V Ⅰ母线无异常	5			
		检查仿03小车已推到位	5			
		合上仿03断路器	5			
		检查仿380V Ⅰ母线电压正常	5			
		拉开仿9161隔离开关	5			
		在1号站用变压器高压侧验明无电后挂上接地线	10			
4	故障原因分析	分析站用1号站用变压器高压熔断器熔断的原因	15	（1）1号站用变压器故障（5分）； （2）380V Ⅰ母线故障（5分）； （3）380V Ⅰ母线馈线故障电流过大（5分）		

评分标准						
序号	作业名称	质量要求	分值	扣分标准	扣分原因	得分
5	故障后果分析	分析站用1号站用变压器高压熔断器熔断的后果	25	（1）380V Ⅰ母线失压，负荷丢失（5分）； （2）此时如果2号站用故障或者失压，将造成全站站用电丢失（10分）； （3）站用变压器全停时间过长将造成主变压器三侧断路器跳闸（5分）、主变压器温度异常（2分）、直流系统电源丢失（3分）		
6	其他			处理过程中造成全站站用电源失电，成绩记零分		
考试开始时间				考试结束时间		合计
考生栏	编号：	姓名：		所在岗位：	单位：	日期：
考评员栏	成绩：	考评员：			考评组长：	

（二）站用直流系统接地故障分析和处理

接线形式参见附录9。

行业：电力工程　　　　　　工种：变电站值班员　　　　　　等级：三

编号	BD314-2	行为领域	e	鉴定范围	
考核时间	30min	题型	A	含权题分	25
试题名称	直流系统接地故障分析和处理，要求分析直流系统接地的原因和危害，写出具体查找、处理步骤				
考试要点及要求	（1）整个操作由一人完成，各项审查工作由考生完成。 （2）考评员下达试题，考生按要求完成任务。 （3）汇报用书面形式进行				
现场设备、工器具及材料	仿真机、笔、空白汇报单				
备注					
评分标准					
序号	作业名称	质量要求	分值	扣分标准	扣分原因	得分
1	记录异常信号	详细记录异常信号的发生及发展情况	10	（1）未记录异常发生的时间扣1分；		

		评分标准				
序号	作业名称	质量要求	分值	扣分标准	扣分原因	得分
1	记录异常信号	详细记录异常信号的发生及发展情况	10	（2）未记录故障发生的变电站扣1分； （3）异常信号记录不全每差1条扣3分； （4）未判断出接地极性扣5分		
2	汇报调度	书面汇报	5	（1）未报变电站名扣0.5分； （2）未报本人姓名扣0.5分； （3）未使用设备电压等级扣0.5分； （4）未使用设备双重编号扣0.5分； （5）未复诵扣0.5分		
3	直流接地查找	运维人员用拉路法查找故障支路需断开直流电源小开关，应申请调度命令执行	5	（1）断开直流电源小开关未申请调度扣5分； （2）切断各专用直流时间超过3s一次扣2分； （3）断开直流电源小开关后未合上一次扣2分； （4）拉路原则错误一次扣5分； （5）断开直流后影响保护运行的未申请调度停用相关保护装置扣10分，停用保护装置错误扣10分，停用不全扣5分		
		切断各专用直流时间不得超过3s，不论回路接地与否，均应将开关合上	5			
		根据天气、当日工作情况、运行方式判断接地故障点。拉路原则：先室外部分后室内部分，先照明和信号部分后操作部分	10			
		断开直流后影响保护运行的应申请调度停用相关保护装置	10			
4	直流接地处理	对该支路中绝缘受潮的二次设备进行特殊巡视，检查户外设备箱门是否关好，端子排是否清洁干燥，有无接地短路情况，做相应的干燥处理	15	未特殊巡视扣5分，未干燥处理及关门的扣10分		
5	直流接地原因分析	分析直流接地原因	20	（1）气候原因（详细说明，5分）； （2）人为原因（详细说明，5分）； （3）自然原因（详细说明，5分）； （4）环境原因（详细说明，5分）		

评分标准						
序号	作业名称	质量要求	分值	扣分标准	扣分原因	得分
6	直流接地危害分析	分析直流接地危害	20	（1）一点接地可能造成保护及自动装置误动或者拒动（5分）； （2）如直流正极接地有造成继电保护误动作的可能（详细说明，5分）； （3）如直流负极接地有造成继电保护拒动的可能（详细说明，5分）； （4）两点接地，除可能造成继电保护、信号、自动装置误动或拒动外，还可能造成直流熔断器熔断，使保护及自动装置、控制回路失去电源（5分）		
7	其他			处理过程中造成新的接地点、直流短路记零分		
考试开始时间				考试结束时间		合计
考生栏		编号：　　　姓名：		所在岗位：　　　单位：		日期：
考评员栏		成绩：　　考评员：		考评组长：		

变电站保护定值切换操作

一、操作

(一) 材料

材料：综合指令票（见附录 14）、空白操作票（见附录 11）、空白汇报单（A4，见表 BD407-1）各 2 张，纸、笔若干。

(二) 操作要求

(1) 保护定值的切换操作必须依据调度指令执行。

(2) 切换保护定值操作必须填写倒闸操作票。

(3) 进行切换定值操作前必须做好相应的准备工作：准备好调度部门下达保护整定人员签名的定值通知单，熟悉定值切换、打印的操作流程。

(4) 对于 220kV 及以上电压等级，双套保护应在一套保护更改完毕之后再进行另一套保护定值切换。

(5) 进行保护定值切换前应将保护装置出口压板、启动失灵、远跳、远切压板均停用，切换完毕后加用。

二、考核

(一) 要求

(1) 按现场运行规程和保护屏柜型号定值切换流程进行。

(2) 要求填票操作。

(3) 单人完成全部操作任务。

(二) 考核场地

与现场一致的继电保护屏柜。

(三) 考核时间

考核时间为 30min。

(四) 考核要点

(1) 根据现场规程和定值切换要求正确完成继电保护装置切换。

（2）正确制订防止保护误动的安全措施。

三、评分参考标准

行业：电力工程　　　　　工种：变电站值班员　　　　　等级：三

编号	BD315	行为领域	e	鉴定范围	
考核时间	30min	题型	A	含权题分	25
试题名称	变电站保护定值切换操作				
考试要点及要求	（1）整个操作按实际现场要求完成。 （2）整个操作由一人完成，各项审查工作由考生完成。 （3）考评员下达书面综合指令票，考生按票完成任务				
现场设备、工器具及材料	与现场一致的继电保护屏柜，空白操作票、笔、空白汇报单				
备注					

<table>
<tr><td colspan="7" align="center">评分标准</td></tr>
<tr><td>序号</td><td>作业名称</td><td>质量要求</td><td>分值</td><td>扣分标准</td><td>扣分原因</td><td>得分</td></tr>
<tr><td>1</td><td>操作票填写</td><td>按照切换定值保护装置进行操作票填写</td><td>40</td><td>（1）未填写设备双编号者扣1分；
（2）未按规定签名扣1分；
（3）字迹潦草、模糊不清扣1分；
（4）未按规定填操作项目或操作项目不全或未用操作术语扣1分</td><td></td><td></td></tr>
<tr><td>2</td><td>汇报调度</td><td>书面汇报</td><td>10</td><td>（1）未报本人岗位值班长扣0.5分；
（2）未使用设备电压等级扣0.5分；
（3）未使用设备双重编号扣0.5分</td><td></td><td></td></tr>
<tr><td rowspan="2">3</td><td rowspan="2">保护定值切换操作</td><td>操作票</td><td>2</td><td>（1）未将操作票带至现场扣20分；
（2）漏填操作时间，漏打"√"等扣1分</td><td></td><td></td></tr>
<tr><td>核对操作设备及编号</td><td>1</td><td>未核对操作设备及编号扣2分</td><td></td><td></td></tr>
</table>

		评分标准				
序号	作业名称	质量要求	分值	扣分标准	扣分原因	得分
3	保护定值切换操作	确认操作任务	2	未确认操作任务扣2分		
		停用保护出口压板	5	漏停一块压板扣5分		
		停用启动失灵保护压板	5	漏停一块压板扣5分		
		停用启动远切（远跳）保护压板	5	漏停一块压板扣5分		
		将定值切换至修改定值区	5	定值切换错误扣5分		
		打印定值单与原整定定值单核对无误	5	定值单未核对扣5分 定值单核对错误扣5分		
		加用保护出口压板	5	漏加用一块压板扣5分		
		加用启动失灵保护压板	5	漏加用一块压板扣5分		
		加用启动远切（远跳）保护压板	5	（1）漏加用一块压板扣5分； （2）未唱票扣2分； （3）未复诵扣2分； （4）未操作该项共扣5分		
		操作完毕进行检查	5	操作完毕未进行复查扣5分		
4	其他			（1）在操作过程中未唱票扣5分； （2）未复诵扣5分； 在填票或执行操作中出现下述误操作者直接计零分：定值切换错误造成误跳闸		
	考试开始时间			考试结束时间	合计	
	考生栏	编号：　　姓名：		所在岗位：　　单位：	日期：	
	考评员栏	成绩：　　考评员：		考评组长：		

BD316　电压互感器二次熔丝更换

一、操作

（一）工器具、材料

（1）工器具：电力安全工器具柜，安全帽，组合工具1套，与盘柜内设备规格一致的指示灯，空气断路器（或熔断器），其他备件，抹布（棉质）若干。

（2）材料：空白工作票（见附录13）、空白汇报单（A4）各1张，纸、笔若干。

（二）操作要求

参见BD503项目所述原则及要求。

（三）操作步骤

参见BD503项目所述操作步骤。

（四）注意事项（危险点分析）

（1）由工作负责人结合工作情况，提出具体的安全措施和注意事项。一般包括工作中必须停用的继电保护、安全自动装置的跳闸压板（主要是工作中可能引起误跳运行设备的出口压板）；防止电压二次回路短路、电流二次回路开路、直流回路短路接地以及防止误碰、误动其他运行设备的安全措施；高压设备区域工作与带电设备应保持的具体距离；现场围栏（红布幔）、标示牌和其他安全注意事项等。

（2）工作票签发人审核工作票填写正确无误，增填必要的补充安全措施后签名并填写签发日期。如防止人身触电的控制措施包括：

1）工作时应与电压互感器各侧带电设备保持足够的安全工作距离（220kV，3.0m；110kV，1.5m；35kV，1.0m；10kV，0.7m）。

2）一次系统不停电，但更换二次压变熔丝前，如果有2台电压互感器，最好将电压互感器二次并列，更换完毕电压互感器二次解列。

3）工作中不得造成电压互感器二次短路。

二、考核

（一）要求

（1）按现场按现场工作标准流程进行。

（2）要求填票操作。

（3）单人完成全部操作任务。

（二）考核场地

电压互感器柜 1 台。

（三）考核时间

考核时间为 30min。

（四）考核要点

（1）根据标准作业指导书正确完成电压互感器压变熔丝更换工作。

（2）正确制订防止发生人身事故的安全措施。

三、评分参考标准

行业：电力工程　　　　　　工种：变电站值班员　　　　　　等级：三

编号	BD316	行为领域	e	鉴定范围	
考核时间	30min	题型	A	含权题分	25
试题名称	电压互感器二次熔丝更换				
考试要点及要求	（1）整个工作由一人完成，各项审查工作由考生完成。 （2）考评员担任工作票签发人、工作许可人。				
现场设备、工器具及材料	电压互感器柜，电力安全工器具柜、安全帽、组合工具一套、指示灯、空气断路器（或熔断器）、其他备件、抹布（棉质）若干等				
备注					
评分标准					

序号	作业名称	质量要求	分值	扣分标准	扣分原因	得分
1	工作票填写与签发	填写工作票时必须认真核对工作任务，必要时到现场实地勘查	10	（1）漏填工作单位栏或单位名称不全扣 2 分； （2）漏填工作负责人（监护人）姓名扣 2 分； （3）漏填工作票班组栏扣 2 分； （4）漏填或填错工作票人员栏扣 2 分；		

		评分标准				
序号	作业名称	质量要求	分值	扣分标准	扣分原因	得分
1	工作票填写与签发	填写工作票时必须认真核对工作任务,必要时到现场实地勘查	10	(5)漏填或填错工作的变电站名称及设备双重名称栏扣2分; (6)漏填或填写工作任务含糊不清,未填写设备双重名称扣2分; (7)漏填或填错计划工作时间栏扣2分; (8)漏填或填错工作条件栏扣5分; (9)漏填或填写注意事项(安全措施)不具体扣5分; (10)漏填或填错工作许可栏扣2分; (11)漏填或填错确认工作负责人布置的任务和安全措施,工作班人员签名栏扣5分; (12)漏填或填错工作终结栏扣2分; (13)修改个别错、漏字时,字迹模糊,不易分辨扣2分; (14)其他不合格项每处扣2分		
2	准备安全工器具	安全帽、待更换备件、组合工具等	5	(1)未检查试验标签或选择工具错误扣2分; (2)携带工具遗漏N项[安全帽、组合工具一套、指示灯、空气断路器(或熔断器)、其他备件、抹布(棉质)若干]扣N×2分; (3)未准备同规格同型号的设备扣2分		
3	工作许可		5	未会同运行人员到现场检查设备实际位置及注意事项的扣5分		
4	工作监护	工作票	5	未将工作票带至现场扣5分		
		危险点告知	5	工作负责人未向工作班人员交代工作内容、人员分工、带电部位和现场安全措施,进行危险点告知,未履行确认手续的扣5分		

序号	作业名称	质量要求	分值	扣分标准	扣分原因	得分
4	工作监护	工作项目	60	（1）二次熔丝更换，一次系统不停电，停电者扣50分； （2）更换二次熔丝前，如果有2台电压互感器，将电压互感器二次并列，未并列的扣30分； （3）更换完毕电压互感器二次未解列的扣30分； （4）未更换同型号的熔丝的扣10分； （5）改变内部接线的扣30分		
5	工作终结	工作现场	10	未清理工作现场扣5分		
		现场交代		（1）工作负责人未向运行人员做好现场交代、工作结果和存在问题扣5分； （2）未办理工作终结手续扣5分		
6	其他			在工作过程中出现下述情况直接计零分： （1）人身触电伤害； （2）误碰导致继电保护误动和开关跳闸； （3）直流短路或接地，电压互感器短路或电流互感器开路； （4）作业现场起火		
考试开始时间			考试结束时间		合计	
考生栏	编号：	姓名：	所在岗位：	单位：		日期：
考评员栏	成绩：	考评员：		考评组长		

BD317 变压器强迫油循环冷却器组清洗吹灰

一、操作

（一）工器具、材料

（1）工器具：高压气管（直径 3mm）若干，空压机 1 台，木架梯（2.5m）1架，硬毛刷若干，组合工具 1 套，电吹风（1000W）1 部，清洁水（井水、自来水）满足现场要求，自来水软管（ϕ15mm）20m，气管三通接头（直径 3mm）1个，电源线盘 1 套，储水桶若干。

（2）材料：抹布（棉质）若干，去污剂（中性）2kg，空白作业指导卡，纸、笔若干。

（二）操作要求

冷却器组散热器无污垢、积灰，油漆见本色。冷却器组各电气元件绝缘良好，投退切换正常。电力变压器冷却器组在清洗后，较清洗前应有明显冷却效果。

（三）操作步骤

（1）清洗。

1）核对冷却器组运行方式，调整冷却器组运行方式，在保证冷却器组对称运行的前提下，依次停用冷却器组进行清洗。

2）工作人员布置好登高用具，安装好检修电源，启动空压机，开启高压气管进行清洗。清洗时注意风向：必须先洗上风侧，后洗下风侧。先洗散热器的上端，再洗散热器下端，以免造成洗干净的散热器又被污秽。

3）清洗前应有污水导流措施，防止污水滞留冷却器大盖内。清洗结束后，将自来水软管与自来水管道相连接，对冷却器散热器进行水清洗，清洗时，宜由上风方向开始，由上至下，逐个清洗。

4）打开风扇防护罩从导向筒反向清洗时，应注意风扇电机和风扇叶片，以免造成叶片变形或损坏电机。

5）散热器清洗完后，用硬毛刷和去污剂清洗电机叶片，再用清水冲洗，抹布擦拭电机外壳及叶片，防止电机受潮。同时检查散热器下端有无积水，擦拭干净，装好风扇防护罩。

6）在清洗工作完成后，应检查冷却器组控制系统正常，若控制箱内电气元件进水受潮，应用干抹布擦拭干净，并用电吹风进行去潮处理完好后，再投入冷却器组。

7）清扫完一组后应进行检查、试验无误后，倒换冷却器组运行方式，再进行另一组冷却器组的清洗工作。

（2）竣工。

1）清理工作现场。

2）工作负责人向运行人员交代工作项目、工作结果和存在问题。

3）办理工作票终结手续。

（四）危险点及安全措施

1. 危险点

（1）人身触电。

1）工作时应与电力变压器各侧带电设备保持足够的安全距离（220kV，3.0m；110kV，1.5m；35kV，1.0m；10kV，0.7m）。

2）工作电源接、拆时应拉开检修电源隔离开关，使用检修电源前应试验剩余电流动作保护器能可靠动作。

3）进行清扫的冷却器电源要断开。

4）架梯搬运应放倒两人一起抬运。

5）清洗水压力不得大于 0.3MPa，水柱高度不得大于 0.5m。

（2）高空坠落。

1）登高作业时必须系安全带。

2）架梯上进行工作应有专人扶持。

（3）防爆。

1）空压机使用前检查安全阀灵活可靠，自动装置动作可靠。

2）防护装置牢固完好，电机外壳保护接地完好，空压机打压预压力值设定在额定值。

（4）防止冷却器全停。

1）冷却器组必须分组停运清洗。

2）必须保证电力变压器冷却器的最少运行组数。

3）不得直接在冷控箱内电源小母线上接工作电源。

2. 安全措施

（1）几人同时进行工作，若呼应困难，应设专人指挥，并明确指挥方式。

（2）工作时穿工作服、工作鞋，戴安全帽。不得造成交直流短路或消失。

（3）空压机不得带压松紧螺栓和装卸接头。工作时不得造成冷却器分控制箱进水，而引起电气元件绝缘下降。所使用清洗水压力不得大于 0.3MPa，水柱高度不得大于 0.5m。清洗时水柱应平行向下，不得对准带电部位。具备专用的检修交流电源。

（4）工作中应有防止绝缘下降措施。检查冷却器分控制箱封堵良好，冷却器电机密封良好等。电气设备进水受潮时，不得投入工作电源，应及时用电吹风进行驱潮处理。

二、考核

（一）要求

（1）掌握变压器强迫油循环冷却器清洗吹灰工作要求。
（2）掌握该项工作危险点及预控措施。
（3）单人完成全部操作任务。

（二）考核场地

变压器强迫油循环冷却器 1 台。

（三）考核时间

考核时间为 50min。

（四）考核要点

（1）根据标准作业指导书正确完成变压器冷却器清洗吹灰工作。
（2）正确制订防止发生人身事故的安全措施。

三、评分参考标准

行业：电力工程　　　　　　工种：变电站值班员　　　　　　等级：三

编号	BD317	行为领域	e	鉴定范围	
考核时间	60min	题型	A	含权题分	25
试题名称	变压器强迫油循环冷却器组清洗吹灰				
考试要点及要求	（1）掌握变压器强迫油循环冷却器清洗吹灰工作要求。 （2）掌握该项工作危险点及预控措施。 （3）考核时间共计 60min				
现场设备、工器具及材料	强迫油循环变压器、空压机、高压水枪、金属洗净剂、电吹风、抹布、接线盘、电工工具				
备注	本评分标准满分 100 分，鉴定时按权值折算				

			评分标准				
序号	作业名称	质量要求	分值	扣分标准	扣分原因	得分
1	作业指导卡填写	填写作业指导卡时必须认真核对工作任务，必要时到现场实地勘查	10	危险点分析每漏一项扣5分		
2	着装、工器具、材料准备	合理、齐全、合格、按检修工艺备齐	5	(1) 着装不符合安全要求一项扣5分； (2) 不按检修工艺要求备齐工器具、材料，每缺少一件扣2分		
3	危险点告知	向工作班人员进行危险点告知	5	工作负责人未向工作班人员交代工作内容、人员分工、带电部位和现场安全措施，进行危险点告知的，一次扣5分		
4	接检修电源	接线盘完好无破损；检修电源接线安全、合理	10	(1) 不检查接线盘外观完好扣5分； (2) 检修电源接线不牢固扣5分； (3) 不试验漏电保护器扣2分		
5	冷却器吹灰	用0.1MPa压力的压缩空气（或水压）吹尽管束间堵塞的灰尘、昆虫、草屑等杂物	25	(1) 压力不正确扣20分； (2) 吹灰不彻底扣5分		
6	散热器清洗	清洗时，宜由上风方向开始，由上至下，逐个清洗，油垢严重时可用金属洗净剂清洗，然后用清水冲洗晾干	25	(1) 方向不正确扣20分； (2) 清洗不彻底扣5分		
7	检查	在清洗工作完成后，应检查冷却器组控制系统正常，若分控制箱内电气元件进水受潮，应用干抹布擦拭干净，并用电吹风进行去潮处理完好后，再投入冷却器组	10	(1) 未检查设备受潮情况扣10分； (2) 未处理设备受潮情况扣8分，处理不彻底扣5分		
8	工作终结	检修记录齐全、正确；工作现场干净、整洁	10	(1) 记录填写不规范或有错误扣5分； (2) 工作现场未打扫清洁扣5分		
考试开始时间			考试结束时间		合计	
考生栏	考号：				成绩：	
考评员栏	考评员：			考评组长：		

变压器（电抗器）冷却系统风扇及电机维护

一、操作项目

1. 变压器（电抗器）冷却系统指示灯、空气断路器更换
2. 变压器（电抗器）冷却系统风扇及电机维护

二、操作

（一）工器具、材料

（1）工器具：

1）分项目1：安全帽、组合工具一套、指示灯（与待更换的设备一致）、空气断路器（与待更换的设备一致）、其他备件、抹布（棉质）若干。

2）分项目2：安全帽、万用表（内阻大于 2000Ω）1 块、活络扳手（8～12in）若干、组合工具（电机专用维修）1 套、手锤（5kg）1 把、大力钳（200kg）1 把、电源线若干、木架梯（2.5m）1 架、拉铆（1t）1 套、毛刷若干、润滑油（电机专用）1kg、砂布（0 号）2 张、绝缘布若干、白纱带若干、绸布若干、轴承（与现场设备一致）若干、电机密封件（与现场设备一致）若干、油漆（与现场设备一致）若干。

（2）材料：纸、笔，空白工作票（见附录 13），空白作业指导卡。

（二）操作步骤

（1）分项目1：变压器（电抗器）冷却系统指示灯、空气断路器更换。

1）一次系统不停电，但更换冷却系统的指示灯、空气断路器前应短时间断开低压配电室 0.38kV 冷却器电源，处理完毕及时恢复。

2）中断冷却器电源时间不得超过现场运行规程规定的时间，在此期间指派专人严密监视主变压器负荷和温度，不得因冷却器全停造成主变压器跳闸事故。

3）不得改变内部接线，更换同型号、同规格的备件。

（2）分项目2：变压器（电抗器）冷却系统风扇及电机维护。

1）将冷却器组分别停用（保持冷却器组工作的对称性），断开冷却器控制及工

作电源。

2）将风扇电机防护罩拆除，依次卸下电机风扇叶片，解除电机电源线，拆下电机。

3）将电机外盖打开，检查接线盒接线良好，取下电机轴承、轴膛进行清洗，检查电机定子及绕组正常并清扫。

4）将轴承、轴膛加入润滑脂并密封加注孔，若轴承磨损严重则更换同型号备件。

5）将电机进行组装，外壳进行除锈刷漆，试验电机运转正常；清洗风扇叶片，除锈刷漆。

6）将电机、风扇、电源线、防护罩依次安装到位并校平衡，试验维护后风扇电机运转正常。

7）将其他风扇电机按以上步骤依次进行检查维护。

（三）危险点分析

（1）由工作负责人结合工作情况，提出具体的安全措施和注意事项。一般包括工作中必须停用的继电保护、安全自动装置的跳闸压板（主要是工作中可能引起误跳运行设备的出口压板）；防止电压二次回路短路、电流二次回路开路、直流回路短路接地以及防止误碰、误动其他运行设备的安全措施；高压设备区域工作与带电设备应保持的具体距离；现场围栏（红布幔）、标示牌和其他安全注意事项等。

（2）工作票签发人审核工作票填写正确无误，增填必要的补充安全措施后签名并填写签发日期。

（3）控制措施。

1）分项目1：①工作时应与电力变压器各侧带电设备保持足够的安全工作距离（220kV，3.0m；110kV，1.5m；35kV，1.0m；10kV，0.7m）；②一次系统不停电，但更换冷却系统的指示灯、空开前应短时间断开低压配电室 0.38kV 冷却器电源，处理完毕及时恢复；③中断冷却器电源时间不得超过现场运行规程规定的时间，在此期间指派专人严密监视主变负荷和温度。

2）分项目2：参见 BD317 项目危险点及安全措施所述内容。

三、考核

（一）要求

（1）掌握变压器（电抗器）冷却系统指示灯、空气断路器更换工作要求。

（2）掌握该项工作危险点及预控措施。

（3）单人完成全部操作任务。

(二）考核场地

变压器强迫油循环冷却器 1 台。

（三）考核时间

考核时间为 50min。

（四）考核要点

（1）根据标准作业指导书正确完成变压器（电抗器）冷却系统指示灯、空气断路器更换。

（2）根据标准作业指导书正确完成变压器（电抗器）冷却系统风扇及电机维护工作。

（3）正确制订防止发生人身事故的安全措施。

四、评分参考标准

（一）变压器（电抗器）冷却系统指示灯、空气断路器更换

行业：电力工程　　　　　　工种：变电站值班员　　　　　　等级：三

编号	BD318-1	行为领域	e	鉴定范围	
考核时间	50min	题型	A	含权题分	35
试题名称	变压器（电抗器）冷却系统指示灯、空气断路器更换				
考试要点及要求	（1）整个工作由一人完成，各项审查工作由考生完成。 （2）考评员下达书面工作任务，考生填票完成任务				
现场设备、工器具及材料	变压器（电抗器），电力安全工器具柜、安全帽、组合工具一套、指示灯（与待更换的设备一致）、空气断路器（与待更换的设备一致）、其他备件、抹布（棉质）若干				
备注					
评分标准					

序号	作业名称	质量要求	分值	扣分标准	扣分原因	得分
1	工作票填写与签发	填写工作票时必须认真核对工作任务，必要时到现场实地勘查	10	（1）漏填工作负责人（监护人）姓名扣 2 分； （2）漏填工作票班组栏扣 2 分； （3）漏填或填错工作票人员栏扣 2 分； （4）漏填或填错工作的变电站名称及设备双重名称栏扣 2 分； （5）漏填或填写工作任务含糊不清，未填写设备双重名称扣 2 分；		

		评分标准					
序号	作业名称	质量要求	分值	扣分标准		扣分原因	得分
1	工作票填写与签发	填写工作票时必须认真核对工作任务,必要时到现场实地勘查	10	(6) 漏填或填错计划工作时间栏扣2分; (7) 漏填或填错工作条件栏扣5分; (8) 漏填或填写注意事项(安全措施)不具体扣5分; (9) 漏填或填错工作许可栏扣2分; (10) 漏填或填错确认工作负责人布置的任务和安全措施,工作班人员签名栏扣5分; (11) 漏填或填错工作终结栏扣2分; (12) 修改个别错、漏字时,字迹模糊,不易分辨扣2分; (13) 其他不合格项每处扣2分		
2	准备安全工器具	安全帽、待更换备件、组合工具等	5	(1) 未检查试验标签或选择工具错误扣2分; (2) 携带工具遗漏 N 项〔安全帽、组合工具一套、指示灯、空开(或熔断器)、其他备件、抹布(棉质)若干〕扣 N×2分; (3) 未准备同规格同型号的设备扣2分		
3	工作票传送工作许可		5	未会同运行人员到现场检查设备实际位置及注意事项的扣5分		
4	工作监护	工作票	5	未将工作票带至现场扣5分		
		危险点告知	5	工作负责人未向工作班人员交代工作内容、人员分工、带电部位和现场安全措施,进行危险点告知,未履行确认手续的扣5分		

	评分标准					
序号	作业名称	质量要求	分值	扣分标准	扣分原因	得分
4	工作监护	工作项目	60	（1）更换冷却系统的指示灯、空气断路器前未短时间断开低压配电室 0.38kV 冷却器电源，处理完毕未及时恢复的扣 20 分； （2）中断冷却器电源时间超过现场运行规程规定的时间扣 10 分； （3）未指派专人严密监视主变压器负荷和温度的扣 10 分； （4）未更换同型号、同规格的备件扣 10 分； （5）改变内部接线的扣 20 分		
5	工作终结	工作现场	10	未清理工作现场扣 5 分		
		现场交代		（1）工作负责人未向运行人员做好现场交代、工作结果和存在问题扣 5 分； （2）未办理工作终结手续扣 5 分		
6	其他			在工作过程中出现下述情况直接计零分： （1）人身触电伤害； （2）冷却器全停造成主变跳闸事故； （3）更换造成交直流短路或消失； （4）作业现场起火		
考试开始时间				考试结束时间	合计	
考生栏		编号： 姓名：		所在岗位： 单位：	日期：	
考评员栏		成绩： 考评员：			考评组长：	

（二）变压器（电抗器）冷却系统风扇及电机维护

行业：电力工程　　　　　　　工种：变电站值班员　　　　　　　等级：三

编号	BD318-2	行为领域	e	鉴定范围	
考核时间	60min	题型	A	含权题分	25
试题名称	变压器（电抗器）冷却系统风扇及电机维护				
考试要点及要求	（1）整个工作由一人完成，各项审查工作由考生完成。 （2）考评员下达书面工作任务，考生填卡完成一组风扇及电机维护				
现场设备、工器具及材料	变压器（电抗器），电力安全工器具柜，安全帽、万用表（内阻大于2000Ω）1块、活络扳手（8～12in）若干、组合工具（电机专用维修）1套、手锤（5kg）1把、大力钳（200kg）1把、电源线若干、木架梯（2.5m）1架、拉铆（1t）1套、毛刷若干、润滑油（电机专用）1kg、砂布（0号）2张、绝缘布若干、白纱带若干、绸布若干、轴承（与现场设备一致）若干、电机密封件（与现场设备一致）若干、油漆（与现场设备一致）若干				
备注					

评分标准

序号	作业名称	质量要求	分值	扣分标准	扣分原因	得分
1	作业指导卡填写	填写作业指导卡时必须认真核对工作任务，必要时到现场实地勘查	10	危险点分析每漏一项扣5分		
2	准备安全工器具	安全帽、组合工具、维护工具等	5	（1）未检查试验标签或选择工具错误扣2分； （2）携带工具遗漏N项〔安全帽、万用表（内阻大于2000Ω）1块、活络扳手（8～12in）若干、组合工具（电机专用维修）1套、手锤（5kg）1把、大力钳（200kg）1把、电源线若干、木架梯（2.5m）1架、拉铆（1t）1套、毛刷若干、润滑油（电机专用）1kg、砂布（0号）2张、绝缘布若干、白纱带若干、绸布若干、轴承（与现场设备一致）若干、电机密封件（与现场设备一致）若干、油漆（与现场设备一致）若干〕，扣N×2分； （3）未准备同规格同型号的设备扣2分		

评分标准						
序号	作业名称	质量要求	分值	扣分标准	扣分原因	得分
3	工作监护	危险点告知	10	工作负责人未向工作班人员交代工作内容、人员分工、带电部位和现场安全措施，进行危险点告知的，一次扣5分		
		将冷却器组分别停用（保持冷却器组工作的对称性），断开冷却器控制及工作电源	10	（1）未断开冷却器控制及工作电源扣10分； （2）未保持冷却器组工作的对称性扣5分		
		将风扇电机防护罩拆除，依次卸下电机风扇叶片，解除电机电源线,拆下电机	10	未按顺序每次扣2分		
		将电机外盖打开,检查接线盒接线良好,取下电机轴承、轴膛进行清洗,检查电机定子及绕组正常并清扫	15	（1）未检查接线盒接线良好扣2分； （2）未取下电机轴承、轴膛进行清洗扣10分； （3）未检查电机定子及绕组正常并清扫扣5分		
		将轴承、轴膛加入润滑脂并密封加注孔，若轴承磨损严重则更换同型号备件	10	（1）未将轴承、轴膛加入润滑脂扣3分； （2）未密封加注孔扣3分； （3）若轴承磨损严重未更换同型号备件扣5分		
		将电机进行组装，外壳进行除锈刷漆,试验电机运转正常；清洗风扇叶片,除锈刷漆	10	（1）未将电机外壳进行除锈刷漆扣5分； （2）未试验电机运转正常扣5分； （3）未清洗风扇叶片扣2分； （4）未除锈刷漆扣2分		
		将电机、风扇、电源线、防护罩依次安装到位并校平衡,试验维护后风扇电机运转正常	10	（1）未将电机、风扇、电源线、防护罩依次安装到位并校平衡扣5分； （2）未试验电机风扇运转正常扣5分		

序号	作业名称	质量要求	分值	扣分标准	扣分原因	得分
4	工作终结	工作现场	10	未清理工作现场扣5分		
		填写记录		未做工作记录或记录填写不规范的扣5分		
5	其他			在工作过程中出现下述情况直接计零分： （1）人身触电伤害； （2）高处坠落伤害； （3）维护造成机械伤害； （4）维护造成冷却器全停； （5）维护造成交直流短路或消失		
考试开始时间			考试结束时间		合计	
考生栏	考号：				成绩：	
考评员栏	考评员：			考评组长：		

BD319 电气设备接地引下线导通测量

一、操作

（一）工器具、材料

（1）工器具：安全帽、接地引下线导通测试仪、试验电源、试验导线、电源线、盘、工具包。

（2）材料：纸、笔。

（二）操作原则及要求

（1）进行电气设备接地引下线导通试验是防止设备失地运行，保障人身安全的重要措施。

（2）电气设备接地引下线导通试验应准备标准化作业指导卡。

（3）工作负责人及工作班成员应熟悉作业方案。

（4）工作中指定一人为专责监护人，其主要任务为监护测量所需的放线、收线工作和接地测量点表面去漆除锈工作。在工作区域严禁高、低空甩接线和抛接物；放线、收线中，线不离手，线随人走；接地测量点高度选择不宜超过离地 0.5m（尽可能保持同一高度）。

（5）遇有雷雨天气严禁接地引下线导通试验。遇有系统接地故障时当班运行人员及时通知工作人员停止工作，撤离现场。

（6）接地引下线导通测试仪使用过程中，在测量前应进行初步判断测量回路是否开路，以防多次开路损坏仪器。

（7）在选择以接地竖井、钢结构门架（独立避雷针）为基准测量点时应注意检查接地扁铁的连接情况。

（8）因测量数据较多，试验记录应清晰地记录反映每次测量数据所对应的测量位置，同时记录该两点间的直线距离和两端接地扁铁截面。

（9）导通试验方法及测量基准点选择：

1）接地引下线导通试验使用直流大电流型仪器。

2) 设备接地引下线导通试验测量基准点选择初步确定为: 以220kV各间隔为单位, 在该间隔中心区域(为避免过长放线)选取一点作为基准测量点, 测量该间隔中任意一点与基准点间接地扁铁的直流电阻。

(10) 标准和要求。以直流电阻表示导通状态: $R \leqslant 150 \mathrm{m\Omega}$, 良好; $R \leqslant 200 \mathrm{m\Omega}$, 合格; $R > 200 \mathrm{m\Omega}$, 异常; $R > 500 \mathrm{m\Omega}$, 严重异常。当发现问题时, 为了区分缺陷所在, 可分别在原两引下线与邻近的第三台电力设备接地引下线间测量。

(三) 操作步骤

(1) 在电网内先找出与地网联结合格的接地引下线作为基准E点。

(2) 测试相临电力设备接地引下线与基准点间的电阻值。

1) 对测量设备校零: 将测量线放开拉直短路校零。

2) 在被测接地引下线与试验接线的连接处, 使用锉刀锉掉防锈的油漆, 露出有光泽的金属。

3) 用专用测试导线分别接好基准点和被测点(相临设备接地引下线), 接通仪器电源, 测量接地引下线导通参数。

(四) 注意事项

(1) 一般选择多点接地的电器设备作为基准点, 如变压器、龙门架等。

(2) 铺设测试线时, 应注意与带电设备保持一定的安全距离。

二、考核

(一) 要求

(1) 准备好工具和材料, 标准化作业卡, 选定基准点。

(2) 测试设备, 填写测量记录。

(3) 单人完成全部操作任务。

(二) 考核场地

35~500kV室外变电站1座。

(三) 考核时间

考核时间为40min。

(四) 考核要点

(1) 根据标准作业指导书正确完成电气设备接地引下线导通试验。

(2) 根据设备接地引下线测试结果判断接地引下线状态。

(3) 正确制订防止发生人身事故的安全措施。

三、评分参考标准

行业：电力工程　　　　　　工种：变电站值班员　　　　　　等级：三

编号	BD319	行为领域	e	鉴定范围	
考核时间	40min	题型	D	含权题分	25
试题名称	电气设备接地引下线导通测量				
考试要点及要求	(1) 测试准备到位，设置正确。 (2) 测试正确，记录完整符合要求。 (3) 整理报告，分析问题				
现场设备、工器具及材料	室外变电站（一次设备），接地导通测试仪，试验电源、导线、工具包、对讲机				
备注	考生自备工作服，安全帽，绝缘鞋				

评分标准

序号	作业名称	质量要求	分值	扣分标准	扣分原因	得分
1	工器具准备	按本次测量要求准备工器具和材料	15	(1) 漏（或多）一种扣3分； (2) 测量过程中更换工器具扣2分		
2	作业卡准备		15	(1) 作业卡不规范扣3分； (2) 作业卡步骤不全，每处扣5分		
3	接地导通测试仪校零	检查仪器良好	10	操作不正确，不得分		
4	测量	规范正确地进行测量	40	(1) 基准点选择不合理，扣5分； (2) 测试接地点接触不良，如油漆未去等，每处扣3分； (3) 接线不正确，扣20分； (4) 操作不规范，每处扣3分； (5) 数据记录不及时规范，扣5分		
5	记录分析整理	规范正确	10	(1) 报告不规范扣3分； (2) 分析不正确扣5分		
6	其他		10	安全生产不规范，每处扣2分		
考试开始时间			考试结束时间		合计	
考生栏	编号：　　姓名：		所在岗位：	单位：	日期：	
考评员栏	成绩：　　考评员：			考评组长：		

一、操作

（一）材料

材料：纸、笔，空白汇报单（见表 BD407-1）。

（二）操作原则及要求

（1）能够通过巡视发现变电站测量参数的异常。各线路电流与功率平衡，母线上各出线电流、功率加减结果为零，主变压器三侧断路器电流、功率加减结果为零，各线路、主变压器电流、功率方向与运行线路方向一致。

（2）对变电站的测量参数应进行综合检查：

1）变电站内各母线的电流、有功、无功应平衡。

2）主变压器三侧的电流、有功、无功应平衡，温度应合适。

3）各有功、无功的方向应正确。

（3）对于检查过程中发现的异常参数应及时记录，并进行相关分析，查找参数异常的原因。

（4）造成测量参数异常的主要原因有：

1）电流互感器、电压互感器损坏。

2）电压或电流二次端子连接松动。

3）测控装置故障。

4）遥测量转换参数设置不正确。

5）电流互感器、电压互感器变比设置不正确。

二、考核

（一）要求

（1）根据仿真机上的参数查找变电站内异常的遥测量，并进行分析处理。

（2）单人完成全部操作任务。

（二）考核场地

220、110kV 仿真变电站。

（三）考核时间

考核时间为 30min。

（四）考核要点

（1）根据监控、测量参数分析、判断变电站运行参数正确或异常。

（2）正确处理变电站运行监视中出现的参数异常情况。

三、评分参考标准

行业：电力工程　　　　　　　工种：变电站值班员　　　　　　等级：三

编号	BD320	行为领域	e	鉴定范围	
考核时间	30min	题型	A	含权题分	25
试题名称	变电站测量参数异常判断和处理				
考试要点及要求	（1）整个操作由一人完成，各项审查工作由考生完成。 （2）考评员下达试题，考生按要求完成任务。 （3）汇报用书面形式进行				
现场设备、工器具及材料	仿真机一套；笔、空白汇报单				
备注	本评分标准满分 100 分，鉴定时按权值折算				
评分标准					

序号	作业名称	质量要求	分值	扣分标准	扣分原因	得分
1	记录异常信号	详细记录异常信号的发生及发展情况	10	（1）未记录异常发生的时间扣 1 分； （2）未记录故障发生的变电站扣 1 分； （3）异常信号记录不全每差 1 条扣 1 分		
2	汇报调度	书面汇报	5	（1）未报变电站名扣 0.5 分； （2）未报本人姓名扣 0.5 分； （3）未使用设备电压等级扣 0.5 分； （4）未使用设备双重编号扣 0.5 分		

		评分标准					
序号	作业名称	质量要求	分值	扣分标准		扣分原因	得分
3	检查判断	分析判断查找异常参数	42	（1）检查仿真 220kV 变电站各母线电压显示（6分）			
				（2）检查 1 号、2 号主变压器温度显示（6分）			
				（3）计算 220kV 母线上各出线电流、有功、无功是否平衡（6分）			
				（4）计算 110kV 母线上各出线电流、有功、无功是否平衡（6分）			
				（5）计算 35（10）kV 母线上各出线电流、有功、无功是否平衡（6分）			
				（6）计算主变压器三侧电流、有功、无功是否平衡（6分）			
				（7）检查 1 号、2 号主变压器负荷分配是否正确（6分）			
4	故障处理	通过检查出的故障量判断故障点，并进行处理	43	（1）针对 220kV 母线有功率不平衡查找故障原因：检查不平衡母线电压互感器二次电压是否正常，各线路显示是否正常（5分）；检查母线上各线路三相电流是否平衡（5分）			
				（2）针对主变压器三侧无功不平衡查找故障原因：检查主变压器三侧电压互感器二次电压是否正常，各线路显示是否正常（6分）；检查主变压器三侧断路器三相电流是否平衡（6分）			

			评分标准				
序号	作业名称	质量要求	分值	扣分标准	扣分原因	得分
4	故障处理	通过检查出的故障量判断故障点，并进行处理	43	（3）针对查找分析出的遥测量故障原因提出解决方案：检查出线电流（仿真一回线）电流不平衡的原因（电流互感器二次回路故障）（8分）；检查分析主变压器低压侧电流不平衡的原因（低压侧电容器电流三相不平衡）（8分）		
				（4）汇报调度并通知检修人员处理（3分）		
				（5）做好有关记录（2分）		

考试开始时间			考试结束时间		合计	

考生栏	编号：	姓名：	所在岗位：	单位：	日期：
考评员栏	成绩：	考评员：		考评组长：	

一、操作

（一）材料

材料：纸、笔、录音设备，空白汇报单（见表 BD407 - 1）。

（二）操作原则及要求

（1）自动化远动信息表的编制必须遵循国调中心文件的要求。

（2）自动化远动信息表编制完成后，应经过监控专责审核。审核内容主要为：

1）检查点表内容是否满足监控工作需要；

2）检查点表描述、分类是否符合国调文件要求。

（3）自动化人员将审核完毕的点表录入监控主站系统。

（4）现场设备安装调试完毕，具备远动调试条件。

（5）监控值班员与现场运维班进行远动信息核对，核对必须逐条进行。

（6）远动信息逐条核对完毕后，应针对不同保护分别做整组试验，监控人员核对整组动作信息是否与现场一致。

（7）遥信信息核对完毕后，进行断路器、隔离开关设备的远方遥控试验。

（8）遥测信息的核对，有检修人员在现场设备上加量，监控人员和现场运维人员分别检查远动主站和现场设备遥测显示是否一致。

（9）对于核对完成的信息应在远动信息验收表上逐条记录并签名。

二、考核

（一）要求

（1）根据远动信息点表，完成自动化信息核对工作。

（2）单人完成全部操作任务。

（二）考核场地

220、110kV 仿真变电站。

（三）考核时间

考核时间为 30min。

（四）考核要点

（1）标准点表制作是否完整。

（2）点表信息核对流程是否正确。

三、评分参考标准

行业：电力工程 　　　　　工种：变电站值班员　　　　　等级：三

编号	BD321	行为领域	e	鉴定范围	
考核时间	30min	题型	A	含权题分	25
试题名称	监控装置自动化信息核对				
考试要点及要求	（1）整个操作由一人完成，各项审查工作由考生完成。 （2）考评员下达试题，考生按要求完成任务。 （3）汇报用书面形式进行				
现场设备、工器具及材料	远动信息表一份（符合国家电网公司典型信息表要求）（见表 BD321－1～表 BD321－3）；笔、空白汇报单				
备注	本评分标准满分100分，鉴定时按权值折算				

评分标准

序号	作业名称	质量要求	分值	扣分标准	扣分原因	得分
1	远动信息表审核	按照国调文件审核远动信息表	40	（1）远动信息表中遥信量是否满足监控工作需要（8分）； （2）远动信息表中遥控、遥测量是否满足监控工作需要，是否符合国调文件要求（8分）； （3）远动信息描述是否符合国调文件要求（8分）； （4）远动信息分级、分类是否符合国调文件要求（8分）； （5）标示分间隔画面中央信号列表（8分）		
2	制作远动信息验收表	根据验收工作要求制作远动信息验收表	10	（1）验收信息表遥信信息差缺一项扣0.5分； （2）差缺验收状态栏扣5分； （3）差缺验收人栏扣1分； （4）差缺验收时间栏扣1分		
3	信息点表核对	按照远动信息表与现场进行核对	35	（1）逐条进行遥信信息核对，未记录验收状态每项扣0.5分，未记录验收时间每项扣0.5分，未记录验收人扣1分；		

评分标准						
序号	作业名称	质量要求	分值	扣分标准	扣分原因	得分
3	信息点表核对	按照运动信号表与现场进行核对		（2）进行遥控（遥调）核对：未进行返校验证每项扣 5 分； （3）进行遥测量的核对：电压量差缺一项扣 0.5 分，电流量差缺一项扣 0.5 分，有功、无功、功率因数差缺一项扣 0.5 分		
4	整组信息核对	分间隔和保护做整组动作信息验收	15	（1）核对保护动作信息是否正确、与现场一致（5 分）； （2）检查调度主站各项设置显示正常（5 分）； （3）检查主站各项动作信息均正常（5 分）		
5	其他			（1）验收过程中产生误操作者，记零分； （2）造成重大遗漏者，扣 50 分		
考试开始时间				考试结束时间		合计
考生栏	编号：	姓名：		所在岗位：	单位：	日期：
考评员栏	成绩：	考评员：			考评组长：	

表 BD321 - 1   变电站遥信验收表

×××kV ××变×× （工作性质）遥信验收表

序号	遥信信息名称	信号等级	中央信号	验收情况	验收人	验收时间	备注

表 BD321 - 2   变电站遥控验收表

×××kV ××变×× （工作性质）遥控验收表

序号	遥控（调）对象名称	遥控类型	验收情况	验收人	验收时间	备注

表 **BD321－3** 　　　　　　　　　**变电站遥测验收表**

×××kV ××变××（工作性质）遥测验收表

序号	遥测数据 名称	调度系数	验收情况	验收人	验收时间	备注

线路、母线及断路器复杂事故分析处理

一、操作项目

1. 线路复杂事故分析处理

(1) 220kV 线路故障，断路器拒动的分析、判断和处理。

(2) 220kV 线路故障，保护拒动分析、判断和处理。

(3) 110kV 线路故障，断路器拒动的分析、判断和处理。

(4) 110kV 线路故障，保护拒动的分析、判断和处理。

2. 母线复杂事故分析处理

(1) 母线设备故障，母联断路器拒动分析、判断和处理。

(2) 母线设备故障，所接主变压器断路器拒动分析、判断和处理。

二、操作

(一) 材料

材料：空白操作票（见附录 11）、空白汇报单（见表 BD407-1）各 1 张，纸、笔若干。

(二) 设备故障处理的基本原则

当监控系统发出故障信号时，值班调控员（监控员）应本着准确、迅速的原则处理。值班调控员（监控员）对事故信号、时间等重要相关信息进行记录、判断，汇报相关调度，并通知运维人员到现场检查、核实。现场运维人员对值班调控员（监控员）通知的故障情况应及时予以答复。值班调控员（监控员）根据调度令进行相关的事故处理工作，运维人员到达现场后，涉及现场设备操作的事故处理交由现场运维人员处理。现场设备操作应符合现场运行规程的规定。

(三) 操作要求

(1) 值班调控员（监控员）、现场运维人员对故障信号的记录应完整、准确。

在汇报调度、告知现场运维人员时应详细告知故障信号发生的时间、地点和故障范围。

（2）现场运维人员在接到值班调控员（监控员）的通知后应立即赶赴故障发生变电站，详细检查故障设备的实际状况，查看相应的保护动作情况，并将检查结果及时告知值班调控员（监控员）并汇报相应调度。

（3）当变电站现场发生综合性故障时，故障设备会超过一个，保护装置动作情况也较为复杂，现场运维人员进行相关检查时应认真仔细，不能发生遗漏。

（4）现场运维人员的检查汇报调度应精确，详细告知现场设备的实际状态及保护装置动作情况、测距等信息。

（四）线路、母线及断路器复杂故障处理步骤

（1）发生事故后，应详细检查记录监控后台机和各保护装置的动作情况。

（2）检查记录和断路器变位情况及遥测变化情况。

（3）检查分析故障原因。

（4）恢复主变压器中性点运行。

（5）将故障设备隔离。

（6）将故障设备转入检修状态。

（7）恢复非故障设备送电。

三、考核

（一）要求

（1）分析线路、母线故障造成的保护动作情况。

（2）分析断路器、保护拒动等原因及保护动作过程。

（3）按照现场事故处理流程处理事故。

（4）汇报调度内容以书面形式填写。

（5）依据调度指令填写操作票并在仿真变电站完成全部事故处理操作。

（6）单人完成全部操作任务。

（二）考核场地

220、110kV仿真变电站。

（三）考核时间

考核时间为50min。

（四）考核要点

（1）根据保护动作行为、断路器动作行为分析、判断故障发生位置和性质。

（2）通过巡视查找故障点，确认故障性质和影响范围。

（3）根据调度指令处理故障，恢复非故障设备运行方式。

四、评分参考标准

(一) 220kV 线路故障，断路器拒动的分析、判断和处理

行业：电力工程　　　　　　工种：变电站值班员　　　　　　等级：二

编号	BD201-1	行为领域	e	鉴定范围	
考核时间	50min	题型	A	含权题分	35
试题名称	220kV 变电站 220kV 线路永久故障，断路器拒动的分析及处理				
考试要点及要求	(1) 整个操作由一人完成，各项审查工作由考生完成。 (2) 考评员下达试题及调度指令，考生按要求完成任务。 (3) 考生根据现场规程要求填写倒闸操作票。 (4) 汇报用书面形式进行				
备注					

评分标准

序号	作业名称	质量要求	分值	扣分标准	扣分原因	得分
1	记录故障现象并汇报调度	记录断路器拒动的设备	25	未记录扣1分		
		记录变位的断路器		漏记录一台断路器扣1分		
		记录母线电压		漏记录一个数值扣0.5分		
		检查母线上所接断路器位置及负荷情况		漏记录一台断路器扣1分		
		分析断路器拒动的原因		未写出断路器拒动的原因扣2分		
		检查失灵保护动作情况		漏记录一项扣1分		
		现场检查设备运行状态		漏检查一项扣1分		
2	紧急处理	加用运行主变压器第一套保护零序保护压板	10	每漏一块压板扣1分		
		加用运行主变压器第二套保护零序保护压板		每漏一块压板扣1分		
		推上运行主变压器高压侧中性点地刀		漏操作扣2分；漏检查扣1分		
		推上运行主变压器中压侧中性点地刀		漏操作扣2分；漏检查扣1分		
		停用运行主变压器第一套保护间隙保护压板		每漏一块压板扣1分		
		停用运行主变压器第一套保护间隙保护压板		每漏一块压板扣1分		

					评分标准		

序号	作业名称	质量要求	分值	扣分标准	扣分原因	得分
3	隔离故障设备	拉开拒动断路器两侧隔离开关	15	漏操作扣2分；漏检查扣1分		
		在拒动断路器两侧验电接地		漏操作一项扣2分；漏验电扣2分；漏检查扣1分		
		断开故障断路器操作电源		漏操作一项扣1分；未执行操作扣2分		
		断开故障断路器控制电源		漏操作一项扣1分；未执行操作扣2分		
4	恢复送电	加用母联断路器充电保护	25	每漏一块压板扣1分		
		合上母联断路器		未用充电按钮合闸扣1分		
		停用母联断路器充电保护		每漏一块压板扣1分		
		检查母线充电正常		检查漏项扣1分		
		逐一恢复停运线路断路器		漏操作一项2分；漏检查一项1分		
5	汇报、做好记录	汇报操作完毕情况，书面填写需要填写的记录	5	（1）汇报漏项扣1分；（2）应填写的记录漏、错一项扣1分		
6	操作票	按照现场运行规程的规定填写倒闸操作票	20	关键一次设备操作顺序错误（漏项），扣5分		
				关键二次设备操作顺序错误（漏项），扣3分		
				一次设备检查项漏项，扣1分		
				票面不规范，每处扣0.5分		
				违背"五防"原则，扣10分		
				其他漏项、错项，每处扣0.5分		
7	其他			（1）处理过程中误操作或造成全站失压，操作部分成绩记零分；（2）处理过程中造成全站失压，操作部分成绩记零分		
考试开始时间			考试结束时间		合计	
考生栏	编号：　　姓名：　　　　所在岗位：　　　单位：　　　日期：					
考评员栏	成绩：　　考评员：　　　　　　　　考评组长：					

（二）220kV 线路故障，保护拒动的分析、判断和处理

行业：电力工程 　　　　　工种：变电站值班员 　　　　　等级：二

编号	BD201-2	行为领域	e	鉴定范围	
考核时间	50min	题型	A	含权题分	35
试题名称	220kV 变电站 220kV 线路永久故障，线路保护拒动的分析与处理				
考试要点及要求	(1) 整个操作由一人完成，各项审查工作由考生完成。 (2) 考评员下达试题及调度指令，考生按要求完成任务。 (3) 考生根据现场规程要求填写倒闸操作票。 (4) 汇报用书面形式进行				
备注					

评分标准

序号	作业名称	质量要求	分值	扣分标准	扣分原因	得分
1	记录故障现象并汇报调度	记录断路器拒动的设备	25	未记录扣1分		
		记录变位的断路器		漏记录一台断路器扣1分		
		记录母线电压		漏记录一个数值扣0.5分		
		检查母线上所接断路器位置及负荷情况		漏记录一台断路器扣1分		
		分析保护拒动的原因		未写出保护拒动的原因扣2分		
		检查保护动作情况		漏记录一项扣1分		
		现场检查设备运行状态		漏检查一项扣1分		
2	紧急处理	加用运行主变压器第一套保护零序保护压板	10	每漏一块压板扣1分		
		加用运行主变压器第二套保护零序保护压板		每漏一块压板扣1分		
		推上运行主变压器高压侧中性点地刀		漏操作扣2分；漏检查扣1分		
		推上运行主变压器中压侧中性点地刀		漏操作扣2分；漏检查扣1分		
		停用运行主变压器第一套保护间隙保护压板		每漏一块压板扣1分		
		停用运行主变压器第一套保护间隙保护压板		每漏一块压板扣1分		

		评分标准				
序号	作业名称	质量要求	分值	扣分标准	扣分原因	得分
3	隔离故障设备	手动断开故障断路器	15			
		拉开断路器两侧隔离开关		漏操作扣2分；漏检查扣1分		
		在拒动断路器两侧验电接地		漏操作一项扣2分；漏验电扣2分；漏检查扣1分		
		断开故障断路器操作电源		漏操作一项扣1分；未执行操作扣2分		
		断开故障断路器控制电源		漏操作一项扣1分；未执行操作扣2分		
4	恢复送电	加用母联断路器充电保护	25	每漏一块压板扣1分		
		合上母联断路器		未用充电按钮合闸扣1分		
		停用母联断路器充电保护		每漏一块压板扣1分		
		检查母线充电正常		检查漏项扣1分		
		逐一恢复停运线路断路器		漏操作一项扣2分；漏检查一项扣1分		
		恢复停运主变压器		漏操作一项扣2分；漏检查一项扣1分		
5	汇报、做好记录	汇报操作完毕情况，书面填写需要填写的记录	5	（1）汇报漏项扣1分；（2）应填写的记录漏、错一项扣1分		
6	操作票	按照现场运行规程的规定填写倒闸操作票	20	关键一次设备操作顺序错误（漏项），扣5分		
				关键二次设备操作顺序错误（漏项），扣3分		
				一次设备检查项漏项，扣1分		
				票面不规范，每处扣0.5分		
				违背"五防"原则，扣10分		
				其他漏项、错项，每处扣0.5分		

		评分标准				
序号	作业名称	质量要求	分值	扣分标准	扣分原因	得分
7	其他			（1）处理过程中误操作或造成全站失压，操作部分成绩记零分； （2）处理过程中造成全站失压，操作部分成绩记零分		

考试开始时间			考试结束时间		合计	

考生栏	编号：	姓名：		所在岗位：	单位：	日期：
考评员栏	成绩：	考评员：			考评组长：	

（三）母线设备故障，母联断路器拒动分析、判断和处理

行业：电力工程　　　　　　　工种：变电站值班员　　　　　　　等级：二

编号	BD201-3	行为领域	e	鉴定范围	
考核时间	50min	题型	A	含权题分	35
试题名称	母线设备故障，母联断路器拒动的分析、判断和处理				
考试要点及要求	（1）整个操作由一人完成，各项审查工作由考生完成。 （2）考评员下达试题及调度指令，考生按要求完成任务。 （3）考生根据现场规程要求填写倒闸操作票。 （4）汇报用书面形式进行				
备注					

		评分标准				
序号	作业名称	质量要求	分值	扣分标准	扣分原因	得分
1	记录故障现象并汇报调度	记录拒动的断路器设备	20	未记录扣1分		
		记录变位的断路器		漏记录一台断路器扣1分		
		记录母线电压		漏记录一个数值扣0.5分		
		检查母线上所接断路器位置及负荷情况		漏记录一台断路器扣1分		
		检查母差保护动作情况		漏记录一项扣1分		
		现场检查设备运行状态		漏检查一项扣1分		

评分标准						
序号	作业名称	质量要求	分值	扣分标准	扣分原因	得分
2	紧急处理	加用运行主变压器第一套保护零序保护压板	10	每漏一块压板扣1分		
		加用运行主变压器第二套保护零序保护压板		每漏一块压板扣1分		
		推上运行主变压器高压侧中性点地刀		漏操作扣2分；漏检查扣1分		
		推上运行主变压器中压侧中性点地刀		漏操作扣2分；漏检查扣1分		
		停用运行主变压器第一套保护间隙保护压板		每漏一块压板扣1分		
		停用运行主变压器第一套保护间隙保护压板		每漏一块压板扣1分		
3	隔离故障设备	拉开拒动母联断路器两侧隔离开关	8	漏操作扣2分；漏检查扣1分		
		拉开故障主变压器各侧开关两侧隔离开关		漏操作扣2分；漏检查扣1分		
4	布置安全措施	在拒动母联断路器两侧验电接地	25	漏操作一项扣2分；漏检查扣1分		
		在主变压器三侧验电接地		漏操作一项扣2分；漏检查扣1分		
		断开故障断路器操作电源		漏操作一项扣1分；未执行操作扣2分		
		断开故障断路器控制电源		漏操作一项扣1分；未执行操作扣2分		
		断开主变压器各侧断路器操作电源		漏操作一项扣1分；未执行操作扣2分		
		断开主变压器各侧控制电源		漏操作一项扣1分；未执行操作扣2分		
		停用主变压器保护联跳压板		漏操作一项扣1分		
		停用主变压器风冷装置电源		漏操作一项扣1分		
		停用故障母线电压互感器（一、二次均停用）		漏操作一项扣1分		
		故障母线验电接地		漏操作一项扣2分；漏检查扣1分		

			评分标准			
序号	作业名称	质量要求	分值	扣分标准	扣分原因	得分
5	恢复送电	用主变压器中压侧开关对母线充电	12	漏检查扣1分；未执行操作扣2分		
		检查母线充电正常		检查漏项扣1分		
		逐一恢复停运线路断路器		漏操作一项扣2分；漏检查一项扣1分		
6	汇报、做好记录	汇报操作完毕情况，书面填写需要填写的记录	5	(1) 汇报漏项扣1分； (2) 应填写的记录漏、错一项扣1分		
7	操作票	按照现场运行规程的规定填写倒闸操作票	20	关键一次设备操作顺序错误（漏项），扣5分		
				关键二次设备操作顺序错误（漏项），扣3分		
				一次设备检查项漏项，扣1分		
				票面不规范，每处扣0.5分		
				违背"五防"原则，扣10分		
				其他漏项、错项，每处扣0.5分		
8	其他			(1) 处理过程中误操作或造成全站失压，操作部分成绩记零分； (2) 处理过程中造成全站失压，操作部分成绩记零分		
考试开始时间				考试结束时间		合计
考生栏		编号： 姓名：	所在岗位：	单位：		日期：
考评员栏		成绩： 考评员：		考评组长：		

（四）其他操作项目

110kV 线路故障，断路器拒动的分析、判断和处理参考 BD201-1，注意 110kV 系统没有失灵保护，断路器拒动由主变压器后备保护动作。110kV 线路故障，保护拒动的分析、判断和处理参考 BD201-2 制订评分标准。

BD202　主变压器及断路器复杂事故分析处理

一、分项目

1. 主变压器（中性点接地）内部故障，断路器拒动的分析、判断和处理

2. 主变压器（中性点接地）外部故障（纵差保护范围），断路器拒动的分析、判断和处理

3. 500kV 主变压器故障，断路器拒动的分析处理

二、操作

（一）材料

材料：空白操作票（见附录 11）、空白汇报单（见表 BD407-1）各 1 张，纸、笔若干。

（二）设备故障处理的基本原则

当监控系统发出故障信号时，值班调控员（监控员）应本着准确、迅速的原则处理。值班调控员（监控员）对事故信号、时间等重要相关信息进行记录、判断，汇报相关调度，并通知运维人员到现场检查、核实。现场运维人员对值班调控员（监控员）通知的故障情况应及时予以答复。值班调控员（监控员）根据调度令进行相关的事故处理工作，运维人员到达现场后，涉及现场设备操作的事故处理交由现场运维人员处理。现场设备操作应符合现场运行规程的规定

（三）操作要求

（1）值班调控员（监控员）、现场运维人员对故障信号的记录应完整、准确。在汇报调度、告知现场运维人员时应详细告知故障信号发生的时间、地点和故障范围。

（2）现场运维人员在接到值班调控员（监控员）的通知后应立即赶赴故障发生变电站，详细检查故障设备的实际状况，查看相应的保护动作情况，并将检查结

果及时告知值班调控员（监控员）并汇报相应调度。

（3）当变电站现场发生综合性故障时，故障设备会超过一个，保护装置动作情况也较为复杂，现场运维人员进行相关检查时应认真仔细，不能发生遗漏。

（4）现场运维人员的检查汇报调度应精确，详细告知现场设备的实际状态及保护装置动作情况、测距等信息。

（四）变压器复杂故障处理步骤

（1）发生事故后，记录发生时间并详细检查记录监控后台机和各保护装置的动作情况。

（2）检查记录和断路器变位情况及遥测变化情况。

（3）检查分析变压器故障原因及主变压器、断路器拒动的原因。

（4）恢复主变压器中性点运行。

（5）将故障设备隔离。

（6）恢复非故障设备送电。

（7）将故障设备转入检修状态。

三、考核

（一）要求

（1）分析主变压器故障时保护动作情况。

（2）分析断路器、保护拒动等原因及保护动作过程。

（3）按照现场事故处理流程处理事故。

（4）汇报调度内容以书面形式填写。

（5）依据调度指令填写操作票并在仿真变电站完成全部事故处理操作。

（6）单人完成全部操作任务。

（二）考核场地

220、110kV 仿真变电站。

（三）考核时间

考核时间为 50min。

（四）考核要点

（1）根据保护动作行为、断路器动作行为分析、判断故障发生位置和性质。

（2）通过巡视查找故障点，确认故障性质和影响范围。

（3）根据调度指令处理故障，恢复非故障设备运行方式。

四、评分参考标准

（一）主变压器（中性点接地）内部故障，断路器拒动的分析、判断和处理

行业：电力工程　　　　　工种：变电站值班员　　　　　等级：二

编号	BD202-1	行为领域	e	鉴定范围	
考核时间	50min	题型	A	含权题分	35
试题名称	主变压器（中性点接地）内部故障，高压侧断路器拒动的分析、判断和处理				
考试要点 及要求	（1）整个操作由一人完成，各项审查工作由考生完成。 （2）考评员下达试题及调度指令，考生按要求完成任务。 （3）考生根据现场规程要求填写倒闸操作票。 （4）汇报用书面形式进行				
备注					

评分标准

序号	作业名称	质量要求	分值	扣分标准	扣分原因	得分
1	记录故障现象并汇报调度	记录拒动的断路器设备	20	未记录扣1分		
		记录变位的断路器		漏记录一台断路器扣1分		
		记录母线电压		漏记录一个数值扣0.5分		
		检查母线上所接断路器位置及负荷情况		漏记录一台断路器扣1分		
		检查主变压器保护动作情况		漏记录一项扣1分		
		检查失灵保护动作情况		漏记录一项扣1分		
		现场检查设备运行状态		漏检查一项扣1分		
2	紧急处理	加用运行主变压器第一套保护零序保护压板	10	每漏一块压板扣1分		
		加用运行主变压器第二套保护零序保护压板		每漏一块压板扣1分		
		推上运行主变压器高压侧中性点地刀		漏操作扣2分；漏检查扣1分		
		推上运行主变压器中压侧中性点地刀		漏操作扣2分；漏检查扣1分		
		停用运行主变压器第一套保护间隙保护压板		每漏一块压板扣1分		
		停用运行主变压器第一套保护间隙保护压板		每漏一块压板扣1分		

序号	作业名称	质量要求	分值	扣分标准	扣分原因	得分
3	隔离故障设备	拉开拒动主变压器高压侧断路器两侧隔离开关	8	漏操作扣2分；漏检查扣1分		
		拉开其他故障主变压器各侧断路器两侧隔离开关		漏操作扣2分；漏检查扣1分		
4	恢复送电	加用220kV母联断路器充电保护	12	每漏一块压板扣1分		
		合上母联断路器		未用充电按钮合闸扣1分		
		停用220kV母联断路器充电保护		每漏一块压板扣1分		
		检查母线充电正常		检查漏项扣1分		
		逐一恢复停运线路断路器		漏操作一项扣2分；漏检查一项扣1分		
5	布置安全措施	在拒动主变压器高压侧断路器两侧验电接地	25	漏操作一项扣2分；漏检查扣1分		
		在主变压器三侧验电接地		漏操作一项扣2分；漏检查扣1分		
		断开主变压器各侧断路器操作电源		漏操作一项扣1分；未执行操作扣2分		
		断开主变压器各侧控制电源		漏操作一项扣1分；未执行操作扣2分		
		停用主变压器保护联跳压板		漏操作一项扣1分		
		停用主变压器风冷装置电源		漏操作一项扣1分		
6	汇报、做好记录	汇报操作完毕情况，书面填写需要填写的记录	5	(1) 汇报漏项扣1分；(2) 应填写的记录漏、错一项扣1分		
7	操作票	按照现场运行规程的规定填写倒闸操作票	20	关键一次设备操作顺序错误（漏项），扣5分		
				关键二次设备操作顺序错误（漏项），扣3分		
				一次设备检查项漏项，扣1分		
				票面不规范，每处扣0.5分		
				违背"五防"原则，扣10分		
				其他漏项、错项，每处扣0.5分		

评分标准						
序号	作业名称	质量要求	分值	扣分标准	扣分原因	得分
8	其他			(1) 处理过程中误操作或造成全站失压，操作部分成绩记零分； (2) 处理过程中造成全站失压，操作部分成绩记零分		
考试开始时间			考试结束时间		合计	
考生栏	编号： 姓名：		所在岗位：		单位： 日期：	
考评员栏	成绩： 考评员：			考评组长：		

（二）主变压器（中性点接地）内部故障，断路器拒动的分析、判断和处理

因 500kV 及以上电压等级多采用 3/2 断路器接线方式，主变压器中性点接地运行。本考题仅作为 500kV 级以上变电站值班员进行技能鉴定时的选择考题。

行业：电力工程　　　　工种：变电站值班员　　　　等级：二

编号	BD202－2	行为领域	e	鉴定范围	
考核时间	60min	题型	A	含权题分	40
试题名称	主变压器（中性点接地）内部故障，高压侧中断路器拒动的分析、判断和处理				
考试要点及要求	(1) 整个操作由一人完成，各项审查工作由考生完成。 (2) 考评员下达试题及调度指令，考生按要求完成任务。 (3) 考生根据现场规程要求填写倒闸操作票。 (4) 汇报用书面形式进行				
备注	此项操作以 500kV 变压器为例				

评分标准						
序号	作业名称	质量要求	分值	扣分标准	扣分原因	得分
1	记录故障现象并汇报调度	记录拒动的断路器设备	20	未记录扣 1 分		
		记录变位的断路器		漏记录一台断路器扣 1 分		
		记录母线电压		漏记录一个数值扣 0.5 分		
		检查母线上所接断路器位置及负荷情况		漏记录一台断路器扣 1 分		
		记录线路断路器的运行及失压情况		漏记录一项扣 1 分		
		检查主变压器保护动作情况		漏记录一项扣 1 分		
		检查公用保护动作情况		漏记录一项扣 1 分		
		现场检查设备运行状态		漏检查一项扣 1 分		

<table>
<tr><td colspan="7" align="center">评分标准</td></tr>
<tr><td>序号</td><td>作业名称</td><td>质量要求</td><td>分值</td><td>扣分标准</td><td>扣分原因</td><td>得分</td></tr>
<tr><td rowspan="2">2</td><td rowspan="2">隔离故障设备</td><td>拉开拒动主变压器高压侧中开关两侧隔离开关</td><td rowspan="2">10</td><td>漏操作扣2分；漏检查扣1分</td><td></td><td></td></tr>
<tr><td>拉开故障主变压器其他各侧开关两侧隔离开关</td><td>漏操作扣2分；漏检查扣1分</td><td></td><td></td></tr>
<tr><td rowspan="7">3</td><td rowspan="7">恢复送电</td><td>合上边断路器对停运线路恢复送电</td><td rowspan="7">20</td><td>漏操作一项扣1分</td><td></td><td></td></tr>
<tr><td>检查线路送电正常</td><td></td><td></td><td></td></tr>
<tr><td>加用220kV母联断路器充电保护</td><td>每漏一块压板扣1分</td><td></td><td></td></tr>
<tr><td>合上母联断路器</td><td>未用充电按钮合闸扣1分</td><td></td><td></td></tr>
<tr><td>停用220kV母联断路器充电保护</td><td>每漏一块压板扣1分</td><td></td><td></td></tr>
<tr><td>检查母线充电正常</td><td>检查漏项扣1分</td><td></td><td></td></tr>
<tr><td>逐一恢复停运线路断路器</td><td>漏操作一项扣2分；漏检查一项扣1分</td><td></td><td></td></tr>
<tr><td rowspan="6">4</td><td rowspan="6">布置安全措施</td><td>在拒动主变压器高压侧中断路器两侧验电接地</td><td rowspan="6">25</td><td>漏操作一项扣2分；漏检查扣1分</td><td></td><td></td></tr>
<tr><td>在主变压器三侧验电接地</td><td>漏操作一项扣2分；漏检查扣1分</td><td></td><td></td></tr>
<tr><td>断开主变压器各侧断路器操作电源</td><td>漏操作一项扣1分；未执行操作扣2分</td><td></td><td></td></tr>
<tr><td>断开主变压器各侧控制电源</td><td>漏操作一项扣1分；未执行操作扣2分</td><td></td><td></td></tr>
<tr><td>停用主变压器保护联跳压板</td><td>漏操作一项扣1分</td><td></td><td></td></tr>
<tr><td>停用主变压器风冷装置电源</td><td>漏操作一项扣1分</td><td></td><td></td></tr>
<tr><td>5</td><td>汇报、做好记录</td><td>汇报操作完毕情况，书面填写需要填写的记录</td><td>5</td><td>(1)汇报漏项扣1分；(2)应填写的记录漏、错一项扣1分</td><td></td><td></td></tr>
<tr><td rowspan="3">6</td><td rowspan="3">操作票</td><td rowspan="3">按照现场运行规程的规定填写倒闸操作票</td><td rowspan="3">20</td><td>关键一次设备操作顺序错误（漏项），扣5分</td><td></td><td></td></tr>
<tr><td>关键二次设备操作顺序错误（漏项），扣3分</td><td></td><td></td></tr>
<tr><td>一次设备检查项漏项，扣1分</td><td></td><td></td></tr>
</table>

		评分标准				
序号	作业名称	质量要求	分值	扣分标准	扣分原因	得分
6	操作票	按照现场运行规程的规定填写倒闸操作票	20	票面不规范，每处扣 0.5 分		
				违背"五防"原则，扣 10 分		
				其他漏项、错项，每处扣 0.5 分		
7	其他			（1）处理过程中误操作或造成全站失压，操作部分成绩记零分 （2）处理过程中造成全站失压，操作部分成绩记零分		
考试开始时间			考试结束时间		合计	
考生栏	编号：	姓名：	所在岗位：	单位：	日期：	
考评员栏	成绩：	考评员：		考评组长：		

（三）主变压器（中性点接地）外部故障（纵差保护范围），断路器拒动的分析、判断和处理

参见 BD202-1 制定评分标准。

BD203 变电站新设备验收

一、验收

（一）工器具、材料

（1）工器具：试验短接线（按现场需求）、水平仪、塞尺、万用表、成套工具、图纸、安全带。

（2）材料：空白 A4 纸、笔若干。

（二）安全要求

（1）防人身触电：工作时应与带电设备保持足够的安全工作距离（220kV，3.0m；110kV，1.5m；35kV，1.0m；6～10kV，0.7m），低压导线带电短接等工作应设专人监护。

（2）防高空坠落：登高作业时必须系安全带，架梯上进行工作应有专人扶持，安全带禁止低挂高用，不得系在瓷件或不牢固的构支架上。

（3）防坠物伤人：验收人员必须戴好安全帽，禁止在作业点正下方逗留。

（4）防直流短路、接地：工作中设专人监护，使用绝缘工具。

（三）质量要求

新设备验收主要分为外观检查、功能验证、试验（校验）数据核实、反事故技术措施执行、资料及备品备件接受。

（1）外观检查：应对照设计图纸，核实现场安装设备是否与设计图纸一致，基础安装是否牢固，设备（含柜内各导线间）安全距离是否符合标准，接地是否可靠，外观是否整洁，铭牌及相序标识清晰并全部安装完成。

（2）功能验证：主要根据设备说明书、招标技术要求及设计图纸相关要求。对操作类设备进行就地及远方操作试验并逐点核查各类监控信号或闭锁功能是否齐全、可靠；对数据（或信号）采集设备逐点核对；对主变压器、避雷器等应核查出厂试验报告及交接试验报告。

（3）试验（校验）数据核实：主要根据施工人员提交的试验（校验）报告核查项目是否齐全，各项试验（或校验）数据是否在合格范围。

（4）反事故技术措施执行：主要根据设备类型对照国家电网反事故技术措施相关条款要求逐项核实。

（5）资料及备品备件接受：设备合格证、出厂试验报告、交接（试验）调试报告、安装过程记录、专用工器具及备品，需提供隐蔽工程验收记录及监理报告等。

（四）典型设备验收标准

110～220kV主变压器验收标准见表BD203-1。

表 BD203-1   110～220kV 主变压器验收标准

序号	验收内容	验收方法	验 收 标 准
1	套管	现场目测	瓷套表面清洁，无裂纹、损伤
		现场测试及查资料	套管固定可靠，各螺栓受力均匀
		现场目测	油位指示正常、清晰，油位表的朝向应便于巡视
		现场目测	电容套管末屏接地可靠，套管法兰接地良好
		现场目测及查资料	引线连接可靠，对地和相间距离符合要求，各导电接触面应涂有电力复合脂，引线松紧适当，无明显过紧过松现象
		现场测量及查资料	套管的伞形、干弧距离、爬电距离符合标准，伞裙选用不等径大小伞，两裙伸出之差不小于15mm，相邻裙间高与大裙伸出长度之比应大于0.9，套管爬电比距应满足以下要求：套管爬电比距按高于当地污秽等级一个级别配置，110kV及以上电压等级套管爬电比距按同等级要求配置时应采取防污闪措施
2	升高座	现场目测	放气塞应在升高座的最高处
		现场目测及查资料	套管电流互感器二次端子应采用环氧体浇注的端子板引出，并应有防转动措施，密封完好，无渗漏，清洁无氧化
3	气体继电器	现场目测及查资料	检查气体继电器是否解除运输用固定装置，继电器应水平安装，其顶盖上的箭头应指向储油柜，与其连通管的连接应密封良好，连通管有1%～1.5%的升高坡度，连管不能有急弯。气体继电器进出口两侧均有阀门，便于单独拆装
		现场目测	集气盒内应充满变压器油，且密封良好
		现场目测	气体继电器应加装防雨罩
		现场目测及查资料	气体继电器的电缆应采用耐油屏蔽电缆，电缆引线在继电器侧应有滴水弯，电缆孔应封堵完好。报警和跳闸信号的两个触点需用两根电缆分别引出
		现场目测	观察窗的挡板应处于打开位置
		现场目测	检查气体继电器的容器、玻璃窗、放气阀门、放油塞、接线端子盒、小套管等应完整，接线端子及盖板上箭头标识应清晰，各结合处应无渗漏油
		现场测试及查资料	气体继电器各触点动作可靠，确认报警和跳闸回路、信号正确，触点和回路绝缘良好
		查资料	气体继电器必经校验合格

序号	验收内容	验收方法	验 收 标 准
4	压力释放阀	现场目测及查资料	压力释放阀及导向装置的安装方向应正确，阀盖和升高座内应清洁，密封良好
		现场测试及查资料	压力释放阀的触点动作可靠，信号正确，触点和回路绝缘良好
		查相关资料	压力释放阀的电缆引线在继电器侧应有滴水弯，电缆引线应封堵完好，电缆应采用耐油屏蔽电缆
		现场目测	压力释放阀应具备防潮和防进水的功能，如不具备应加装防雨罩
		查相关资料	现场或出厂校验报告合格
5	无励磁分接开关	现场测试及查资料	挡位指示器清晰，内部实际挡位与外部挡位指示正确一致
		现场测试	机械操作闭锁装置可靠，定位螺栓应处于正常位置
		现场目测、测试	机械操作装置应无锈蚀并涂有润滑脂，机械转动灵活，转轴密封良好，无卡滞
6	有载分接开关	现场测试及查资料	传动机构应固定牢固，连接位置正确，且操作灵活，无卡涩现象，传动机构的摩擦部分涂有润滑脂
		现场测试及查资料	切换装置的工作顺序应符合制造厂规定，正反两个方向操作至分接开关动作的圈数误差应符合制造厂规定
		现场测试及查资料	在极限位置时，其机械闭锁与极限开关的电气联锁动作应正确
		现场测试及查资料	操动机构挡位指示、分接开关本体分接位置指示、监控系统上分接开关分接位置指示应一致
		现场目测及查资料	压力释放阀（防爆膜）完好无损，如采用防爆膜，防爆膜上面应有明显的防护警示标示，如采用压力释放阀，应按变压器本体压力释放阀的相关要求
		现场目测	油道畅通，油位指示正常，外部密封无渗油，进出油管标志明显

序号	验收内容	验收方法	验 收 标 准
6	有载分接开关	现场测试及查资料	带电滤油装置控制回路接线正确可靠，运行信号应正确可靠上传至综自系统
		现场测试及查资料	带电滤油装置运行时应无异常的振动和噪声，压力符合制造厂规定
		现场目测	带电滤油装置各管道连接处密封良好、无渗漏
		现场目测及查资料	带电滤油装置各部位均应无残余气体（制造厂有特殊规定除外）
7	吸湿器	现场目测	吸湿器与储油柜间的连接管的密封应良好，呼吸应畅通，温度变化时油杯内有气泡析出
		现场目测	玻璃罩应清洁完好
		现场目测	油封罩中油位线应高于呼吸管口，且不应在呼吸时将油吸进吸附剂中，能起到长期呼吸的作用
		现场目测及查资料	吸附剂应使用干燥的蓝色硅胶，未变色，吸附剂不应破裂、粉化
8	测温装置	现场目测	顶盖上的温度计座内应注满变压器油，密封良好，闲置的温度计座也应注满变压器油密封，不得进水
		现场目测及查资料	温度计外观质量应无明显瑕疵和受损，温度计指示正确和清晰，测温范围应满足要求，整定值应符合要求
		现场目测	记忆最高温度的指针应可靠的实现记忆功能
		现场目测	膨胀式信号温度计的细金属软管（毛细管）不得有压扁或急剧扭曲，其弯曲半径不得小于 50mm
		现场目测	安装时，多余毛细管应盘为直径 150mm 以上环圆壮，每隔 300mm 应对护套毛细管做适当的固定（如用细铜丝扎结等）
		现场测试	温度计动作触点、温度告警信号动作可靠，信号正确
		现场目测	温度数据通信检查，就地和远方温度计指示值应一致
		查资料	温度表经效验合格

序号	验收内容	验收方法	验 收 标 准
9	本体、中性点和铁芯接地	现场目测及查资料	变压器本体应在不同位置分别有两根引向不同地点的水平接地体，每根接地体的截面应满足设计要求
			变压器本体接地引线螺栓紧固，接触良好
			铁芯接地引出线（包括铁轭有单独引出的接地线）的规格和与油箱间的绝缘应满足设计的要求，接地引出线可靠接地，引出线的设置位置有利于监测接地电流
			110kV 及以上绕组的每根中性点接地引线的截面应满足设计要求，并有两根分别引向不同地点的水平接地体
			中性点放电间隙应满足设计及反事故措施的要求，放电间隙应处于同一水平直线上，一般情况下间隙距离为：220kV，280～290mm；110kV，150～160mm
10	控制箱（包括有载分接开关、冷却系统控制箱）	现场目测及查资料	控制箱铭牌、型号、规格应符合设计的要求，外壳、漆层、手柄、瓷件、胶木电器应无损伤、裂纹及变形
			控制箱及内部元件外壳、框架的接零或接地应符合设计要求，连接可靠
			回路接线应排列整齐、清晰、美观、无松动，绝缘良好无损伤。接线应采用防锈螺栓紧固，且应有防松装置，引线裸露部分不大于 5mm；连接导线截面符合设计要求、标志清晰
			内部断路器、接触器动作应灵活无卡涩，触头接触紧密、可靠，无异常声音
			保护电动机用的热继电器或断路器的整定值检查，应是电动机额定电流的 0.95～1.05 倍
			内部元件及转换开关各位置的命名，应正确无误并符合设计要求
			控制箱密封良好，内外清洁无锈蚀，端子排清洁无异物，驱潮装置工作正常
			交直流电源应使用独立的电缆，回路分开
			冷控箱应配置独立的、互为备用的两路电源
		现场测试	冷控箱内应安装有良好的散热通风设施
11	冷却装置	现场测试及查资料	风扇电机及叶片应安装牢固并应转动灵活、无卡阻，试转时应无振动过热，叶片应无扭曲变形或与风筒碰撞摩擦情况，转向正确，电动机保护不误动，电源线应采用具有耐热性能的绝缘导线
		现场目测	散热器表面油漆完整，无渗油现象

序号	验收内容	验收方法	验 收 标 准
11	冷却装置	现场目测	管路中阀门操作灵活，开闭位置正确，阀门及法兰连接处密封良好，无渗油现象
		现场测试及查资料	油泵转向正确，转动时无异常噪声、振动或过热现象；油泵保护不误动，密封良好，无渗油或进气现象（负压区严禁渗漏），油流继电器指示正确，无抖动现象
		查相关资料	备用、辅助冷却器应按规定投入
		现场测试及查资料	电源应按规定投入和自动切换，信号正确
12	储油柜	现场目测	储油柜外表应清洁干净、油漆完整、无渗漏
		现场目测	油位表或油标管的指示必须与储油柜的真实油位相符
		现场测试及查资料	油位表的信号触点位置（高低油位报警信号）正确，绝缘良好，高低油位报警信号
13	其他	现场目测	所有导气管外表无异常，各连接处密封良好
			变压器各部位均应无残余气体
			储油柜、冷却装置、净油器等油系上的阀门应开闭正确，且开关位置标色清晰，指示正确
			感温电缆应避开检修通道，安装牢固（安装固定电缆夹具应具有长期户外使用的性能），位置正确
			变压器整体油漆均应完好，相色正确
			进出油管标识清晰、正确
			变压器 35kV 及以下低压母线应绝缘化
		现场目测及查资料	变电站 10kV 的线路、变电站出口 2km 内宜采用绝缘导线
14	交接试验	查看相关资料、报告	核查变压器本体及附件常规电气试验项目（按 GB 50150《电气安装工程 电气设备交接试验标准》要求）齐全，数据完整，结论准确
			核查变压器本体、有载开关及补充油常规化验项目（按 GB 50150 要求）齐全，数据完整，结论准确
			核查按《国家电网公司十八项电网重大反事故措施》试验项目落实情况：110kV 及以上变压器局部放电量小于 100pC；交流耐压试验无放电现象；110kV 及以上变压器频谱法和低电压短路阻抗法测量绕组变形无异常
			核查变压器及中性点设备接地导通试验项目齐全，数据完整，结论准确
			变压器噪声满足订货要求

序号	验收内容	验收方法	验 收 标 准
15	档案资料	查看相关资料	变压器出厂资料： (1) 变压器的订货技术合同； (2) 监造报告（物资部门提供）； (3) 产品合格证明书（变压器本体及各附件：变压器、各侧套管、调压开关、储油柜、散热器、温度表、气体继电器、压力释放阀、油流继电器、潜油泵、风扇、控制箱、中性点设备等）； (4) 安装使用说明书（变压器及各附件）； (5) 同类变压器出口短路试验报告； (6) 本变压器抗短路能力验算报告； (7) 出厂试验报告符合规程规范（除满足订货要求及国家标准要求项目外，还需按《国家电网公司十八项电网重大反事故措施》要求提供新变压器油无腐蚀性硫、结构族、糠醛及油中颗粒度报告）
			变压器安装资料齐全： (1) 安装调试记录齐全并满足要求（安装报告、内检报告），符合规程规范（含基础施工记录、隐蔽工程施工记录及影像资料、设备开箱记录、变压器冲撞记录仪记录及三方见证记录、变压器安装工艺记录以及其他相关记录）； (2) 交接试验报告齐全规范
			备品备件和专用工具移交清单及实物
			实际施工图及变更设计的技术证明文件
			监理报告
			安装竣工图纸

SF$_6$断路器验收标准见表 BD203-2。

表 BD203-2　　　　　　　　SF$_6$断路器验收标准

序号	验收项目	验收内容	验收方法	验收标准
1	外观检查	支持绝缘子、瓷套检查	观察检查	干净、无破损，表面光洁，垂直、水平度满足要求
		法兰盘连接良好，地脚螺栓，接地螺栓完好	观察检查	紧固良好
		断口安装情况	观察检查	垂直、水平度满足要求
		机构箱安装情况	观察检查	固定牢固
		密度继电器	观察检查	(1) 连接方式应满足不拆卸校验密度继电器的要求； (2) 户外安装的密度继电器应有防雨罩，防雨罩应能将表、控制电缆接线端子一起放入

序号	验收项目	验收内容	验收方法	验收标准
1	外观检查	整体清扫，除锈刷漆	观察检查	干净
		支柱与机构箱连接密封圈（垫）检查	观察检查	完好无破损
		分、合闸指示正确	操作试验	指示正确
		机构箱（端子箱）	观察检查	箱体无变形，油漆完好，门锁开启关闭，接地可靠
2	弹簧机构检查	弹簧储能位置指示	观察检查	指示正确
		操动机构动作	操作试验	无卡滞
		分、合闸铁芯检查	观察检查	无锈蚀
		开关位置显示正确	操作试验	指示正确
		弹簧未储能闭锁合闸检查，检查报文及音响	操作试验	显示并正确
3	液压机构检查	机构箱内部	观察检查	清洁无杂物
		渗漏油情况	观察检查	无渗漏
		油位指示	观察检查	指示正确
		油压指示	观察检查	指示正确
		液压油检查	查出厂文件	标号正确，无杂质
		预充氮气压力	操作检查	符合规定
		油泵停止油压	操作试验	符合厂家规定
		油泵启动油压	操作试验	符合厂家规定
		合闸闭锁油压	操作试验	符合厂家规定
		分闸闭锁油压	操作试验	符合厂家规定
		安全阀压力	检查调试记录	符合厂家规定
		防慢分检查	操作试验	无慢分现象
4	开关机构箱（端子箱）内检查	端子及二次接线连接正确、完好、牢靠	观察检查	接线正确
		驱潮防潮	观察检查	有完善的驱潮防潮装置
		操作开关元件试验	手动检查	在现场进行各元件操作
		各元件都有相应的标牌	观察检查	正确并完整
		加热器	观察试验	投入正常，整定正确
		通风窗中的过滤网	观察检查	完好无损
		电缆封堵	观察检查	密封完好

序号	验收项目	验收内容	验收方法	验收标准
4	开关机构箱（端子箱）内检查	电缆安装工艺	观察检查	检查电缆规格与设计相符，无损伤，电缆敷设应排列整齐，尽量减少交叉。电缆两端和转弯处要挂电缆排牌，牌上要写出电缆规格、走向、起止点，一般首尾各挂一个，转弯再挂一个。使用前，用1000V绝缘电阻表测量绝缘电阻，接线端子不能裸露太长，线芯中间不允许接头。采用阻燃屏蔽的铠装铜电缆，铝合金材料包裹；应可靠固定并全部在专用管道或托架中敷设，二次线进出接线盒或柜体应可靠封闭并固定；每根电缆电器安装板都应和接地排相连应有专用接地母排，截面积不小于$100mm^2$；二次走线应与GIS接地线保持一定距离，防止内部故障短路电流在二次线上产生分流现象
		断路器、隔离开关、接地开关的辅助触点	观察检查	切换正确；应有10%的备用端子
		每根电缆电器安装板都应和接地排相连	观察检查	应有专用接地母排，截面积不小于$100mm^2$
		端子排主电源端子	观察检查	应有强电标记
5	信号检查	SF_6压力低告警回路闭锁跳合闸检查：遥控合，检查闭锁情况	操作试验	显示并执行正确
		SF_6压力低告警回路闭锁跳合闸检查：遥控分，检查闭锁情况	操作试验	显示并执行正确
		SF_6压力低告警回路闭锁跳合闸检查：就地合，检查闭锁情况	操作试验	显示并执行正确
		检查开关打压超时报警	操作试验	显示并执行正确
		传动开关防跳继电器、非全相继电器，检查执行情况	点试信号	显示并执行正确
		检查开关控制回路断线报文及音响	操作试验	显示并执行正确
		分、合闸检查执行情况	操作试验	显示并执行正确
		间隔层操作分闸检查执行情况	操作试验	显示并执行正确

続表

序号	验收项目	验收内容	验收方法	验收标准
6	交接试验	交接试验项目	查阅报告	齐全，无缺项、漏项，试验数据合格，并与出厂试验报告数据比对在允许范围内，结论正确
		耐压试验	查阅报告	出厂试验电压80%；罐式应进行合闸对地和断口间试验；500kV 定开距瓷柱式只进行断口间试验（断口间隙小于30mm，老练）
		合闸电阻值及预投时间	查阅报告	符合技术要求
		测量断路器三相主辅触头分、合闸同期性及配合时间	查阅报告	符合产品技术条件
		测量断路器内 SF_6 气体含水量	查阅报告	与灭弧室相通的气室应小于 150μL/L，不与灭弧室相通的气室应小于 250μL/L
		测量断路器内 SF_6 气体纯度	查阅报告	不小于99.8%
7	技术资料	订货技术协议	检查	齐全规范
		产品合格证明书	检查	齐全规范
		安装使用说明书	检查	齐全规范
		型式试验报告	检查	试验项目齐全、规范
		出厂试验报告	检查	试验项目齐全、规范
		安装调试记录	检查	齐全规范
		交接试验报告	检查	试验项目齐全、规范，与出厂试验报告对比数据合格。出厂时应进行过不少于200次的机械操作试验
		备品备件和专用工具移交清单及实物	检查	齐全规范
		实际施工图及变更设计的技术证明文件	检查	齐全、规范
		监理报告	检查	齐全、规范
		安装竣工图纸	检查	齐全、规范

隔离开关验收标准见表 BD203-3。

表 BD203-3　　　　　隔离开关验收标准

序号	验收项目	验收内容	验收方法	验收标准
1	外观	部件无损伤变形及锈蚀	观察检查	无变形、锈蚀
		接线端子及载流部分接触良好，触头镀银层无脱落	观察检查	接触良好、镀银层无脱落

269

序号	验收项目	验收内容	验收方法	验收标准
1	外观	绝缘子表面应清洁，无裂纹、破损、焊接残留斑点等缺陷，瓷件黏合应牢固	观察检查	清洁，无裂纹、破损、焊接斑点；绝缘子金属法兰与瓷件的胶装部位涂以性能良好的防水密封胶
		各处开口销应开口，垂直连杆应有定位螺钉	观察检查 操作检查	各处开口销已开，垂直连杆定位螺钉固定牢靠，机构与垂直连杆间无打滑现象
		油漆应完整、相色标志正确	观察检查	完整
2	传动机构	传动机构各部件应连接牢固，操作转动灵活，转动部位应涂有润滑脂	观察检查	牢固，涂二硫化钼锂基润滑脂
3	隔离开关的组装	底座平面应水平，支柱绝缘子应垂直于底座平面（V形除外）	检查安装调试记录	底座平面应水平，绝缘子应垂直于底座平面
		同一柱绝缘子的各绝缘子中心线应在同一垂线上，同相各绝缘子柱的中心线应在同一垂直平面内	检查安装调试记录	同一柱绝缘子的各绝缘子中心线在同一垂线上，同相各绝缘子柱的中心线应在同一垂直平面内
		均压环和屏蔽环应安装牢固、平整	检查安装调试记录	牢固、平整
4	传动装置的安装与调整	延长轴、轴承、联轴器、中间轴承及拐臂等传动部件，其安装位置应正确，固定应牢靠；传动齿轮应咬合准确，操作轻便灵活	检查安装调试记录	安装正确、固定可靠、操作灵活
		定位螺钉应按产品的技术要求进行调整，并加以固定	检查安装调试记录	符合产品技术要求，合闸终了时定位螺钉与挡板间隙合适（2~3mm）
		接地刀刃转轴上的扭力弹簧或其他拉伸式弹簧应调整到操作力矩最小，并加以固定	检查安装调试记录	符合产品技术要求
5	操动机构的安装与调整	操动机构应安装牢固，同一轴线上的操动机构安装位置应一致	观察检查	安装牢固、一致
		电动机的转向应正确，机构的分合闸指示应与设备的实际分合闸位置相符	观察检查	分合指示位置相符
		机构动作应平稳，无卡阻、冲击等异常情况	观察检查 操作检查	灵活无卡阻及冲击

序号	验收项目	验收内容	验收方法	验收标准
5	操动机构的安装与调整	限位装置应准确可靠，到达规定分、合闸极限位置时应可靠切除电源	观察检查 操作检查	限位装置在极限位置能可靠切断电源
		机构箱的密封垫应完整	观察检查	密封垫完整
		电动机电源	观察检查	同一间隔内的多台隔离开关的电机电源，在端子箱内必须分别设置独立的开断设备
6	隔离开关导电部分	隔离开关合闸后，触头间的相对位置、备用行程以及分闸状态时的触头间的净距或拉开角度，应符合产品的技术规定	查看安装调试记录	符合产品技术要求
		具有引弧触头的隔离开关由分到合时，在主触头接触前，引弧触头应先接触；从合到分时，触头的断开顺序应相反	观察检查	符合产品技术要求
		三相联动的隔离开关，触头接触时，不同期值应符合产品的技术要求	查看安装调试记录	符合产品技术要求
		以0.05mm×10mm的塞尺检查接触面	观察检查	线接触应塞不进去面接触塞入深度：接触表面为50mm及以下时，不应超过4mm；接触表面宽度为60mm及以上时，不应超过6mm
		触头间应接触紧密，两侧的接触压力应均匀，且符合产品的技术要求	观察检查 查看记录	符合产品技术要求，压紧力满足要求，1600A为360N，2000～3150A为450～480N；垂直伸缩式隔离开关合闸终了时应竖直成一线
		触头表面应平整，清洁；载流部分的可挠连接不得有折损；连接应牢固，接触应良好；载流部分表面应无严重的凹陷及锈蚀	观察检查	接触面平整清洁，可挠连接无折损，载流部分无凹陷及锈蚀
7	隔离开关的闭锁	隔离开关的闭锁装置可靠；带有接地开关的隔离开关，接地开关与主闸刀间的机械或电气闭锁应准确可靠	观察检查 操作检查	闭锁装置可靠并有足够的强度，同时应有电气闭锁
8	隔离开关的辅助开关	隔离开关的辅助开关应安装牢固，并动作准确，接触良好	观察检查 操作检查	辅助开关安装牢固接触良好

序号	验收项目	验收内容	验收方法	验收标准
9	分、合闸操作	电动、手动操作	操作检查	操作灵活、到位并省力；三相同期满足产品技术要求；针对 GW6 型等类似结构的隔离开关运行中自动脱落分闸情况，检查操动机构蜗轮、蜗杆的啮合情况，确认没有倒转现象；检查并确认刀闸主拐臂调整应过死点；检查平衡弹簧的张力应合适
10	工程资料及文件	隔离开关的订货技术合同	检查	齐全、规范
		产品合格证明书	检查	齐全、规范
		安装使用说明书	检查	齐全、规范
		型式试验报告	检查	试验项目齐全、规范
		出厂试验报告	检查	试验项目齐全、规范。出厂时应进行过不少于 200 次的机械操作试验
		安装调试记录	检查	齐全、规范
		交接试验报告	检查	试验项目齐全、规范，与出厂试验报告对比数据合格
		备品备件和专用工具移交清单及实物	检查	齐全、规范并办理移交手续
		实际施工图及变更设计的技术证明文件	检查	齐全、规范
		监理报告	检查	齐全、规范
		安装图纸	检查	齐全、规范并在规定时间内出具竣工图纸

电压互感器验收标准见表 BD203 - 4。

表 BD203 - 4   **电压互感器验收标准**

序号	验收项目	验收内容	验收方法	验收标准
1	设备外观、安装工艺	整体外观及铭牌	观察检查	三相水平垂直清洁；外观应完整；瓷表面应光洁、无损伤；复合绝缘套管完整、无破损；附件应齐全，无锈蚀或机械损伤；设备铭牌安装位置合理，内容齐全、清晰
		基础	测量检查	三相基础水平一致，安装垂直牢固，叠装时中心线一致，符合工艺标准

序号	验收项目	验收内容	验收方法	验收标准
1	设备外观、安装工艺	油位指示器	观察检查	油位指示器、瓷套法兰连接处、放油阀门均无渗漏油现象
		金属膨胀器	观察检查	金属膨胀器应完整无损，顶盖螺栓紧固，运输固定件拆除
		一、二次接线端子	观察检查	一、二次接线端子连接牢固、接触良好、标志清晰
		变比、极性检查	观察检查	互感器变比接线符合设计变比、一次极性正确
		接地	扳动并导通检查	（1）外壳可靠接地，分级绝缘其一次绕组的接地引出线应接地良好，电容式电压互感器应按制造厂的规定执行；（2）备用二次绕组端子应引至端子排再短路接地
		一次导线的连接检查	观察检查	连接螺栓的弹簧垫两端应平齐；电气连接可靠，接触良好，引线弧度、绝缘间距合适
		端子箱检查	观察检查	端子箱内无受潮或渗漏现象，二次线无松动，端子接线裸露部分不超过5mm，电缆挂牌及端子号牌应正确；密封门平整，开启灵活，关闭紧密、无锈蚀，箱体接地良好
		设备低座螺栓检查	观察检查	螺杆应采用热镀锌制品，无锈迹；螺杆紧固
		呼湿器	观察检查	具有呼湿器的互感器，其呼湿剂应干燥，油封油位正常
		呼吸孔	观察检查	呼吸孔的塞子带有垫片，应将垫片取下
		保护间隙	观察检查	具有保护间隙的，应按制造厂规定调好距离
		各熔断器及空气断路器的容量	观察检查	容量符合要求，动作可靠灵活
		低压端消谐电阻	观察检查	安装正确、外观完好
2	交接验收试验	测量绕组的绝缘电阻	查阅交接报告	一次对二次及地不低于1000MΩ，测试电压2500V

序号	验收项目	验收内容	验收方法	验收标准
2	交接验收试验	测量35kV及以上互感器一次绕组连同套管的介质损耗角正切值tanδ	查阅交接报告	电磁式电压互感器：35kV，≤3；110～220kV，≤2.5；支架，≤6.0。对绝缘有怀疑时可采用高压法进行试验：在（0.5～1）$U_m/\sqrt{3}$范围内tanδ变化量不大于0.2%，电容量变化量不大于0.5%
		绝缘介质性能试验	查阅交接报告	对绝缘性能有怀疑的互感器应检测：油击穿电压≥40kV；90℃时介质损耗因数≤0.7%；油中溶解气体色谱分析$H_2 < 0\mu L/L$，总烃＜$10\mu L/L$。SF_6气体充入设备24h后取样，SF_6气体水分含量不得大于$250\mu L/L$（20℃体积分数）
		测量绕组的直流电阻	查阅交接报告	与出厂值相比（同温下）：一次，≤10%；二次，≤15%
		检查互感器变比误差测量	查阅交接报告	应与制造厂铭牌值相符，对多抽头的互感器，可只检查使用分接头的变比。用于关口计量由法定计量检定机构进行
		测量110kV以上电压互感器空载电流和励磁特性曲线	查阅交接报告	（1）励磁曲线试验电压测量点为$0.2U_N$、$0.5U_N$、$0.8U_N$、$1.0U_N$、$1.2U_N$，最高试验电压为：中性点接地系统为$1.5U_N$；（电子式电压互感器电磁单元结构许可时，参照执行）； （2）在额定电压下测量空载电流：同批次、同型号、同规格产品的测得值与出厂数值比较和相互间差值，应不大于30%
		检查互感器引出线的极性	查阅交接报告	必须符合设计要求，并应与铭牌的标记和外壳上的符号相符
		电容分压器单元件试验	查阅交接报告	（1）电容式电压互感器电容量偏差：测得的电容值与其额定值之差不超过额定值得−5%～+10%； （2）膜纸复合介质电容式电压互感器在20℃下测量的介质损耗因数tanδ≤0.0015

序号	验收项目	验收内容	验收方法	验收标准
2	交接验收试验	密封试验	查阅交接报告	应具有良好的密封性能，不允许渗漏油。具体要求如下：施加压力 0.05MPa，维持压力时间 6h，剩余压力 0.07MPa，SF_6 电压互感器的气体年泄漏率≤1%
		油中溶解气体色谱分析	查阅交接报告	应在绝缘试验之后进行，各气体组分含量不超过以下规定值：H_2，$50\mu L/L$；C_2H_2 $0\mu L/L$；总烃，$10\mu L/L$
3	技术资料及文件	技术协议	检查	齐全、规范
		产品合格证明书	检查	齐全、规范
		安装使用说明书	检查	齐全、规范
		出厂试验报告	检查	齐全、规范
		整体密封试验报告（油浸式电压互感器出厂或现场做）	检查	齐全、规范
		安装调试报告	检查	齐全、规范
		交接试验报告	检查	齐全、规范
		备品备件和专用工具移交清单及实物	检查	齐全、规范
		实际施工图及变更设计的技术证明文件	检查	齐全、规范
		监理报告	检查	齐全、规范
		设备开箱记录	检查	齐全、规范
		安装竣工图纸	检查	齐全、规范

220kV 变压器保护装置验收内容见表 BD203-5。

表 BD203-5　　　　　　　　**220kV 变压器保护装置验收内容**

序号	验收项目	验收内容
1	资料移交	工程设计资料（包括设计图纸文件资料、设计联络文件等）规范、完整，数量满足技术规范要求
2		设备的技术资料（设备订货相关文件、监造报告、抽检报告、出厂试验报告、型式试验报告、安装使用说明书、开箱资料等）规范、完整，数量满足技术规范要求
3		符合生产管理系统（PMS）要求的设备台账资料
4		安装记录及单体调试报告、交接试验报告等技术文件规范、完整

序号	验收项目		验 收 内 容
5	设备检查	屏柜检查	屏柜外观是否清洁完整，缆线敷设以及网络连接，符合设计要求且配接正确，标识清晰
6			屏柜接地是否良好
7		装置检查	装置外观是否完整，插件是否齐全
8			装置的型号、各软件版本、配置、功能是否与技术规范书一致
9			装置定值的电流互感器、电压互感器变比设置是否与变电站现场实际相同
10			装置的交流电流，电压，直流回路绝缘电阻，交、直流回路之间的绝缘电阻，要求大于 20MΩ（500V 绝缘电阻表）
11			装置是否与其他保护装置、后台的通信正常
12			装置对时功能是否工作正常
13			装置直流电源拉合试验是否无异常。拉合三次直流工作电源及将直流电源缓慢变化（降或升），装置应不误动和误发保护动作信号
14			在变压器低压侧未配置母差和失灵保护的情况下，宜在变压器的低压侧设置取自不同电流回路的两套电流保护
15		二次回路检查	电流互感器二次回路是否有且只能有一点接地，并且二次回路接地点应在保护屏内接地，不得采用串联接地，应分别引至接地
16			双套保护装置的启动和跳闸回路均应使用各自独立的电缆
17			保护引入、引出电缆必须用屏蔽电缆；屏蔽电缆的屏蔽层必须两端接地；电缆屏蔽层接地不允许采用缠绕连接，应采用压接，可靠接地
18			应对电流互感器、电压互感器二次回路完整性进行检查，确保电流互感器二次未开路，电压互感器二次未短路
19			交流电流、电压，直流二次回路绝缘电阻，交、直流回路之间的绝缘电阻，要求大于 10MΩ（1000V 绝缘电阻表）
20			未采用就地跳闸方式的变压器非电量保护应设置独立的电源回路（包括直流空气小开关及其直流电源监视回路）和出口跳闸回路，且必须与电气量保护完全分开
21			主变压器非电量保护应防水、防振、防油渗漏，密封性好。户外布置的压力释放阀、气体继电器和油流速动继电器应加装防雨罩。气体继电器至保护柜的电缆应尽量减少中间转接环节
22			所有涉及直接跳闸的重要回路应采用动作电压在额定直流电源电压的 55%～70% 范围以内的中间继电器，并要求其动作功率不低于 5W

序号	验收项目		验 收 内 容
23	调试质量	单体调试	模拟量通道是否正常，包括零点漂移，电流、电压输入的幅值和相位精度满足要求
24			开关量通道是否正常，包括开入功能、开出功能
25			装置保护功能单体试验是否完成，包括差动保护、断路器失灵保护、失灵解复压闭锁、失灵联跳主变压器三侧、非电量保护等，试验报告格式是否正确、试验项目是否完整、试验结果是否满足规程要求或正确
26		分系统调试	装置分系统试验是否完成，包括差动保护、断路器失灵保护、失灵解复压闭锁、失灵联跳主变压器三侧、非电量保护等，检查试验中本装置动作行为、相应保护之间的配合、保护启动故障录波、监控及保护子站信号是否正确
27			整组传动试验是否完成，检查试验中本装置动作行为、相应保护之间的配合、相应开关动作行为、保护启动故障录波、监控及保护子站信号是否正确
28			检查接入装置的电压、电流回路极性是否正确
29	专用工器具及备品备件		专用工器具及备品备件是否齐全

二、考核

（一）要求

（1）抽样检查对照变压器验收标准，口述验收要点。

（2）填写验收结果。

（3）单人完成全部操作任务。

（二）考核场地

220、110kV 仿真变电站或某实际变电站。

（三）考核时间

考核时间为 30min。

（四）考核要点

（1）根据验收标准对电气新设备（如变压器、断路器、隔离开关、保护装置等）进行验收。

（2）对设备的验收结论进行评估。

三、评分参考标准

（一）主变压器验收

行业：电力工程　　　　　　　工种：变电站值班员　　　　　　　等级：二

编号	BD203-1	行为领域	e	鉴定范围	
考核时间	30min	题型	A	含权题分	25
试题名称	变电站主变压器验收				
考试要点及要求	（1）对照主变验收标准，口述验收要点。 （2）填写验收结果				
现场设备、工器具及材料	220kV 或 110kV 实际变电站或仿真变电站，空白纸、笔等				
备注					

评分标准

序号	作业名称	质量要求	分值	扣分标准	扣分原因	得分
1	主变压器整体	主变压器固定、外观、引接线、中性点隔离开关、主变压器接地、各部件阀门位置验收要求，口述验收要点	20	（1）漏指一处扣3分； （2）标准口述不清楚扣2～3分		
2	主要部件	储油柜、套管、气体继电器、调压装置、升高座、压力释放阀、吸湿器、测温装置、风冷回路、消防系统验收要求，口述验收要点	30	（1）漏指一处扣3分； （2）标准口述不清楚扣2～3分		
3	操作试验及信号核对	调压装置操作试验项目、远方显示、异常报警及事故跳闸试验项目及试验方法，口述验收要点	30	（1）漏指一处扣3分； （2）标准口述不清楚扣2～3分		
4	交接试验项目核查	口述交接试验项目	10	（1）漏指一处扣1分； （2）标准口述不清楚扣1～2分		
5	交接资料核查	口述安装单位需移交的资料	10	（1）漏指一处扣1分； （2）标准口述不清楚扣1～2分		
考试开始时间			考试结束时间		合计	
考生栏	编号：	姓名：	所在岗位：	单位：	日期：	
考评员栏	成绩：	考评员：		考评组长：		

（二）SF₆ 断路器验收

行业：电力工程　　　　　　　　工种：变电站值班员　　　　　　　　等级：二

编号	BD203-2	行为领域	e	鉴定范围	
考核时间	30min	题型	A	含权题分	25
试题名称	变电站 SF₆ 断路器验收				
考试要点及要求	（1）对照 SF₆ 断路器验收标准，口述验收要点。 （2）填写验收结果				
现场设备、工器具及材料	220kV 或 110kV 实际变电站或仿真变电站，空白纸、笔等				
备注					

序号	作业名称	质量要求	分值	扣分标准	扣分原因	得分
		评分标准				
1	整体、外观	SF₆ 断路器固定、外观、引接线、接地、绝缘子、构架、操动机构、二次引接线验收要求，口述验收要点	40	（1）漏指一处扣3分； （2）标准口述不清楚扣2~3分		
2	操作试验及信号核对	操作试验项目、远方显示、异常报警及事故跳闸试验项目及试验方法，口述验收要点	40	（1）漏指一处扣3分； （2）标准口述不清楚扣2~3分		
3	交接试验项目核查	口述交接试验项目	10	（1）漏指一处扣1分； （2）标准口述不清楚扣1~2分		
4	交接资料核查	口述安装单位需移交的资料	10	（1）漏指一处扣1分； （2）标准口述不清楚扣1~2分		
考试开始时间			考试结束时间		合计	
考生栏	编号：　　姓名：		所在岗位：	单位：	日期：	
考评员栏	成绩：　　考评员：			考评组长：		

（三）变压器保护装置验收

行业：电力工程　　　　　　　　工种：变电站值班员　　　　　　　　等级：二

编号	BD203-3	行为领域	e	鉴定范围	
考核时间	30min	题型	A	含权题分	25
试题名称	变电站变压器保护装置验收				

考试要点及要求	(1) 对照变电站变压器保护，口述验收要点。 (2) 填写验收结果
现场设备、工器具及材料	220kV 或 110kV 实际变电站或仿真变电站，空白纸、笔等
备注	

			评分标准			
序号	作业名称	质量要求	分值	扣分标准	扣分原因	得分
1	设备检查	屏柜、装置、二次回路验收要求，口述验收要点	30	(1) 漏指一处扣 3 分； (2) 标准口述不清楚扣 2～3 分		
2	调试试验及信号核对	调试试验项目、压板唯一性校核方法、异常报警及事故跳闸试验项目及试验方法，口述验收要点	50	(1) 漏指一处扣 3 分； (2) 标准口述不清楚扣 2～3 分		
3	交接资料核查	口述安装单位需移交的资料	10	(1) 漏指一处扣 1 分； (2) 标准口述不清楚扣 1～2 分		
考试开始时间				考试结束时间		合计
考生栏	编号：	姓名：	所在岗位：	单位：		日期：
考评员栏	成绩：	考评员：			考评组长：	

(四) 其他设备验收

其他设备验收考核标准参考上述评分标准制定。

一、操作

（一）工器具、材料

（1）工器具：万用表1块、组合工具1套。

（2）材料：空白汇报单（见表 BD407-1）、空白工作票（见附录13），纸、笔、录音设备。

（二）操作原则及要求

（1）在进行监控装置后台机、远动机重启工作前应提前向调度部门提出申请，待批准后方可进行。工作开始前应通知相应的调控员，进行相应的监控职责移交工作，同时做好站内设备的运行监视；重启工作完毕后及时汇报调度，移交监控职责。

（2）工作中防止误碰导致继电保护误动和断路器跳闸。

（3）工作中防止直流短路或接地，TV 短路或 TA 开路：

1）工作中不得松动二次端子，不得拉扯二次线，使用前检查工具绝缘良好；

2）发现直流短路或接地，TV 短路或 TA 开路后，应立即停止工作，汇报有关人员，采取有效措施予以恢复。

（4）监控后台机、远动机重启前，应先行停止系统运行进程，在进行重启操作。

（5）对于 Windows 操作系统的后台机、远动机，在关闭监控系统进程后，通过"开始"菜单进行关机，然后重启。

（6）对于装有 Uuix、Lunix 操作系统的后台机、远动机，在使用"stop"等命令关闭监控系统进程后，使用"#shutdown"命令或"reboot"命令进行重启。

（7）重启完毕后，应检查系统各项数据均运行正常并与远动端核对正确。

二、考核

（一）要求

（1）填写工作票。

（2）按现场标准化作业流程完成监控装置后台机、远动机重启。

（3）单人完成全部操作任务。

（二）考核场地

监控装置后台机或远动机1台。

（三）考核时间

考核时间为30min。

（四）考核要点

（1）根据标准作业指导书正确完成监控装置后台机、远动机重启。

（2）正确制定防止发生人身事故的安全措施。

三、评分参考标准

行业：电力工程　　　　　　　　工种：变电站值班员　　　　　　　　等级：二

编号	BD204	行为领域	e	鉴定范围	
考核时间	30min	题型	A	含权题分	25
试题名称	监控装置后台机、远动机重启				
考试要点及要求	（1）整个工作作由一人完成，各项审查工作由考生完成。 （2）考评员下达书面工作任务，考生填写工作票完成任务。 （3）汇报用书面形式进行				
现场设备、工器具及材料	监控后台一组，工器具若干，空白工作票、笔、空白汇报单				
备注					

			评分标准				
序号	作业名称	质量要求	分值	扣分标准	扣分原因	得分
1	工作票填写	按照工作任务填写相应的第二种工作票	40	（1）漏填单位名称，单位名称不全扣1分； （2）漏填工作负责人、工作班成员、计划工作时间之一扣1分； （3）设备双编号填写不正确者扣1分； （4）未按规定签名扣3分； （5）字迹潦草、模糊不清扣1分； （6）未按规定填工作任务扣5分； （7）注意事项（安全措施）填写漏项，每项扣10分		

		评分标准				
序号	作业名称	质量要求	分值	扣分标准	扣分原因	得分
2	汇报调度	书面汇报,申请停用远动机	5	与调度员联系时,未严格遵守调度规程、未使用规范化语言,每处扣1分		
3	工作	在监控后台机上单人操作	55	(1)向调度申请开工,2分; (2)通知当值调控员工作开始,接收变电站监控职责,8分; (3)终止远动机监控运行进程,3分; (4)通过命令重启远动机(通过电源按钮重启远动机),5分; (5)启动远动机监控运行进程,3分; (6)检查远动机各项数据刷新正常,8分; (7)终止监控后台机监控程序运行进程,3分; (8)通过命令重启监控机(通过电源按钮重启监控机),5分; (9)启动监控系统进程,3分; (10)检查监控后台机各项数据是否正常刷新,8分; (11)汇报调度工作完毕,2分; (12)将监控职责移交回调控中心,5分		
4	其他			在填票或操作中出现下列误操作之一者,成绩记零分: (1)造成监控后台机不能正常启动; (2)造成远动机不能正常启动		

考试开始时间			考试结束时间		合计	
考生栏	编号:	姓名:	所在岗位:	单位:	日期:	
考评员栏	成绩:	考评员:		考评组长:		

BD205 断路器SF₆气体定性检漏

一、操作

（一）工器具、材料

（1）工器具：SF$_6$定性检漏仪1台，电源1套。

（2）材料：纸、笔若干，空白工作票（见附录13）。

（二）操作原则及要求

SF$_6$高压断路器中的SF$_6$气体泄漏应严格控制。使用检漏仪进行SF$_6$定性检漏简便实用。当有SF$_6$气体泄漏时，被检测到声音报警时会变得很尖厉，明显区别于开始时比较平缓的声音。

（1）新安装的设备，SF$_6$气体充气至额定压力，经12～24h后方可进行气体泄漏检测。

（2）为排除室内周围环境中残存的SF$_6$气体的影响，检测前应进行通风。

（3）定性检漏检测时，SF$_6$气体检漏仪探测头移动要缓慢，不宜大于10mm/s。

（4）检漏仪要求每年由计量检定部门校验一次。

（5）检测时沿着一条连续路径检测，如检测到漏点，则探头移动速度要更慢，将大大提高找到漏点的可能。

二、考核

（一）要求

（1）填写现场工作票。

（2）测试设备，填写测量记录。

（3）单人完成全部操作任务。

（二）考核场地

SF$_6$断路器1台。

（三）考核时间

考核时间为 30min。

（四）考核要点

（1）根据标准作业指导书正确完成断路器 SF_6 气体定性检漏。

（2）正确制定防止发生人身事故的安全措施。

三、评分参考标准

行业：电力工程　　　　　　　工种：变电站值班员　　　　　　等级：二

编号	BD205	行为领域	e	鉴定范围	
考核时间	30min	题型	D	含权题分	25
试题名称	断路器 SF_6 气体定性检漏				
考试要点及要求	（1）测试准备到位，设置正确。 （2）测试正确，记录完整符合要求				
现场设备、工器具及材料	定性检漏仪、电风扇、风扇电源，SF_6 断路器				
备注					

评分标准						
序号	作业名称	质量要求	分值	扣分标准	扣分原因	得分
1	工器具准备	按本次测量要求准备工器具和材料	10	（1）漏（或多）一种扣3分； （2）测量过程中更换工器具扣2分		
2	工作票及作业卡准备		15	（1）工作票不规范扣3分； （2）作业卡步骤不全，每处扣5分		
3	检漏仪测试	自动电路/复位功能灵敏度调节	15	（1）不会开关机，扣10分； （2）不会自检和判断好坏，扣5分； （3）不会调节，扣5分		

序号	作业名称	质量要求	分值	扣分标准	扣分原因	得分
					评分标准	
4	测量	操作规范，流程正确，并能判断密封情况	40	（1）捡漏前未吹去残留气体，扣10分； （2）操作不规范，移动速度过快，扣10分； （3）不能判断密封情况，扣20分		
5	记录分析整理		10	（1）记录不规范，每处扣2分； （2）结论不正确，扣10分		
6	其他		10	安全生产不规范每处扣2分		
考试开始时间			考试结束时间		合计	
考生栏	编号：	姓名：	所在岗位：	单位：	日期：	
考评员栏	成绩：	考评员：		考评组长：		

BD206 避雷器阻性电流测量

一、操作

(一) 工器具、材料

(1) 工器具：氧化锌避雷器带电测试仪，钳形电流表（准确度等级 1.0，具有量程 0~200mA），万用表，对讲机，温，湿度计，绝缘棒，绝缘手套，电源线，盘，双极隔离开关，试验导线，工具等。

(2) 材料：空白工作票（见附录 13）、空白作业指导书，笔、纸若干。

(二) 操作要求

(1) 工作前应做好准备工作，应学习作业指导书，分析设备状况，准备合格工器具及材料，办理好工作票。

(2) 注意作业时与变电设备带电部分保持足够安全距离。

(3) 试验前必须对试验设备及专用试验线进行检查，确保电压回路无短路，电流回路无开路，专业试验线无开断现象。

(4) 试验前应将试验设备可靠接地。

(5) 试验用的夹子外表面必须用绝缘护套包裹，以防两极短路。

(6) 为了防止由于试验过程中设备内部短路造成对 TV 的损坏，在电压获取线首端两极上分别串入一只 0.2A 熔断器。

(7) 试验前必须对被试设备上安装的漏电流监测仪进行检查，有疑问时应用钳型电流表现场比对，确保无开断现象。

(8) 工作时穿工作服、工作鞋，戴安全帽。

(三) 操作步骤及标准

1. 操作步骤

(1) 记录试验时的环境温度、相对湿度和运行电压。

(2) 根据现场条件和被试设备，选择合理的接线方式。合理布置试验设备，接线。

(3) 现场带电检测时，电压输入接到电压互感器的二次侧，电流输入接到避雷器的漏电流监测仪两端；接线完毕后，应由第二人检查，确认无误后方可进行操作。测试全电流、阻性电流（峰值）、容性电流（峰值）和有功功率。

2. 标准要求

（1）每年进行 2 次带电测试（上半年、下半年各一次，这样可及时检测出低温和高温造成的密封破坏和雷电流引起的劣化），出现下列情况之一者，须停电试验，停电试验未检出问题的，运行中要加强监视。

1）与上次值比较，全电流出现 10％增长。

2）与上次值比较，阻性电流出现 50％增长。

3）与投运值比较，全电流出现 20％增长。

4）与投运值比较，阻性电流出现 100％增长。

（2）当出现全电流与阻性电流与上次变小现象时，即有分流现象，要仔细查明原因，并采取措施排除影响，测出准确结果。

（四）试验数据记录

试验数据记录见表 BD206－1。

表 BD206－1 避雷器阻性电流测试记录

试验类别： 天气： 环境温度： ℃ 环境湿度： ％

运行中持续电流测量

设备编号	相别	U（kV）	I_A（mA）	$-I_R$（mA）	$+I_R$（mA）	P（kW）	表读数（mA）
	A 相						
	B 相						
	C 相						
	A 相						
	B 相						
	C 相						
	A 相						
	B 相						
	C 相						
使用仪器				仪器编号			

试验结论

序号	试验结论		责任人签字
1	试验结果		
2	存在问题及处理意见		

（五）注意事项

（1）测量宜在瓷套表面干燥时进行。

（2）用绝缘棒获取电流信号时，绝缘棒最高高度不得超过漏电流监测仪顶端部。特别是 35kV 间隔的构架较低，要注意试验人员和绝缘棒与带电设备的安全距离，防止触电。

（3）在更换试验间隔时，注意绝缘棒要横着移动，以免绝缘棒误碰带电设备，造成设备损坏或人员触电。

二、考核

（一）要求

（1）填写现场工作票。

（2）测试设备，填写测量记录。

（3）单人完成全部操作任务。

（二）考核场地

氧化锌避雷器 1 台。

（三）考核时间

考核时间为 40min。

（四）考核要点

（1）根据标准作业指导书正确完成避雷器阻性电流测量。

（2）正确制订防止发生人身事故的安全措施。

三、评分参考标准

行业：电力工程　　　　　　　工种：变电站值班员　　　　　　等级：二

编号	BD206	行为领域	e	鉴定范围	
考核时间	30min	题型	A	含权题分	25
试题名称	避雷器阻性电流测量				
考试要点及要求	（1）办理第二种工作票。 （2）按现场作业指导书完成更换工作				
现场设备、工器具及材料	氧化锌避雷器带电测试仪、钳形电流表（准确度等级 1.0，具有量程 0～200mA）、万用表、对讲机、温、湿度计、绝缘棒、绝缘手套，电源线、盘、双极隔离开关、试验导线、工具等				
备注	（1）考核现场给定测量设备的初始值、历史试验数据。 （2）根据测量值和所给初始值等进行比较，给出试验结论				

		评分标准					
序号	作业名称	质量要求	分值	扣分标准		扣分原因	得分
1	着装、工器具准备	（1）着装规范、整齐； （2）工器具校验有效期内，具有校验报告，状况良好	5	（1）着装不整齐扣 2 分； （2）工器具准备不全扣 2 分			
2	办理第二种工作票	（1）工作票填写正确规范； （2）程序正确	5	（1）不规范扣 3 分； （2）程序错误每处扣 2 分			
3	准备	记录试验时的环境温度、相对湿度和运行电压	10	（1）未记录扣 3 分； （2）记录不正确扣 3 分			
4	测量	（1）根据现场条件和被试设备，选择合理的接线方式。合理布置试验设备，接线。 （2）现场带电检测时，电压输入接到电压互感器的二次侧，电流输入接到避雷器的漏电流监测仪两端；接线完毕后，应由第二人检查，确认无误后方可进行操作。测试全电流、阻性电流（峰值）、容性电流（峰值）和有功功率	45	（1）程序不正确每处扣 5 分； （2）未检查每处扣 5 分； （3）接线不正确每处扣 10 分			
5	分析数据	将本次试验数据与初始值、历史试验数据、规程等进行比较，进行综合分析、判断设备状态，进行状态评价	15				
6	现场整理，办理工作票终结手续	（1）拆除所有因试验而接的导线，恢复因试验而拆的套管末屏接地线，恢复设备运行接线； （2）整理试验仪器及工具，清理现场，工作负责人会同运行人员检查验收现场恢复情况； （3）撤出工作现场，填写检修试验记录，试验负责人向运行人员交代试验结论； （4）清理恢复现场，交代工作项目、工作结果和存在问题	20	（1）清理现场不彻底扣 3 分； （2）未清理扣 5 分； （3）交代不清每处扣 3 分			
7	其他			安全生产不规范每处扣 2 分			
考试开始时间				考试结束时间		合计	
考生栏	编号：	姓名：		所在岗位：	单位：	日期：	
考评员栏	成绩：	考评员：			考评组长：		

一、操作

（一）工器具、材料

（1）工器具：安全帽、组合工具一套、高压气管（直径 3mm）若干、空压机 1 台、绝缘架梯（2.5m）1 架、硬毛刷若干、电吹风（1000W）1 部、清洁水若干、自来水软管（直径 15mm）20m、气管三通接头（直径 3mm）1 个、棉质抹布若干、中性除污剂 2kg、电源线盘 1 套、储水桶若干。

（2）材料：空白工作票（见附录 13），纸、笔。

（二）操作要求和步骤

1. 操作要求

冷却器组散热器无污垢、积灰，油漆见本色。冷却器组各电气元件绝缘良好，投退切换正常。电力变压器冷却器组在清洗后，较清洗前应有明显冷却效果。

2. 操作步骤

（1）清洗。

1）核对冷却器组运行方式，调整冷却器组运行方式，在保证冷却器组对称运行的前提下，依次停用冷却器组进行清洗。

2）工作人员布置好登高用具，安装好检修电源，启动空压机，开启高压气管进行清洗。清洗时注意风向：必须先洗上风侧，后洗下风侧。先洗散热器的上端，再洗散热器下端，以免造成洗干净的散热器又被污秽。

3）清洗前应有污水导流措施，防止污水滞留冷却器大盖内。清洗结束后，将自来水软管与自来水管道相连接，对冷却器散热器进行水清洗，清洗时，宜由上风方向开始，由上至下，逐个清洗。

4）散热器清洗完后，用硬毛刷和去污剂清洗电机叶片，再用清水冲洗，抹布擦拭电机外壳及叶片，防止电机受潮。同时检查散热器下端有无积水，擦拭干净，装好风扇防护罩。

5）在清洗工作完成后，应检查冷却器组控制系统正常，若控制箱内电气元件进水受潮，应用干抹布擦拭干净，并用电吹风进行去潮处理完好后，再投入冷却器组。

（2）竣工。

1）清理工作现场。

2）工作负责人向运行人员交代工作项目、工作结果和存在问题。

3）办理工作票终结手续。

（三）注意事项（危险点分析）

参见 BD317 项目所述注意事项。

二、考核

（一）要求

（1）掌握变压器（电抗器）散热器带电水冲洗工作要求。

（2）掌握该项工作危险点及预控措施。

（3）单人完成全部操作任务。

（二）考核场地

变压器强迫油循环冷却器 1 台。

（三）考核时间

考核时间为 50min。

（四）考核要点

（1）根据标准作业指导书正确完成变压器（电抗器）散热器带电水冲洗。

（2）正确制定防止发生人身事故的安全措施。

三、评分参考标准

行业：电力工程　　　　　　　　工种：变电站值班员　　　　　　　　等级：二

编号	BD207	行为领域	e	鉴定范围	
考核时间	50min	题型	A	含权题分	35
试题名称	变压器（电抗器）散热器带电水冲洗				
考试要点及要求	（1）掌握变压器（电抗器）散热器带电水清洗工作要求。 （2）考评员下达书面工作任务，考生填票完成任务				
现场设备、工器具及材料	变压器（电抗器）、检修电源箱，电力安全工器具柜、安全帽、组合工具一套、高压气管（直径 3mm）若干、空压机 1 台、绝缘架梯（2.5m）1 架、硬毛刷若干、电吹风（1000W）1 部、清洁水若干、自来水软管（直径 15mm）20m、气管三通接头（直径 3mm）1 个、棉质抹布若干、中性除污剂 2kg、电源线盘 1 套、储水桶若干				
备注					

评分标准						
序号	作业名称	质量要求	分值	扣分标准	扣分原因	得分
1	工作票填写与签发	填写工作票时必须认真核对工作任务，必要时到现场实地勘查	10	（1）漏填工作单位栏或单位名称不全扣2分； （2）未填写工作票编号栏或填写错误扣2分； （3）漏填工作负责人（监护人）姓名扣2分； （4）漏填工作票班组栏扣2分； （5）漏填或填错工作票人员栏扣2分； （6）漏填或填错工作的变电站名称及设备双重名称栏扣2分； （7）漏填或填写工作任务含糊不清，未填写设备双重名称扣2分； （8）漏填或填错计划工作时间栏扣2分； （9）漏填或填错工作条件栏扣5分； （10）漏填或填写注意事项（安全措施）不具体扣5分； （11）漏填或填错工作许可栏扣2分； （12）漏填或填错确认工作负责人布置的任务和安全措施，工作班人员签名栏扣5分； （13）漏填或填错工作终结栏扣2分； （14）修改个别错、漏字时，字迹模糊，不易分辨扣2分； （15）其他不合格项每处扣2分		

		评分标准				
序号	作业名称	质量要求	分值	扣分标准	扣分原因	得分
2	准备安全工器具	安全帽、组合工具、冲洗设备等	5	（1）未检查试验标签或选择工具错误扣2分； （2）携带工具遗漏 N 项[安全帽、组合工具一套、高压气管（直径3mm）若干、空压机1台、绝缘架梯（2.5m）1架、硬毛刷若干、电吹风（1000W）1部、清洁水若干、自来水软管（直径15mm）20m、气管三通接头（直径3mm）1个、棉质抹布若干、中性除污剂2kg、电源线盘1套、储水桶若干]扣 $N×2$ 分		
3	工作票传送工作许可		5	未会同运行人员到现场检查设备实际位置及注意事项的扣5分		
4	工作监护	工作票	2	未将工作票带至现场扣2分		
		危险点告知	5	工作负责人未向工作班人员交待工作内容、人员分工、带电部位和现场安全措施，进行危险点告知，未履行确认手续的扣5分		
		断开冷却器电源	2	未断开冷却器电源扣2分，断开不全面扣1分		
		布置好登高用具	2	未布置扣2分，布置不合规范扣1分		
		做好污水导流措施	2	未做措施扣2分，造成地面污染扣1分		
		安装好工作电源，启动空压机	2	工作电源接、拆时未拉开检修电源隔离开关扣2分，安装不规范扣1分，使用检修电源前未试验剩余电流动作保护器能可靠动作扣2分		
		开启高压气管进行清洗。清洗时注意风向：必须先洗上风侧，后洗下风侧。先洗散热器的上端，再洗散热器下端，以免造成洗干净的散热器又被污秽	20	未按风向清洗或清洗顺序错误的扣10分；清洗不干净的扣10分		

评分标准						
序号	作业名称	质量要求	分值	扣分标准	扣分原因	得分
4	工作监护	散热器清洗完后，用硬毛刷和去污剂清洗电机叶片，再用清水冲洗，抹布擦拭电机外壳及叶片，防止电机受潮，装好风扇防护罩	20	未清洗电机叶片的扣10分，清洗不干净扣5分，未用抹布擦拭电机外壳及叶片扣5分，未装好风扇防护罩的扣5分		
		在清洗工作完成后，应检查冷却器组控制系统正常，若控制箱内电气元件进水受潮，应用干抹布擦拭干净，并用电吹风进行去潮处理完好后，再投入冷却器组	20	未检查冷却器组控制系统正常的扣10分，若控制箱内电气元件进水受潮，未用干抹布擦拭干净，并用电吹风进行去潮处理的扣10分，未投入冷却器的扣10分		
5	工作终结	工作现场	5	未清理工作现场扣5分		
		现场交代		工作负责人未向运行人员做好现场交代、工作结果和存在问题扣5分，未办理工作终结手续扣5分		
6	其他			在工作过程中出现下述情况直接计零分： （1）人身触电伤害； （2）高处坠落伤害； （3）冲洗造成主变跳闸； （4）冲洗造成冷却器电源或风机烧损； （5）冲洗造成交直流短路或消失		
考试开始时间			考试结束时间		合计	
考生栏	编号：	姓名：	所在岗位：	单位：		日期：
考评员栏	成绩：	考评员：		考评组长：		

避雷器在线监测仪更换

一、操作

（一）工器具、材料

（1）工器具：电工成套工具、压接钳、断线钳、卷尺、梯子、安全用具、警示牌、传递绳，避雷器在线监测仪，各种规格连线、螺栓、松锈液等。

（2）材料：空白工作票（见附录12）。

（二）安全要求

（1）防人身触电：工作地点各侧悬挂接地线、工作时应与带电设备保持足够的安全工作距离（220kV，3.0m；110kV，1.5m；35kV，1.0m；10kV，0.7m）、梯子搬运应放倒两人一起抬运。

（2）防高空坠落：登高作业时必须系安全带、梯上进行工作应有专人扶持、安全带禁止低挂高用，不得系在瓷件或不牢固的构支架上。

（3）防坠物伤人：作业人员必须戴好安全帽，禁止在作业点正下方逗留；作业时用传递绳索传递工器具材料，禁止抛掷。

（三）操作步骤

1. 准备工作

（1）着装（两穿一戴）。

（2）选择工器具。

（3）选择材料。

（4）检查避雷器在线监测仪的质量。

2. 操作步骤

（1）检查安全措施布置到位。

（2）选择施工作业点并架牢梯子。

（3）拆除旧避雷器在线监测仪。

（4）安装新避雷器在线监测仪。

（5）引线安装。

（6）清理工作现场。

3.质量要求

（1）安装高度整齐一致。

（2）引线采用绝缘线连接紧密，引下线接地可靠。

（3）清除接线板搭接表面氧化物并涂导电膏，且接线正确、牢固、安装美观，螺栓处附加平垫片、弹簧片拧紧。

二、考核

（一）要求

（1）掌握避雷器在线监测仪更换工作要求。

（2）掌握该项工作危险点及预控措施。

（3）单人完成全部操作任务。

（二）考核场地

避雷器1台。考场可设在培训专用带有避雷器在线监测仪的地方进行，但需要足够面积，保证考生操作方便、互不影响。给定安全措施已完成，配有一定区域的安全围栏。

（三）考核时间

考核时间为30min。

（四）考核要点

（1）根据标准作业指导书正确完成避雷器在线监测仪更换。

（2）正确制订防止发生人身事故的安全措施。

三、评分参考标准

行业：电力工程　　　　　　工种：变电站值班员　　　　　　等级：二

编号	BD208	行为领域	e	鉴定范围	
考核时间	30min	题型	A	含权题分	25
试题名称	避雷器在线监测仪更换				
考试要点及要求	（1）给定条件：考场可设在培训专用带有避雷器在线监测仪的地方进行，避雷器支架、避雷器、高压线及接地引下线均已安装到位。				

考试要点及要求	(2) 工作环境：现场操作场地及设备材料已完备。 (3) 给定安全措施已完成，配有一定区域的安全围栏。 (4) 检查作业工序及设备安装工艺
现场设备、工器具及材料	(1) 主要工具：电工成套工具、压接钳、断线钳、卷尺、梯子、安全用具、警示牌、传递绳。 (2) 基本材料：避雷器在线监测仪，各种规格连线、螺栓、松锈液等，提供各种规格材料供考核人员选择
备注	考生自备工作服、绝缘鞋

评分标准

序号	作业名称	质量要求	分值	扣分标准	扣分原因	得分
1	工具选用	工器具及材料选用正确满足施工要求，工器具做外观检查	10	(1) 登高作业安全带应检查，试验周期及是否有破损，未检查或选用错误扣10分； (2) 梯子检查梯角是否有防滑装置及是否牢固，未检查或选用错误扣10分； (3) 其他设备或配件选用不当每项扣5分		
2	着装、穿戴	工作服、工作鞋、安全帽、安全带等穿戴正确	10	不按规定穿着每项扣5分		
3	检查避雷器在线监测仪的质量	对在线监测仪进行外观检查，无破损，密封良好，接线端子无锈蚀；记录放电计数器读数	10	(1) 未进行外部检查扣5分； (2) 未记录放电计数器读数扣5分		
4	工作前检查	明确工作地点及安全措施已布置到位	20	(1) 未核对作业地点扣10分； (2) 未检查作业点各侧接地是否牢固每处扣10分； (3) 未检查围栏布置扣5分		
5	拆除旧在线监测仪	规范拆除在线监测装置，并将在线监测装置传至地面	20	(1) 拆除不规范扣3分； (2) 传递不规范扣3分		
6	安装新在线监测装置	安装方法及工具使用正确，操作熟练，电气距离符合（相间距离整齐一致，不小于350mm），在线监测装置与支架连接牢固	20	(1) 安装操作不熟练扣5分； (2) 安装设备三相不整齐每处扣5分； (3) 安装设备未固定，有松脱现象每处扣5分		

序号	作业名称	质量要求	分值	扣分标准	扣分原因	得分
7	引下线安装	避雷器与引线连接	10	（1）连接部分不牢固扣5分； （2）穿心螺栓连接处未采用平垫片及弹簧垫片扣5分		
8	其他			在工作时出现下列之一者，成绩记零分： （1）高处作业未系安全带（基准面2m）； （2）安全带低挂高用； （3）将安全带系在瓷瓶或不牢固的构件上； （4）造成避雷器在线监测装置损坏或引线接线错误		

<table>
<tr><td>考试开始时间</td><td></td><td colspan="2">考试结束时间</td><td></td><td>合计</td><td></td></tr>
<tr><td>考生栏</td><td colspan="2">编号：　姓名：</td><td>所在岗位：</td><td>单位：</td><td colspan="2">日期：</td></tr>
<tr><td>考评员栏</td><td colspan="2">成绩：　考评员：</td><td colspan="4">考评组长：</td></tr>
</table>

一、操作

（一）工器具、材料

（1）工器具：智能放电仪（有恒流放电功能）、万用表（0.5级及以上）、钳形电流表（0.5级及以上）、测温仪、绝缘组合工具、防酸绝缘靴、防酸绝缘手套。

（2）材料：保险（蓄电池出口）、二硫化钼（或凡士林）、白纱布、绝缘相色带（耐压1000V）、连接导线、备用熔断器。

（二）安全要求

（1）防人身触电：工作中需要直接接触带电导体时，应设专人监护，并穿绝缘靴和全棉长袖工作服，戴绝缘手套和护目镜，站在干燥的绝缘上进行。

（2）防直流失压、短路、接地：蓄电池运行中放电，在停用充电装置前，应检查蓄电池浮充电流正常，蓄电池无开路现象，充电装置无异常；使用经试验合格的绝缘工具，其外裸的导电部位应采取绝缘措施，防止操作时极间短路，工作中设专人监护。

（3）防爆及防腐蚀：试验中应开启蓄电池室通风装置，严禁烟火；检查蓄电池防爆装置完好，无堵塞；接触蓄电池液体应使用防酸、碱工具。

（三）质量要求

（1）蓄电池核对性充放电：蓄电池放电电流值按额定容量/10h（I_{10}）进行，放电容量如变电站配置单组蓄电池，则计划放电容量为50%～60%、如变电站配置二组蓄电池，则计划放电容量为100%；充电时采用恒流限压方式进行，蓄电池充电电流值按额定容量/10h（I_{10}）进行，当蓄电池端电压上升到恒流充电限压值或任一单瓶电压达到单瓶恒流充电限压值时，自动或手动转为恒压充电。如蓄电池放电容量不足，可反复充放电2～3次。

（2）充放电过程中应定时（每小时）测量环境温度、充电电流、蓄蓄电池端电压和单瓶电压，充电末期也应进行随时量。注意监视直流母线电压符合规定。

（3）放电时若发现蓄电池端电压低于2N（N为单体瓶数）或单瓶电压降至放

电终止电压，应停止放电，并立即转入恒流限压充电。

（4）保持蓄电池室环境温度符合要求，核算蓄电池容量、电压、电流时应严格按照厂家说明书要求进行温度校验。

（四）操作步骤

1. 准备工作

（1）着装（两穿一戴）。

（2）了解直流系统运行情况、蓄电池运行情况、存在的缺陷和问题，现场是否符合工作条件和要求，本工作与直流系统运行的联系情况。

（3）检查蓄电池壳体有无破裂、渗漏和变形，各回路接头无发热或爬碱现象，必要时处理。

（4）试验检查蓄电池室抽风机运行情况，检查充电装置运行及数据设置调整正常，备品熔断器准备充足。

（5）测量并记录被试验蓄蓄电池浮充电状态下的端电压、单瓶电压、环境温度等相关数据。

2. 试验步骤

（1）调整直流运行方式：两组蓄电池，先进行直流负荷倒换（将进行核对性充放电蓄电池出线负荷全部倒换至另一段直流母线运行）。

（2）接入放电装置：在直流屏专用放电端子或选出一条备用馈线，断开直流空气断路器（或取下熔断器），将放电装置接入。各类型的蓄电池放电装置应严格按照装置使用说明进行连接。

（3）设置智能放电仪参数：放电小时数，放电电流［按额定容量/10h（I_{10}）］、放电终止电压。

（4）停用直流充电机：断开试验蓄电池充电机馈出电源。

（5）蓄电池数据抄录：蓄电池静止 0.5h 后测量记录静止状态下端电压、单瓶电压、环境温度等相关数据。

（6）蓄电池放电：合上放电电源空气断路器进行蓄电池放电，定期测试蓄电池端电压、单瓶电压、环境温度等相关数据，当放电时间达到规定时间或整组电压、单瓶电压、达到规定下限值时停止放电。

（7）充电装置参数设置：充电方式为恒压限流，充电限流值按额定容量/10h（I_{10}）进行，恒压值为(2.42～2.45V)×单瓶个数。

（8）蓄电池充电：断开放电空气断路器，退出智能放电装置。合上充电机馈出空气断路器，定期测试蓄电池端电压、单瓶电压、环境温度等相关数据，当整组电压达到设定值时转为浮充电方式。

二、考核

（一）要求

（1）掌握蓄电池充放电试验工作要求。

（2）掌握该项工作危险点及预控措施。

（3）单人完成全部操作任务。

（二）考核场地

蓄电池组 1 套。

（三）考核时间

考核时间为 40min。

（四）考核要点

（1）根据标准作业指导书正确完成蓄电池充放电试验。

（2）正确制定防止发生人身事故的安全措施。

三、评分参考标准

行业：电力工程　　　　　　工种：变电站值班员　　　　　　等级：二

编号	BD209	行为领域	e	鉴定范围	
考核时间	40min	题型	A	含权题分	25
试题名称	蓄电池充放电试验				
考试要点及要求	（1）蓄电池充放电直流负荷倒换步骤。 （2）智能放电仪及充电装置参数设置。 （3）蓄电池充放电数据抄录要求及表格设计。 （4）蓄电池充放电注意事项（要点）				
现场设备、工器具及材料	智能放电仪（有恒流放电功能）、万用表（0.5级及以上）、钳形电流表（0.5级及以上）、测温仪、绝缘组合工具、防酸绝缘靴、防酸绝缘手套。熔断器（蓄电池出口）、二硫化钼（或凡士林）、白纱布、绝缘相色带（耐压1000V），连接导线、备用熔断器。蓄电池组1套				
备注					

			评分标准				
序号	作业名称	质量要求		分值	扣分标准	扣分原因	得分
1	蓄电池充放电要点	（1）检查抽风机运转正常、充电机参数设置良好、熔断器等备件准备充足明确； （2）明确放电容量、放电电流、电池终止电压及定期测试时间； （3）直流负荷倒换方式		20	（1）蓄电池每次测量时间未明确扣5分； （2）蓄电池充放电前抽风机及蓄电池未检查每处扣5分； （3）蓄电池备品未准备扣5分； （4）蓄电池整组、单瓶电压值未规定每处扣5分		

评分标准						
序号	作业名称	质量要求	分值	扣分标准	扣分原因	得分
2	参数设定	（1）智能放电仪参数设置：放电时间单组5～6h、两组10h；放电电流（I_{10}）；放电终止电压（1.8V×单瓶数量）。（2）充电机参数设置：充电方式恒压限流；充电限压值（2.45V×单瓶数量）；充电电流值（I_{10}）	30	（1）蓄电池放电时间设置不正确扣5分；（2）蓄电池放电电流设置不正确扣5分；（3）蓄电池整组终止放电电压设置不正确扣5分；（4）蓄电池充电电压值设置不正确扣5分；（5）蓄电池充电电流值设置不对扣5分；（6）蓄电池充电方式设置不正确扣10分		
3	直流负荷倒换	不得造成直流负载失去电源	30	（1）直流系统未并列直接倒换扣10分；（2）造成直流负荷暂时电源每处扣10分；（3）造成直流负荷长期失去电源扣20分；（4）倒换顺序不清晰每处扣3分		
4	数据抄录及表格设计	充放电表格应包涵测试时间、蓄电池室温度、蓄电池整组端电压值、充放电电流值、瓶号、单瓶电压值、充电时还应有充电机输出电压值	20	（1）未包涵测试时间扣5分；（2）未包涵蓄电池室温度扣5分；（3）未包涵蓄电池整组端电压值扣5分；（4）未包涵充放电电流值扣5分；（5）未包涵瓶号及单瓶电压值扣5分；（6）未包涵充电机输出电压值扣5分		
考试开始时间			考试结束时间		合计	
考生栏		编号： 姓名：	所在岗位： 单位：		日期：	
考评员栏		成绩： 考评员：	考评组长：			

一、操作

（一）工器具、材料

（1）工器具：安全帽、组合工具、抹布。

（2）材料：清水、检漏液、空白工作票（见附录13）。

（二）操作要求

（1）工作前应做好准备工作，应学习作业指导书，分析设备状况，准备合格工器具及材料，办理好工作票。

（2）应做好人身触电，高空坠落，玻璃设备损坏的危险点分析和预控措施。

（3）工作时穿工作服、工作鞋，戴安全帽。

（4）工作时严禁烟火。

（三）载气瓶作用

变压器油色谱监测装置在工作时，要先利用采集单元进行油路循环，再进行油样定量。通过油气分离单元快速分离油中溶解气体输送到六通阀的定量管内进样。样气需在载气推动下，经色谱柱分离，顺序进入气体检测器进行检测，再经数据采集单元采集数据上传。载气瓶（见图BD210-1）的作用是提供载气。载气应由开发商提供。气瓶内压力降至1MPa，须更换载气瓶。

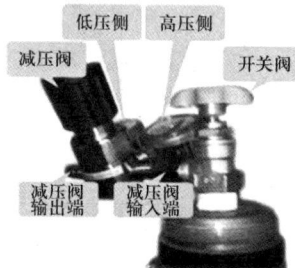

图 BD210-1　载气瓶连接阀门

（四）操作步骤

（1）先关闭变压器与载气瓶连接阀门。

（2）关闭现场数据采集装置的电源。

（3）将载气瓶阀门关闭，将固定载气瓶抱箍旋开，再将载气瓶出口与减压阀相连处松脱（一般为逆时针旋松）。

（4）将要换的载气瓶拿出，卸除新载气瓶气瓶保护帽，将载气瓶出口擦干净，检查接口有无异常。如无异常则快速开启、关闭载气瓶开关阀（间隔 1s），以冲洗载气瓶气瓶接口。然后将载气瓶放置在机柜内，用抱箍将载气瓶固定（新载气必须符合要求）。

（5）将减压阀与载气瓶出口对接并旋紧（一般为顺时针旋紧）。

（6）先将减压阀调节阀完全松开（逆时针旋），再打开载气瓶开关阀，查看减压阀高压侧压力指示表压力正常后缓慢调节减压阀调节阀（顺时针旋）使减压阀低压侧压力表指示达到 0.45MPa。

（7）5min 后关闭载气开关阀，关闭减压阀（逆时针旋至最大）记录减压阀高压侧与低压侧压力表读数。30min 后再次记录减压阀高压侧与低压侧压力读数，压力表读数无明显变化视作气路各连接处无泄漏。如有泄漏则用检漏液检查各气路连接处，直至无泄漏。

（8）完全开启载气开关阀（逆时针旋至最大），开启载气减压阀至 0.45MPa。更换载气完成。

（9）开启现场数据采集装置电源。

二、考核

（一）要求

（1）掌握变压器油色谱在线监测装置载气瓶更换、渗油处理工作要求。

（2）填票进行更换工作。

（3）掌握该项工作危险点及预控措施。

（4）单人完成全部操作任务。

（二）考核场地

变压器油色谱在线监测装置 1 套。

（三）考核时间

考核时间为 40min。

（四）考核要点

（1）根据标准作业指导书正确完成变压器油色谱在线监测装置载气瓶更换、渗油处理。

（2）正确制订防止发生人身事故的安全措施。

三、评分参考标准

行业：电力工程　　　　　工种：变电站值班员　　　　　等级：二

编号	BD210	行为领域	e	鉴定范围	
考核时间	40min	题型	A	含权题分	30
试题名称	变压器油色谱在线监测装置载气瓶更换、渗油处理				
考试要点及要求	(1) 办理工作票。 (2) 按现场作业指导书完成更换工作				
现场设备、工器具及材料	变压器油色谱在线监测装置、组合工具、检漏液				
备注					

评分标准

序号	作业名称	质量要求	分值	扣分标准	扣分原因	得分
1	着装、工器具准备	(1) 着装规范、整齐； (2) 工器具校验有效期内，具有校验报告，状况良好	5	(1) 着装不整齐扣2分； (2) 工器具准备不全扣2分		
2	办理工作票	(1) 工作票填写正确规范； (2) 程序正确	5	(1) 不规范扣3分； (2) 程序错误每处扣2分		
3	检查载气瓶	检查载气瓶内压力降至1MPa，判断更换	10	(1) 未检查扣3分； (2) 判断不正确扣3分		
4	更换载气瓶	按照作业指导书标准进行载气瓶更换	60	(1) 程序不正确每处扣5分； (2) 未清理干净每处扣5分； (3) 有水分进入扣10分； (4) 安装不到位每处扣10分		
5	检查	各气路连接正常，表计指示正常。	10	(1) 不检查扣10分； (2) 检查不到位每处扣5分		
6	现场整理，办理工作票终结手续	清理恢复现场，交代工作项目、工作结果和存在问题	10	(1) 清理现场不彻底扣3分； (2) 未清理扣5分； (3) 交代不清每处扣3分		
7	其他			安全生产不规范每处扣2分		
考试开始时间			考试结束时间		合计	
考生栏	编号：　　　姓名：　　　所在岗位：　　　单位：　　　日期：					
考评员栏	成绩：　　　考评员：　　　　　　考评组长：					

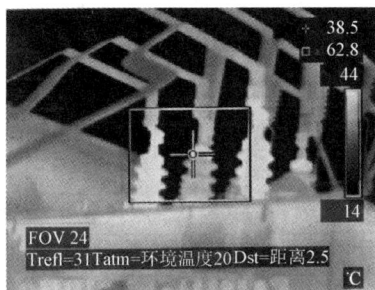

图 BD101 - 1　变压器中压侧套管红外图及试验数据

BD101　根据设备试验报告判断设备典型性缺陷

一、操作

（一）材料

材料：纸、笔若干。

（二）操作示例

示例：根据红外测温图、油色谱试验数据判断设备典型性缺陷。

（1）基本情况：某 110kV 变电站 1 号主变压器中压侧 A、B、C 套管红外成像及溶解气体色谱分析如图 BD101 - 1 所示，数据见表 BD101 - 1。

表 BD101 - 1　　　　　　　历次油色谱跟踪数据　　　　　　　μL/L

组分含量 注意值 化验日期	H_2	CO	CO_2	CH_4	C_2H_6	C_2H_4	C_2H_2	总烃
	150	—	—	45	35	65	5	150
2010.06.25	23.89	59.59	459.22	54.79	39.14	7.87	0.0	101.80
2010.06.29	42.91	92.57	637.97	103.28	24.98	163.92	0.0	292.18
2010.07.17	73.38	150.02	758.46	157.49	35.68	244.65	0.0	437.82
2010.07.24	70.84	144.62	774.26	148.56	35.24	238.38	0.0	422.18
2010.08.07	72.22	176.09	863.07	159.01	32.93	235.33	0.0	427.27

（2）分析：

1）根据红外测温，套管 A、C 整体发热，最高温度为 62.8℃。以套管本体为中心的热像特征明显，相间温差为 17.8K。

2）根据历次油色谱数据分析，总烃超标，并有增长趋势。

3）采用气体四比值法进一步分析，编码为1010，对应"环流或连接点过热"。

（3）判断：可能原因为接触不良，引线螺栓松动或接头焊接不良，为"危急缺陷"。

二、考核

（一）要求

（1）参见红外图谱（见图BD101-2）及试验数据（见表BD101-2）分析一次设备缺陷现象。

（2）判断缺陷性质和类型。

（3）单人完成全部操作任务。

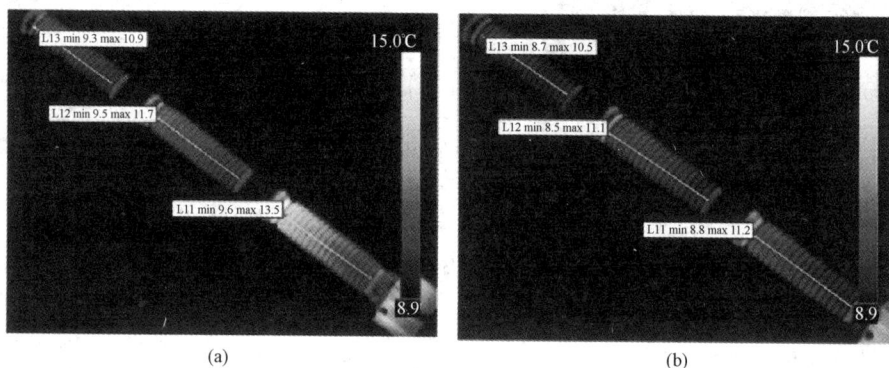

图 BD101-2　某变电站电容式电压互感器红外图谱及试验数据

(a) A 相；(b) B 相

表 BD101-2　　　电容式电压互感器停电试验数据

相　　别	试验位置	tanδ（%）	实测电容（pF）
A 相	C11	0.066	15 280
	C12	0.071	15 230
	C13	0.202	18 670
	C2	0.148	80 620
B 相	C11	0.066	15 210
	C12	0.069	15 160
	C13	0.075	18 760
	C2	0.087	80 930

相　　　别	试验位置	tanδ（%）	实测电容（pF）
	C11	0.068	15 080
C 相	C12	0.064	15 160
	C13	0.086	18 670
	C2	0.097	80 610

（二）考核时间

考核时间为 30min。

（三）考核要点

（1）根据试验数据分析设备缺陷方法。

（2）应用规范准确判断缺陷性质和类型。

三、评分参考标准

行业：电力工程　　　　　工种：变电站值班员　　　　　等级：一

编号	BD101	行为领域	e	鉴定范围	
考核时间	30min	题型	A	含权题分	25
试题名称	根据设备红外测温和油色谱试验数据分析判断设备缺陷				
考试要点及要求	（1）对试验数据进行分析。 （2）判断设备缺陷现象及产生原因				
现场设备、工器具及材料	一次设备缺陷现象、空白纸、笔等				
备注					

			评分标准				
序号	作业名称	质量要求	分值	扣分标准	扣分原因	得分
1	分析	根据图谱进行数据分析	30	（1）未分析说明"电容单元整体温升偏高，中上部温度大"扣10分； （2）未分析温差大于2～3K扣5分		
		根据试验数据分析	30	（1）未分析出"A相下节单元介质损耗明显偏大"扣20分； （2）未说明"为正常值3倍，且超规程0.2%"扣10分		

评分标准						
序号	作业名称	质量要求	分值	扣分标准	扣分原因	得分
2	判断	根据分析结构进行判断及理由	40	（1）未判断老化或局部放电扣10分； （2）为判断内部缺陷扣10分		
3	其他			文字表述不规范扣3分		
考试开始时间				考试结束时间		合计
考生栏		编号：　　　姓名：		所在岗位：　　　单位：		日期：
考评员栏		成绩：　　　考评员：		考评组长：		

一、操作

(一) 材料

材料：纸、笔若干。

(二) 制定反事故措施示例

1. 设备缺陷及处理情况

巡视设备发现 220kV 母线避雷器 A 相在线监测仪泄漏电流指示由原 0.7mA 突增至 1.0mA，其他两相为 0.7mA，三相偏差超出运行规程要求。现场进行红外测温，A 相避雷器较其他两相高 3.7K，超出红外测温导则规定的不高于 1K 的规定，汇报调度安排停运。

避雷器停运后进行了避雷器绝缘电阻、直流泄漏电流试验，A 相避雷器绝缘电阻 2400MΩ，低于预试规程 2500MΩ 的标准要求，$75\%U_{1mA}$ 直流泄漏电流为 $700\mu A$，和出厂值比较：$75\%U_{1mA}$ 直流泄漏电流增加 45 倍，A 相阻性电流和上次试验值相比增加到 1.8 倍。在对故障避雷器进行解体过程中，发现避雷器顶盖密封圈错位断裂，避雷器密封失效，内部受潮，阀片表面有明显放电痕迹，如图 BD102-1 所示。

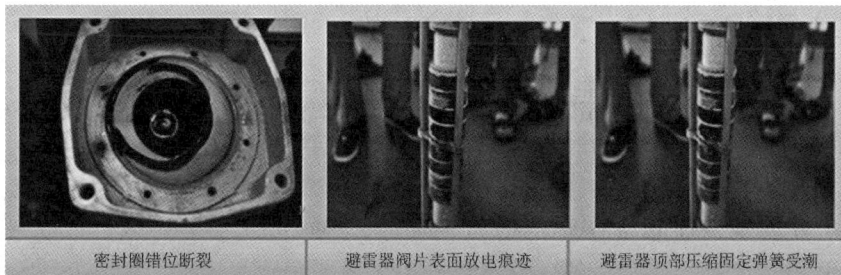

| 密封圈错位断裂 | 避雷器阀片表面放电痕迹 | 避雷器顶部压缩固定弹簧受潮 |

图 BD102-1　设备缺陷实例

2. 原因分析

(1) 避雷器密封圈错位断裂，导致避雷器内部密封失效，是该设备故障的直接原因。

（2）避雷器密封圈装配过程中，厂家装配人员未按工艺要求检查密封圈是否脱落、错位，是导致该设备存在质量缺陷的主要原因。

3. 反事故措施

（1）对该年度同一厂家生产的避雷器开展同类设备（尤其是同批次设备）隐患排查，加强专项红外测温、避雷器带电检测。

（2）加强对避雷器的运行监视，严格执行避雷器泄漏电流例行巡视，发现异常及时汇报。

（3）加强每年两次的避雷器的在线监测工作，必要时缩短带电检测周期。

（4）加强避雷器红外测温，建立避雷器红外测温原始图谱。

（5）该避雷器生产厂家应加强避雷器生产工艺质量控制，杜绝此类缺陷产品出厂。

（6）该避雷器生产厂家将对排查中发现有异常的产品进行及时更换处理。

二、考核

（一）要求

（1）对一次设备缺陷现象及产生原因进行分析。

（2）制定针对性强、切实可行的反事故措施。

（3）单人完成全部操作任务。

（二）考核场地

带缺陷的一次设备或设备缺陷现象图片 8 组。

（三）考核时间

考核时间为 40min。

（四）考核要点

（1）根据设备缺陷情况分析发生的原因。

（2）应用《国家电网公司十八项电网重大反事故措施》制定针对缺陷发生的反事故措施。

三、评分参考标准

行业：电力工程　　　　　工种：变电站值班员　　　　　等级：一

编号	BD102	行为领域	e	鉴定范围	
考核时间	40min	题型	A	含权题分	30
试题名称	根据一次设备缺陷制定反事故措施				

考试要点及要求	（1）对一次设备缺陷现象及产生原因进行分析。 （2）制定针对性强、切实可行的反事故措施					
现场设备、工器具及材料	一次设备缺陷现象、空白纸、笔等					
备注						

			评分标准			
序号	作业名称	质量要求	分值	扣分标准	扣分原因	得分
1	收集设备缺陷信息，定制处理措施	详细记录设备现象，制定缺陷分析处理的必要措施	50	（1）设备缺陷记录不全一处扣5分； （2）缺陷处理措施错误一处扣10分		
2	制定反事故措施	从产品制造、运行、维护、检修各环节制定反事故措施	50	（1）措施针对性不强一处扣5分； （2）漏掉重要措施一处扣10分； （3）措施错误一处扣10分		
3	其他			文字表述不规范扣3分		
考试开始时间			考试结束时间		合计	
考生栏	编号：　　姓名：		所在岗位：	单位：	日期：	
考评员栏	成绩：　　考评员：			考评组长：		

BD103　新设备投运操作危险点源分析及组织

一、操作项目

1. 变电站 220kV 新线路投运送电操作危险点源分析及组织
2. 500kV 单台电流互感器更换后送电操作危险点源分析及组织

二、操作

(一) 材料

材料：空白表（A4，见表 BD103 - 1），笔若干。

(二) 新设备投运必须具备的条件

(1) 新设备已有调度的部门的命名、编号，现场设备名称、编号已保持一致，标示牌正确齐全。

(2) 新设备现场安装完成，各种试验已合格，验收合格。

(3) 新设备的技术资料和施工记录已完成。

(4) 新设备的安全措施已拆除。必须的永久性安全措施已装设，具备投运条件。

(5) 操作人员已熟悉新设备的使用说明书和操作手册。

(6) 具备相关部门批准的现场运行规程、典型操作票、事故处理预案。

(7) 具备调度部门下达制定的新设备投运启动方案。

(8) 完善的防误闭锁装置。

(三) 工作要求

1. 工作组织要点

(1) 组织新设备培训，熟悉新设备性能和特点，掌握新设备操作方法。

(2) 编制新设备投运工作方案，明确生产准备、安全管控、现场验收、送电操作、危险点分析和预控措施、事故预案编制、送电后检查维护等工作内容，细化分工具体，质量要求明确。

(3) 组织学习设备调试送电方案，根据方案组织送电。

(4) 认真进行危险点分析并制定预控措施。

（5）合理安排新设备投运操作及检查，掌握操作安排编制及熟知要点：

1）操作安排及职责：变电站总负责、安全负责人、值班负责人、操作负责人、操作人、辅助操作人、监控值班记录人。

2）新设备投运前一、二次设备应完成工作。

3）操作准备工作：现场清理、一、二次设备的检查、定值核对。

4）投运操作安排：调度操作指令名称、操作监护人、操作人、值班负责人。

2. 危险点分析和预控

新设备投运操作危险点分析及预控措施编制要点：

（1）未认真学习投运方案，投运方案部熟悉，操作步骤及操作任务不清楚。

采取措施：组织学习投运方案，熟知投运设备、程序及步骤。

（2）投运前未检查设备及设备现场情况，设备不具备投运条件。

采取措施：投运前组织人员认真检查断路器、隔离开关、接地开关实际位置与状态相符，设备标识清楚，检查现场屏柜箱门密封良好，现场无遗留物，施工人员撤离现场，具备投运条件。

（3）未检查一、二次设备状态，存在异常。

采取措施：投运前认真检查一、二次设备工作状态（如断路器、隔离开关操作把手切至远控方式，记录断路器的操作机构气压、油压正常，弹簧机构储能正常等；保护装置电源正常投入、保护装置运行正常、电压及电流互感器二次回路完好，保护压板状态与初始要求一致，无异常信号、监控后台通信正常等）。

（4）继电保护定置未安要求整定，或未核对。

采取措施：按照上级下达正式定值通知单整定保护定值，并由施工方与运维人员一起核对无误。

（5）未与调度核对投运设备的名称、编号、保护定值、设备参数。

采取措施：现场值班负责人与调度核对投运设备的名称、编号、保护定值、设备参数。并与相关文件进行核对无误。

（6）设备状态与监控后台机、"五防"机状态不一致。

采取措施：操作前认真核对设备状态与监控后台机、"五防"机状态保持一致。相应的继电保护、安全自动装置、自动化设备同步调试按送电方案要求投入运行，新线路核相、保护校验极性正确。

（7）操作人员不熟悉设备，操作票不正确。

采取措施：认真开展新设备培训，积极参与验收。操作及监护人熟悉运行方式、送电方案和注意事项，严格执行倒闸操作票填票审核制度，确保操作正确。

（8）操作走错间隔，后台操作对象错误。

采取措施：操作中认真核对设备名称编号，认真执行防误闭锁管理，严禁擅自解锁操作。

（9）发现异常情况未查清原因就继续操作。

采取措施：①发现异常情况要查清原因，得到值班负责人允许才能继续操作；②加强人员的技术业务培训，及时发现异常情况，正确判断处理；③严格执行防误闭锁装置管理规定。

（10）操作后不对设备进行检查。

采取措施：投运后对设备进行全面详细检查，加强设备监视，发现异常及时汇报处理。

（11）新设备送电未核相。

采取措施：①新安装变压器应进行变压器核相；②新建线路或线路改造，应进行核相或定相；③新安装电压互感器或接线有变动，应进行电压互感器核相。

（12）未进行极性测试。

采取措施：新设备的保护，接于电流回路的零序方向、负序方向、距离、高频、差动等继电保护均对电压和电流极性有要求，在正式投运前应进行极性校验。未校验极性的保护不得作为正式保护直接投入使用。

三、考核

（一）要求

（1）编制投运危险点分析及预控措施。

（2）编制投运操作安排。

（3）单人完成考核任务，并回答考评员提问。

（二）考核场地

220kV仿真变电站。

表 BD103-1　　　　　　新设备投运操作危险点分析及预控措施

编号		姓名		岗位		单位	
序号	危险点				预控措施		
1							
2							
3							
4							
...	...				...		

（三）考核时间

考核时间为30min。

（四）考核要点

（1）根据变电站情况分析新设备投运操作中危险点源。

（2）制订防止人身、设备事故的防范措施。

四、评分参考标准

（一）新线路投运操作危险点源分析及组织

行业：电力工程　　　　　　　工种：变电站值班员　　　　　　等级：一

编号	BD103	行为领域	e	鉴定范围	
考核时间	30min	题型	A	含权题分	25
试题名称	新线路投运操作危险点源分析及组织				
考试要点及要求	（1）整个操作由一人完成，各项审查工作由考生完成。 （2）考评员下达试题，考生按要求完成任务。 （3）汇报用书面形式进行				
现场设备、工器具及材料	笔、空白汇报单				
备注	此项操作以220kV变电站220kV新线路投运送电操作为例				

评分标准

序号	作业名称	质量要求	分值	扣分标准	扣分原因	得分
1	新线路投运操作危险点源分析	新线路投运操作危险点源分析编制投运危险点分析及预控措施	40	（1）操作危险点源分析涵盖新设备投运必备条件，危险点编制要点内容，错、漏一项扣3分； （2）针对危险点源分析，制定预控措施，错项、漏项扣3分； （3）考评员可针对具体疑问提问3题，每题10分		
2	新线路投运操作组织	编制投运操作安排	30	按操作安排编制及要点进行编制： （1）操作安排及职责：变电站总负责、安全负责人、值班负责人、操作负责人、操作人、辅助操作人、监控值班记录人编制漏项、职责不清每项扣3分； （2）新设备投运前一、二次设备应完成工作未进行描述扣10分，漏项每项扣2分； （3）投运操作安排：调度操作指令名称、操作监护人、操作人、值班负责人，漏项每项扣2分		

评分标准							
序号	作业名称	质量要求	分值	扣分标准		扣分原因	得分
3	答辩	考评员考问 3 题	30	每题 10 分，依据答案扣分			
考试开始时间				考试结束时间		合计	
考生栏		编号：	姓名：	所在岗位：	单位：	日期：	
考评员栏		成绩：	考评员：		考评组长：		

（二）500kV 单台电流互感器更换后送电投运操作危险点源分析及组织

参考 BD103 项目（一）制定评分标准。

一、操作

(一) 材料

材料：空白汇报单（见表 BD407-1），笔若干。

(二) 新站新设备调试启动管理

1. 新站新设备调试启动必须具备的条件

（1）工程已按照设计要求全部安装、调试完毕，验收中发现的缺陷已消除；启动范围内的所有设备均符合安全运行的要求，设备名称标牌、安装调试报告等齐全，具备投运条件。

（2）新站现场运行规程、人员培训、设备台账整理等各项生产准备工作完成。

（3）变电运维人员应认真组织学习启动调试方案，准备好相应的操作票，弄清每一步操作的目的及意义，并做好事故预想。

（4）新站新设备启动前，启动范围内所有的一次设备均应在冷备用状态，继电保护、自动装置的定值及小开关、拨轮等位置正确，压板均应在停用位置。

（5）新站新设备启动前，变电运维人员应根据启动方案的要求，应认真、细致核对启动范围内所有一、二次设备的实际状态是否正确，发现不正确的要立即进行操作调整。检查及调整操作内容要有书面记录并签名，可纳入正规的倒闸操作票进行管理。

2. 新站新设备启动过程管理

（1）新站新设备自当值运维值班员向调度汇报具备启动条件起，即属于调度管辖设备，改变设备的状态必须有调度的正式操作命令。

（2）新站所有启动操作应严格按照启动方案的规定程序，规范作业，强化解锁钥匙管理，严防误操作。要求新设备启动送电时，施工单位派人协助操作。

（3）新站启动过程中发现缺陷，应立即暂停启动，并将缺陷情况汇报调度及有关部门。设备消缺工作应履行正常的工作票手续。

（4）新站输变电新设备启动过程中发生事故，值班人员应服从当值调度指挥，迅速进行故障隔离，并立即汇报有关部门。事故处理结束后，运行单位应将详细情况汇报调度，根据调度命令停止或继续启动工作。

（三）工作要求

（1）熟悉新站新设备投运启动方案内容、编制原则。

（2）编制新站送电危险点分析及预控措施部分，掌握新站送电操作的危险点源控制方法，制订相应的相应合理的控制措施。

新站送电危险点分析及预控措施编制要点：

1）值班负责人熟悉新站预定的启动试运行的日期、试运行计划。

2）相关调度、监控部门是否具有新站的相关资料（一次电气接线图、主要设备规范参数、通信联络方式等）。

3）开展新设备培训，熟悉新设备性能、操作要点。

4）组织学习启动投运方案，熟悉投运方案、操作任务、操作步骤。

5）按倒闸操作安排，提前准备操作票，做好事故预想。

6）投运前应检查设备、设备现场情况，检查设备是否具备投运条件。

7）应与调度核对投运设备的名称、编号、保护定值、设备参数。

8）投运前应检查一、二次设备工作状态（如断路器、隔离开关操作把手未切至远控方式，断路器的操作机构气压、油压异常，弹簧机构未储能等；保护装置电源漏投、保护压板状态与一次设备运行方式不符合；保护装置正常、无异常信号，保护定值已按定值通知单正确整定）。

9）相应的继电保护、安全自动装置、自动化设备同步调试按送电方案要求投入运行，新设备核相、保护校验极性正确，合闸冲击正常。

10）设备状态与模拟屏、监控后台机、"五防"机状态是否一致。

11）监控后台通信是否正常。

12）操作人员不熟悉设备。操作票不正确。

13）操作走错间隔，后台操作对象错误。

14）操作后不对设备进行检查。

15）人员安排是否合理，是否会出现疲劳操作情况，新站送电的大型操作是否安排技术能力强的人员进行。

（四）编制新站启动投运方案投运操作安排部分

操作安排编制要点：

（1）操作安排及职责：变电站总负责、安全负责人、值班负责人、操作负责人、操作人、辅助操作人、监控值班记录人。

（2）新站设备投运前一、二次设备应完成工作。

（3）操作准备工作：现场清理、一、二次设备的检查、定值核对。

（4）投运操作安排：调度操作指令名称、操作监护人、操作人、值班负责人。

二、考核

（一）要求

（1）编制新站投运危险点分析及预控措施。

（2）编制投运操作安排。

（3）单人完成考核任务，并回答考评员提问。

（二）考核场地

220kV仿真变电站。

（三）考核时间

考核时间为40min。

（四）考核要点

（1）根据变电站情况分析新站投运操作中危险点源。

（2）制订防止人身、设备事故的防范措施。

三、评分参考标准

行业：电力工程　　　　　　工种：变电站值班员　　　　　等级：一

编号	BD104	行为领域	e	鉴定范围	
考核时间	30min	题型	A	含权题分	25
试题名称	新站送电危险点源分析及组织				
考试要点及要求	（1）整个操作由一人完成，各项审查工作由考生完成。 （2）考评员下达试题，考生按要求完成任务。 （3）汇报用书面形式进行				
现场设备、工器具及材料	笔、空白汇报单				
备注					
评分标准					

序号	作业名称	质量要求	分值	扣分标准	扣分原因	得分
1	新站送电危险点源分析	新站送电操作危险点源分析编制投运危险点分析及预控措施	40	（1）操作危险点源分析涵盖新设备投运必备条件，危险点编制要点内容，错、漏一项扣3分；		

评分标准						
序号	作业名称	质量要求	分值	扣分标准	扣分原因	得分
1	新站送电危险点源分析	新站送电操作危险点源分析编制投运危险点分析及预控措施	40	（2）针对危险点源分析，制订预控措施，错项、漏项扣3分		
2	新站送电投运操作组织	编制投运操作安排	30	按操作安排编制及要点进行编制： （1）操作安排及职责：变电站总负责、安全负责人、值班负责人、操作负责人、操作人、辅助操作人、监控值班记录人编制漏项、职责不清每项扣3分； （2）新设备投运前一、二次设备应完成工作未进行描述扣10分，漏项每项扣2分； （3）投运操作安排：调度操作指令名称、操作监护人、操作人、值班负责人，漏项每项扣2分		
3	答辩	考评员考问3题	30	每题10分，依据答案扣分		
考试开始时间			考试结束时间		合计	
考生栏	编号：　　姓名：		所在岗位：	单位：	日期：	
考评员栏	成绩：　　考评员：			考评组长：		

一、操作

（一）工器具、材料

（1）工器具：计算机。

（2）材料：继电保护定值单 1 套，空白纸（A4）、笔若干。

（二）操作要求

（1）记录事故时间、保护及自动装置动作情况、断路器动作情况。

（2）打印微机保护动作报告、微机故录报告。

（3）根据保护动作情况查找故障点。

（4）根据故障点、保护定值单分析保护动作行为。

（5）在计算机上编制事故分析报告。

二、考核

（一）要求

（1）先记录现象，打印保护动作报告，再检查一次设备并查找故障点。

（2）故障分析结论正确。

（3）编写格式符合要求。

（4）单人完成考核任务，并回答考评员提问。

（二）考核场地

某实际变电站（或 110、220、500kV 仿真变电站）。

（三）考核时间

考核时间为 30min。

（四）考核要点

（1）根据变电站事故情况分析、查找故障点。

（2）根据处理情况填写事故分析报告，见表 BD105－1。

表 BD105 - 1　　　　　　　　　**事故分析报告模版格式**

1. 标题：_____事故分析报告
2. 故障简述
（1）事故发生当日时间，当地天气情况，事故发生前系统运行方式。
（2）事故发生时间，事故内容，保护动作情况及断路器跳闸情况，失压范围。
（3）附变电站电气主接线。
3. 继电保护及自动装置动作情况
（1）按时间先后写明继电保护及自动装置动作情况。

一次设备	保护	报告	备注

（2）疑点分析。
（3）附动作保护报文（现场）。
（4）附故障录波器报告内容及故障录波图（现场）。
4. 结论

考试要点 及要求	（1）打印保护动作报告。 （2）查找故障点。 （3）编制事故分析报告
现场设备、 工器具及材料	220kV 或 110kV 实际变电站或仿真变电站、保护定值单、计算机，空白纸、笔等
备注	

评分标准						
序号	作业名称	质量要求	分值	扣分标准	扣分原因	得分
1	故障简述	按照事故分析报告格式填写	20	（1）漏填事故发生当日时间扣 1 分； （2）漏填事故发生时天气情况扣 1 分； （3）漏填事故发生前系统运行方式扣 1 分； （4）漏填事故发生时间扣 1 分； （5）事故内容填写不准确每处扣 2 分； （6）漏填保护动作及断路器跳闸情况每处扣 2 分； （7）漏填失压范围每处扣 2 分		

		评分标准				
序号	作业名称	质量要求	分值	扣分标准	扣分原因	得分
2	继电保护及自动装置动作情况	按照事故分析报告格式填写	60	（1）未按时间先后顺序填写每处扣1分； （2）继电保护动作情况填写错误每处扣2分； （3）自动装置动作情况填写错误每处扣2分； （4）疑点未分析到位每处扣10分； （5）未附打印报告每份扣5分（现场）		
3	结论	必须注明各套保护动作正确与否的明确结论	20	（1）保护动作结论不正确每处扣5分； （2）漏填保护动作结论每处扣10分		
4	其他			答题卷面不整洁扣2分		
考试开始时间			考试结束时间		合计	
考生栏	编号： 姓名：		所在岗位： 单位：		日期：	
考评员栏	成绩： 考评员：		考评组长：			

一、操作

（一）工器具、材料

（1）工器具：安全帽、正压式呼吸器、绝缘靴、灭火器。

（2）材料：纸、笔。

（二）操作要求（以主变压器着火为例）

（1）事故性质：主变压器着火。

（2）组织处理原则：

1）立即向调度、上级领导汇报，并拨打消防报警电话。

2）按照调度指令做好变压器隔离、倒换措施，关注负荷潮流变化，防止正常运行的主变压器、线路发生过载。

3）对变压器火情进行检查确认，判明变压器着火部位、火势情况和危险性，检查保护装置动作情况，分析变压器着火原因。

4）若主变压器局部火势较小且着火性质明确，可使用变压器旁的灭火器进行灭火，干燥的沙子可用于扑灭地面上的火焰，防止火势蔓延。

5）若油溢在主变压器顶盖上着火时，可打开变压器下部事故放油阀，将油排至事故油池，使变压器油面低于着火面，但若是主变压器内部故障着火，则严禁对变压器进行放油，以防着火变压器发生爆炸。

（3）危险点源分析：

1）现场处置应以"保人身、保设备"为首要任务，当火势无法控制，危及人身安全的情况下，应迅速疏散着火变压器周围人员撤离现场至安全区域，等待地方消防部门人员到来，防止变压器着火爆炸造成人员伤害等次生事故发生。

2）灭火人员在应急救援过程中要加强自我保护，严格按照《国家电网公司电力安全工作规程》的相关规定做好个人安全防护措施，佩戴个人防护器具时注意检查防护用品合格，且在有效检验期内，正确佩戴使用正压式呼吸器、绝缘靴等安全防护用具。

3）参加灭火的人员在灭火时，应做好防止被火烧伤或被燃烧物所产生的气体引起的窒息、中毒以及防止触电的措施。

4）扑救变压器火灾时，应清理变压器附近易燃、易爆物品，做好控制火势蔓延措施，防止事态扩大。

5）现场自救和互救时不熟悉现场情况和灭火方法的人员不得盲目进入危险区域，救人前先确认自己的能力和现场情况是否能够满足对他人施救的需要。

6）应急救援结束后要进行全面检查，确认现场无火灾隐患和建筑物坍塌的隐患。

二、考核

（一）要求

（1）根据给出的事故现象进行事故并组织人员进行处理。

（2）处理过程中危险点源分析符合现场实际。

（3）单人完成考核任务，并回答考评员提问。

（二）考核场地

某实际变电站（或 110、220、500kV 仿真变电站）。

（三）考核时间

考核时间为 30min。

（四）考核要点

（1）根据变电站事故情况分析、查找故障点。

（2）事故处理操作组织和危险点源分析。

（3）制订操作处理中的安全措施。

三、评分参考标准

行业：电力工程　　　　　　　工种：变电站值班员　　　　　　　等级：一

编号	BD106	行为领域	e	鉴定范围	
考核时间	30min	题型	A	含权题分	25
试题名称	复杂事故处理危险点源分析及组织				
考试要点及要求	（1）分析事故现象及运行状态。 （2）组织人员正确进行事故处理。 （3）处理过程中危险点源分析正确				
现场设备、工器具及材料	220kV 或 110kV 实际变电站、安全帽、绝缘手套、正压式呼吸器、绝缘靴、灭火器等安全工器具及空白纸、笔等				
备注					

评分标准						
序号	作业名称	质量要求	分值	扣分标准	扣分原因	得分
1	分析事故现象及产生原因	根据事故现象正确分析可能产生的原因	30	（1）事故原因分析错误不得分； （2）事故原因不清扣10分		
2	危险点源分析、制订安全措施	根据事故情况分析危险点，制订相应措施	30	（1）危险点源分析不正确每处扣10分； （2）制定措施不正确每处扣5分		
3	组织处理	组织人员进行现场处理，处理过程中危险点源分析正确，控制良好	40	（1）处理现场混乱扣5分； （2）处理人员存在人身危险扣40分； （3）处理造成事故扩大不得分		
考试开始时间			考试结束时间		合计	
考生栏	编号：	姓名：	所在岗位：	单位：	日期：	
考评员栏	成绩：	考评员：		考评组长：		

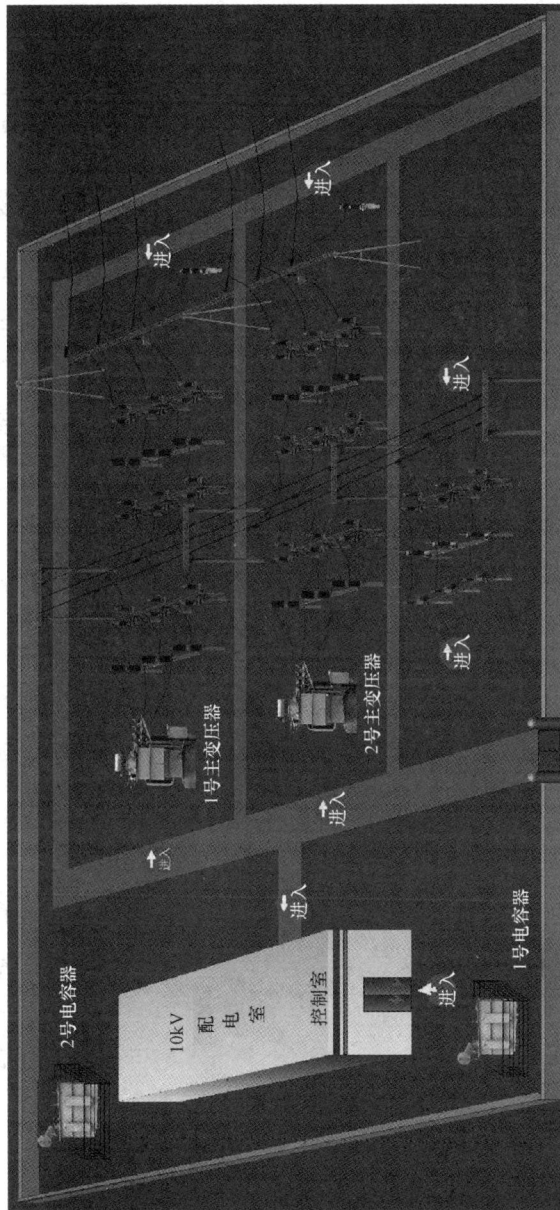

附录 1 35kV 仿真变电站设备区图

附录 2 35kV 仿真变电站主接线图

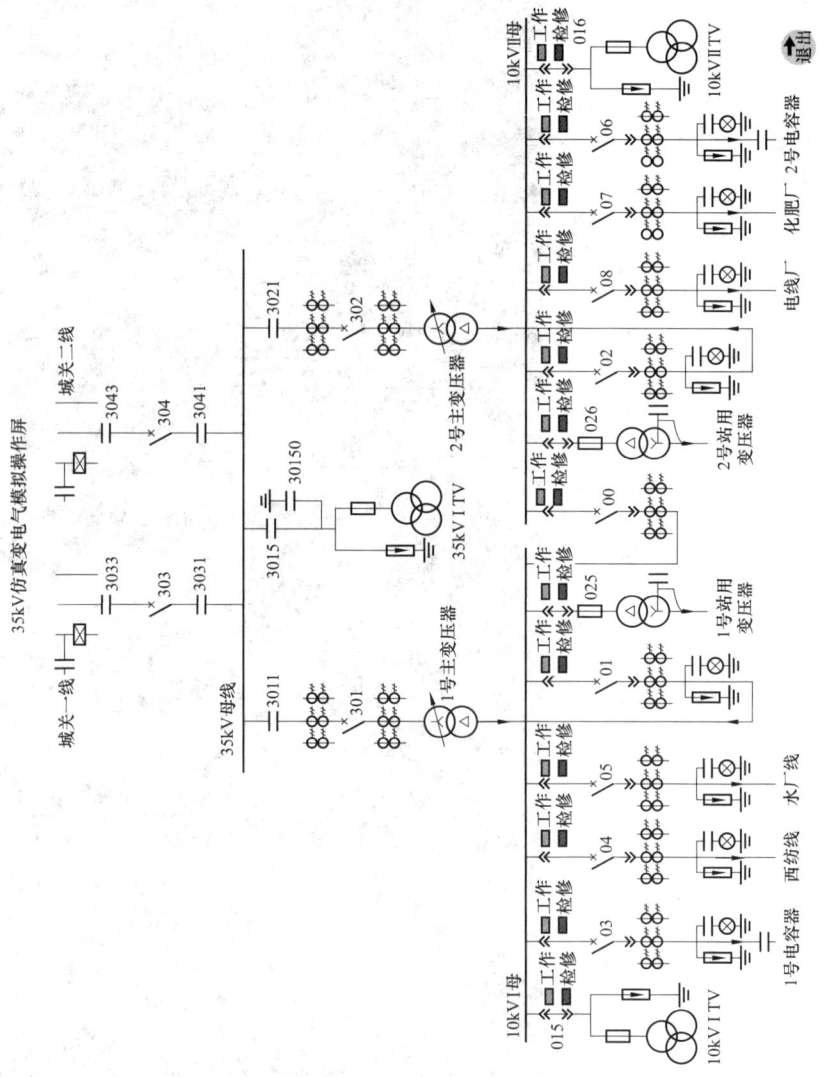

附录 3 110kV 仿真变电站设备区图

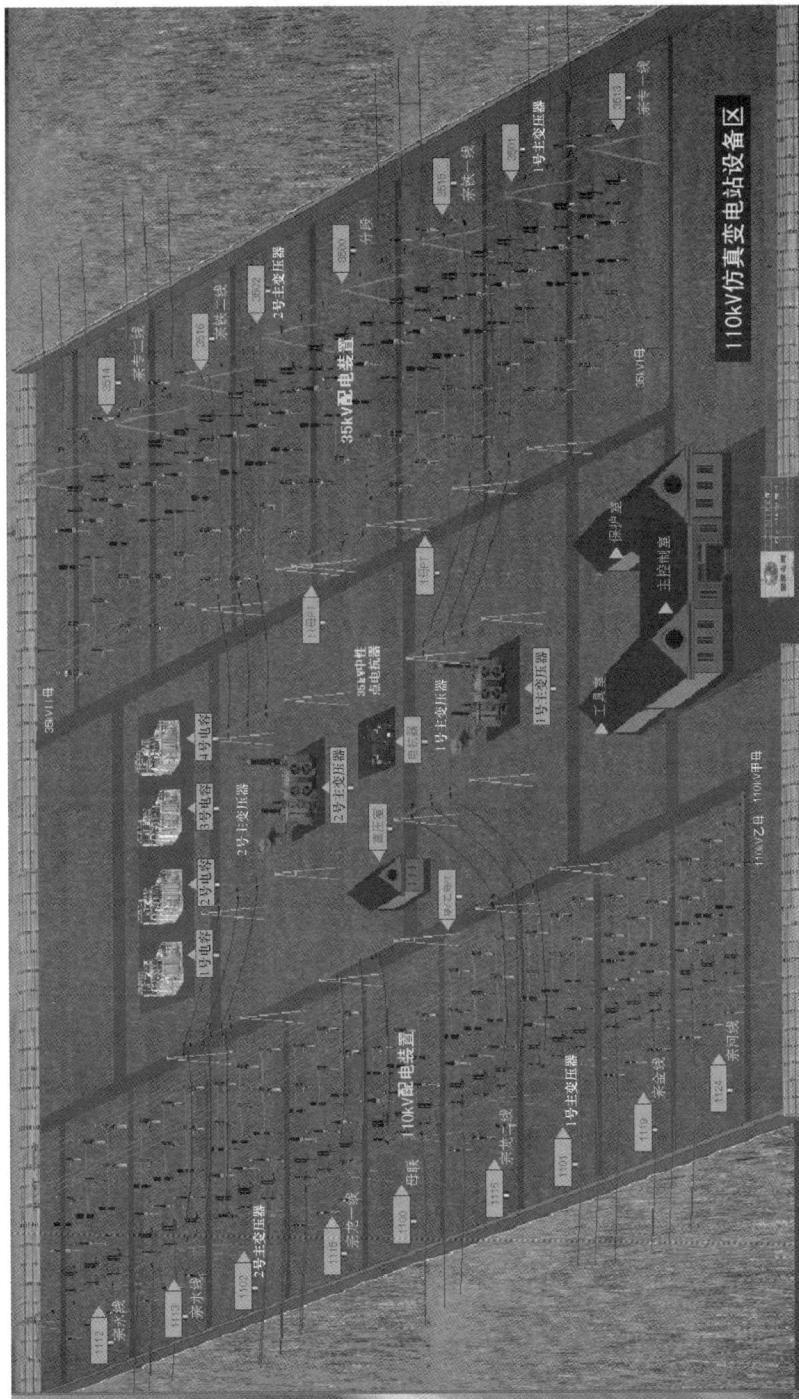

附录 4　110kV 仿真变电站主接线图

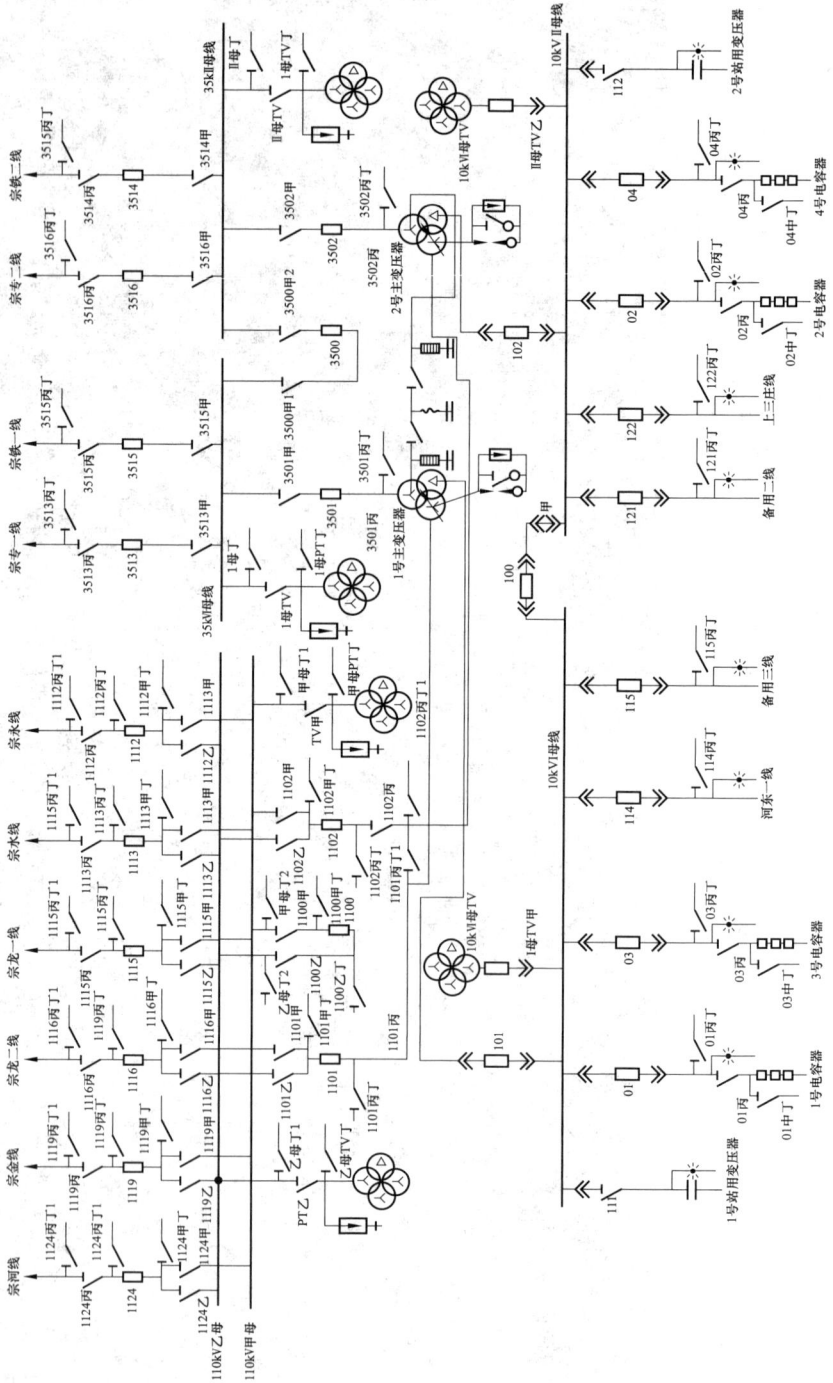

附录 5 220kV 仿真变电站设备区图

附录 6 220kV 仿真变电站主接线图

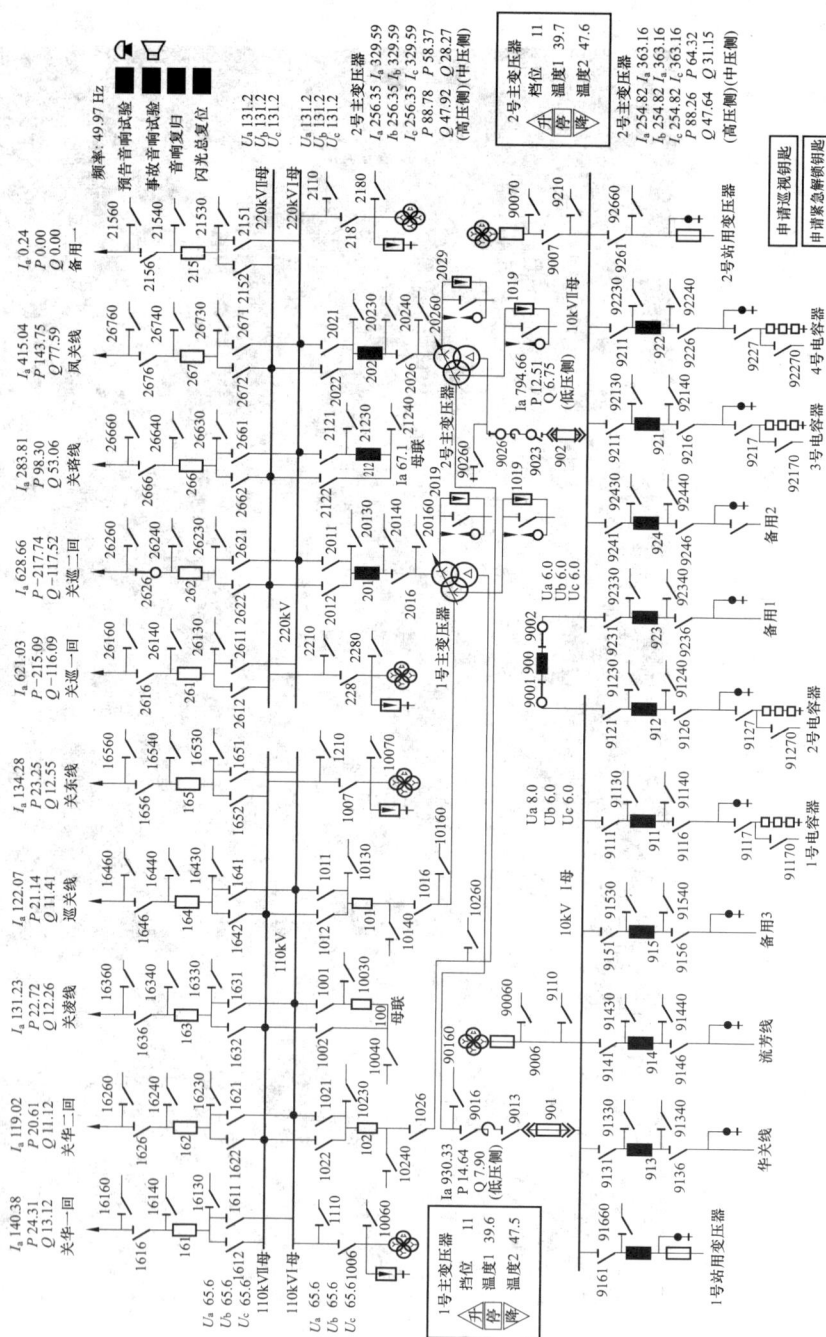

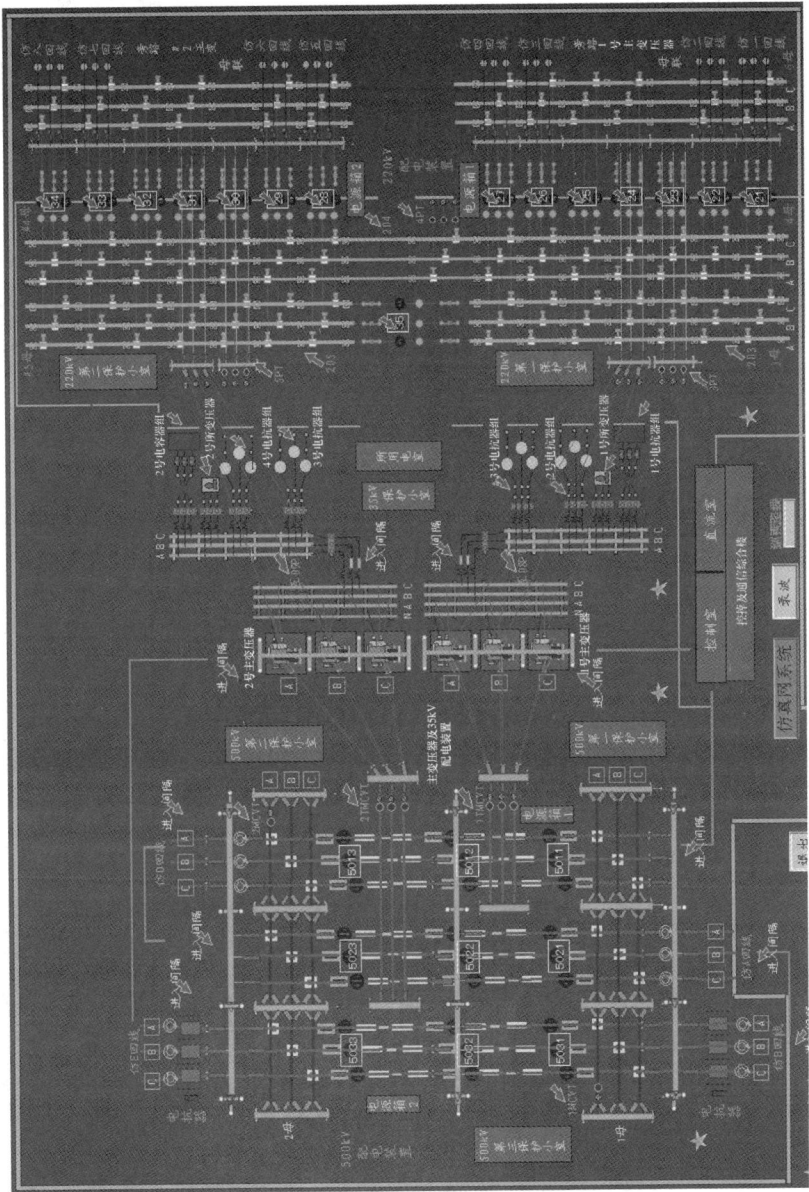

附录 7　500kV 仿真变电站设备区图

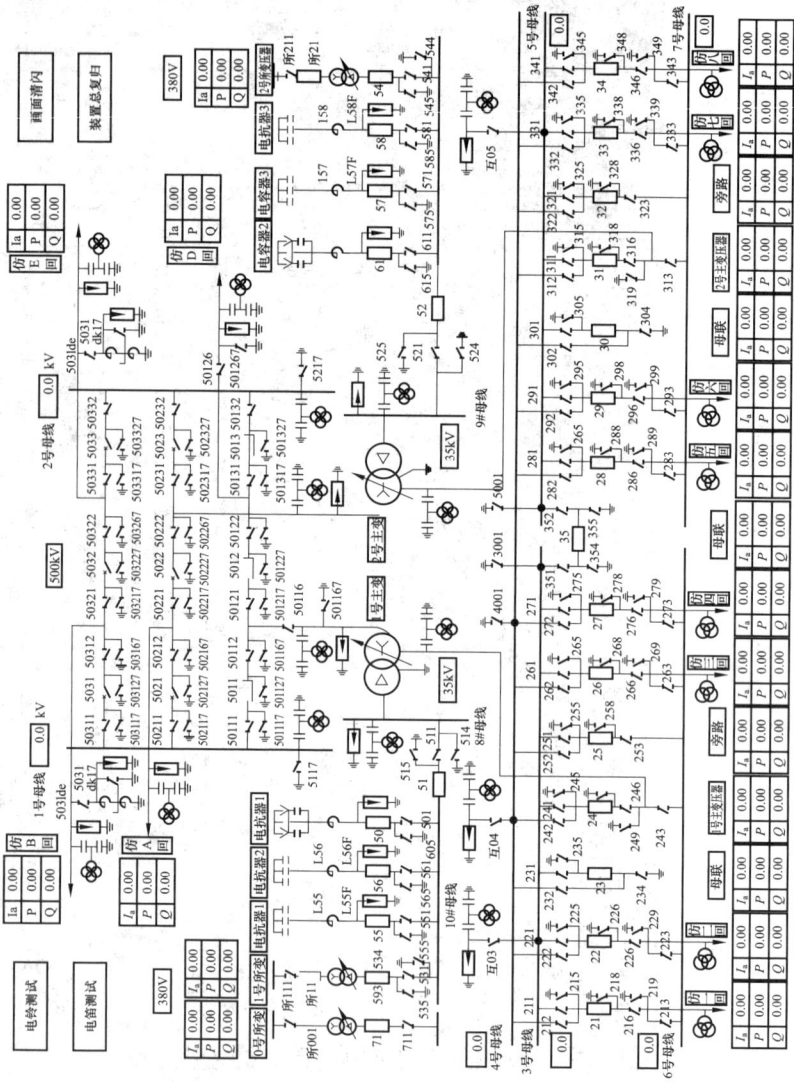

附录 8 500kV 仿真变电站主接线图

附录 9　变电站直流系统图

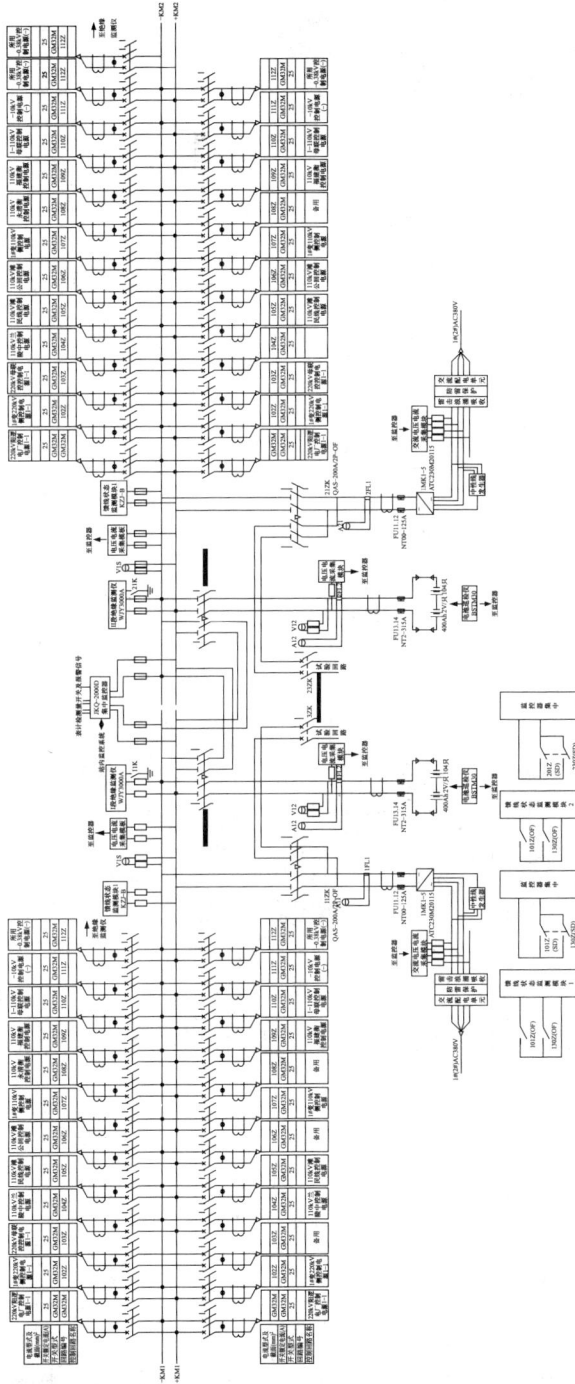

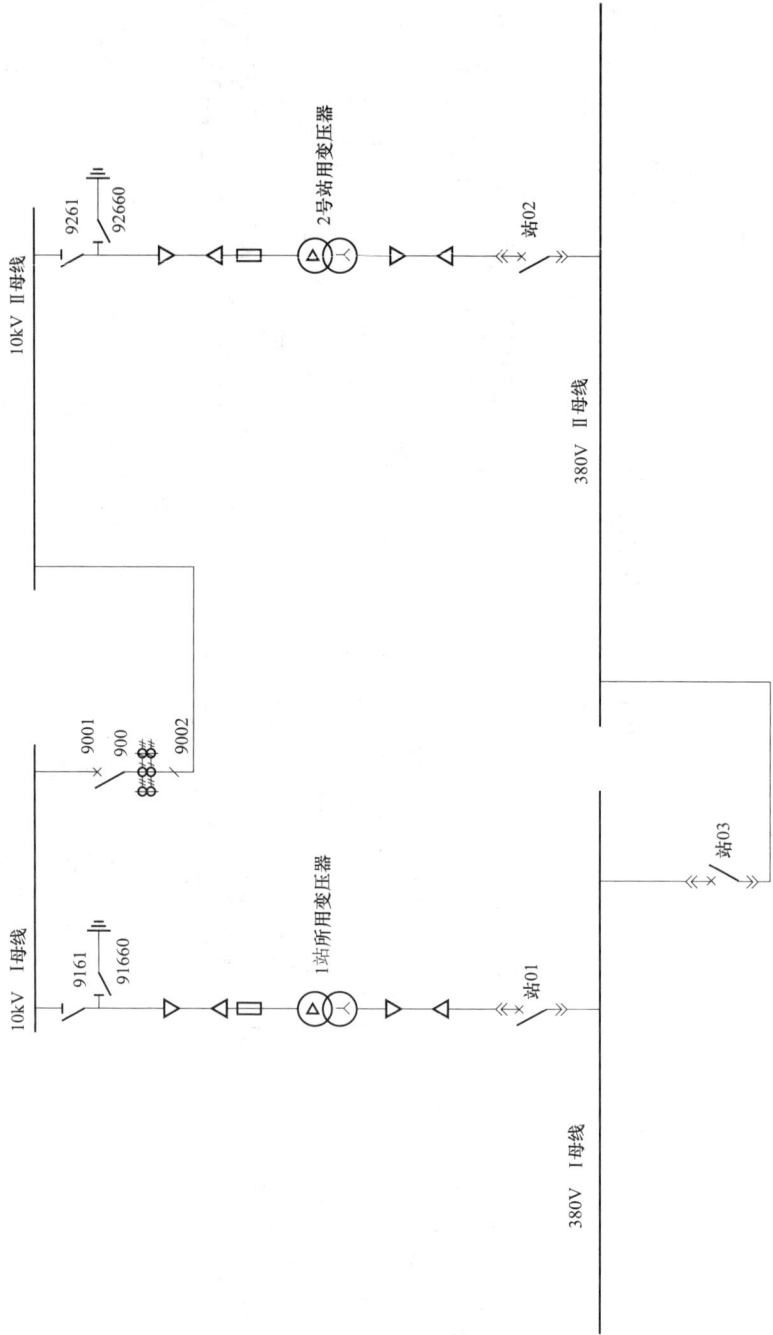

附录 10　220kV 仿真变电站站用电系统图

附录 11 空白倒闸操作票

变电站（发电厂）倒闸操作票

单位：_____ 编号：仿真变电站_____

发令人：		受令人：		发令时间：	年 月 日 时 分
操作开始时间：	年 月 日 时 分			操作结束时间：	年 月 日 时 分
操作类型		（ ）监护下操作	（ ）单人操作	（ ）检修人员操作	
操作任务：					

执行（√）	序号	操 作 项 目	操作时间
备　注	此票以（ ）调（ ）字第（ ）指令票为依据。		

操作人：　　　　　　　　监护人：　　　　　　　　值班负责人：

附录 12　变电站（发电厂）第一种工作票

_____公司（_____）

变电站（发电厂）第一种工作票（　）字第　号
本工作票依据____调字（　）号设备检修票许可

1. 工作负责人（监护人）：_____　班组：_____
2. 工作班人员（不包括工作负责人）共_____人：_____

   _____

   _____

   _____

   _____

3. 工作的变（配）电站名称及设备双重名称：

   _____

   _____

   _____

   _____

4. 工作任务：

工作地点及设备双重名称	工作内容

5. 计划工作时间：

   自____年____月____日____时____分至____年____月____日____时____分

6. 安全措施（必要时可附页绘图说明）：

应拉断路器（开关）、 隔离开关（刀闸）	已执行 *

应装接地线、应合接地刀闸 （注明确实地点、名称及接地线编号＊）	已执行
应停用的保护压板及二次回路电源	已执行
应设遮拦、应挂标示牌及防止 二次回路误碰等措施	已执行
工作地点保留带电部分或注意事项 （工作票签发人填写）	补充工作地点保留带电部分和安全措 施（工作许可人填写）

＊已执行栏目及接地线编号由工作许可人填写。

工作票签发人签名：_____ 签发日期：_____年___月___日___时___分

7. 收到工作票时间：_____年___月___日___时___分

　　变电运维人员签名：_____　　工作负责人签名：_____

8. 确认本工作票1～7项

　　工作许可人签名：_____　　工作负责人签名：_____

　　许可开始工作时间：_____年___月___日___时___分

9. 确认工作负责人布置的任务和本施工项目安全措施

工作班组人员签名：

_____

_____

_____

_____

_____

_____

10. 工作负责人变动情况：

原工作负责人_____离去，变更_____为工作负责人

变更时间：_____年___月___日___时___分

工作票签发人签名：_____　　工作许可人签名：_____

工作人员变动情况：（增添人员姓名、变动日期及时间）

增添人员姓名	日	时	分	工作负责人	离去人员姓名	日	时	分	工作负责人
	日	时	分			日	时	分	
	日	时	分			日	时	分	
	日	时	分			日	时	分	
	日	时	分			日	时	分	
	日	时	分			日	时	分	

11. 工作票延期

经调度员/运行值班负责人_____同意

有效期延长到_____年___月___日___时___分

工作负责人签名：_____　　　　___年___月___日___时___分

工作许可人/运行值班负责人签名：_____ ___年___月___日___时___分

12. 每日开工和收工时间（使用一天的工作票不必填写）：

收工时间				工作负责人	工作许可人	开工时间				工作许可人	工作负责人
月	日	时	分			月	日	时	分		
月	日	时	分			月	日	时	分		
月	日	时	分			月	日	时	分		
月	日	时	分			月	日	时	分		
月	日	时	分			月	日	时	分		

13. 临时安全措施：

在＿＿＿＿＿＿＿装设＿＿＿＿＿＿＿临时保安接地线

工作负责人签名：＿＿＿＿＿　＿＿年＿＿月＿＿日＿＿时＿＿分

装设在＿＿＿＿＿＿＿＿＿＿＿＿＿的临时保安接地线已全部拆除

工作负责人签名：＿＿＿＿＿　＿＿年＿＿月＿＿日＿＿时＿＿分

14. 工作终结：

全部工作于＿＿年＿＿月＿＿日＿＿时＿＿分结束，设备及安全措施已恢复至开工前状态，工作人员已全部撤离，材料工具已清理完毕，工作已终结。

工作负责人签名：＿＿＿＿＿＿　　工作许可人签名：＿＿＿＿＿＿

15. 工作票终结：

临时遮拦、标示牌已拆除，常设遮栏已恢复。未拆除接地线或拉开的接地线编号＿＿＿＿＿等共＿＿＿＿＿组、接地刀闸（小车）＿＿＿＿＿副（台）。已汇报调度值班员＿＿＿＿＿＿。

工作许可人签名：＿＿＿＿＿　＿＿年＿＿月＿＿日＿＿时＿＿分。

16. 备注：

（1）指定专责监护人＿＿＿＿负责监护＿＿＿＿＿＿＿＿＿＿＿＿＿（地点及具体工作）

（2）其他事项：

＿＿＿＿＿＿＿＿＿＿＿＿＿＿＿＿＿＿＿＿＿＿＿＿＿＿＿＿＿＿＿

＿＿＿＿＿＿＿＿＿＿＿＿＿＿＿＿＿＿＿＿＿＿＿＿＿＿＿＿＿＿＿

附录 13　变电站（发电厂）第二种工作票

＿＿＿＿＿＿＿公司（　　　　）

变电站（发电厂）第二种工作票（　　）字第　号

1. 工作负责人（监护人）：＿＿＿＿＿＿　　　　班组：＿＿＿＿＿＿＿＿＿
2. 工作班人员（不包括工作负责人）共＿＿＿＿人：＿＿＿＿＿＿＿＿＿

＿＿＿＿＿＿＿＿＿＿＿＿＿＿＿＿＿＿＿＿＿＿＿＿＿＿＿＿＿＿＿＿

＿＿＿＿＿＿＿＿＿＿＿＿＿＿＿＿＿＿＿＿＿＿＿＿＿＿＿＿＿＿＿＿

3. 工作的变（配）电站名称及设备双重名称：

＿＿＿＿＿＿＿＿＿＿＿＿＿＿＿＿＿＿＿＿＿＿＿＿＿＿＿＿＿＿＿＿

＿＿＿＿＿＿＿＿＿＿＿＿＿＿＿＿＿＿＿＿＿＿＿＿＿＿＿＿＿＿＿＿

4. 工作任务：

工作地点或地段及设备 双重名称	工作内容

5. 计划工作时间：

自＿＿年＿＿月＿＿日＿＿时＿＿分至＿＿年＿＿月＿＿日＿＿时＿＿分

6. 工作条件（停电或不停电，或临近及保留带电设备名称）：

＿＿＿＿＿＿＿＿＿＿＿＿＿＿＿＿＿＿＿＿＿＿＿＿＿＿＿＿＿＿＿＿

＿＿＿＿＿＿＿＿＿＿＿＿＿＿＿＿＿＿＿＿＿＿＿＿＿＿＿＿＿＿＿＿

＿＿＿＿＿＿＿＿＿＿＿＿＿＿＿＿＿＿＿＿＿＿＿＿＿＿＿＿＿＿＿＿

7. 注意事项（安全措施）：

＿＿＿＿＿＿＿＿＿＿＿＿＿＿＿＿＿＿＿＿＿＿＿＿＿＿＿＿＿＿＿＿

＿＿＿＿＿＿＿＿＿＿＿＿＿＿＿＿＿＿＿＿＿＿＿＿＿＿＿＿＿＿＿＿

＿＿＿＿＿＿＿＿＿＿＿＿＿＿＿＿＿＿＿＿＿＿＿＿＿＿＿＿＿＿＿＿

工作票签名人签名：＿＿＿＿＿　　签发日期：＿＿年＿＿月＿＿日＿＿时＿＿分

8. 补充安全措施（工作许可人填写）：

_____

_____

9. 确认本工作票 1~8 项：

工作负责人签名：_____ 工作许可人签名：_____

许可开工时间：_____年___月___日___时___分

10. 确认工作负责人布置的任务和安全措施

工作班（组）人员签名：

_____

_____

11. 每日开工和收工时间（使用一天的工作票不必填写）：

收工时间				工作负责人	工作许可人	开工时间				工作许可人	工作负责人
月	日	时	分			月	日	时	分		
月	日	时	分			月	日	时	分		
月	日	时	分			月	日	时	分		
月	日	时	分			月	日	时	分		
月	日	时	分			月	日	时	分		

12. 工作票延期：

有效期延长到_____年___月___日___时___分

工作负责人签名：_____ _____年___月___日___时___分

工作许可人签名：_____ _____年___月___日___时___分

13. 工作票终结：

全部工作于_____年___月___日___时___分结束，工作人员已全部撤离，材料工具已清理完毕，工作已终结。

工作负责人签名：_____ _____年___月___日___时___分

工作许可人签名：_____ _____年___月___日___时___分

14. 备注：

_____

_____

_____

_____

附录 14 综 合 操 作 指 令 票

综合操作指令票

操作单位：_____　　年　月　日（星期　）（　　　）综字第　号第　页

操作任务					
发令时间	月 日 时 分	发令人	受令人	操作开始时间	时 分
汇报时间	月 日 时 分	汇报人	调度员	操作结束时间	时 分
注意事项					
备注					

拟票人：　　审票人：　　下票人：　　受票人：　　受票时间：　月　日　时　分

附录15 逐项操作指令票

操作任务：_____

_____

_____

逐项操作指令票

年　月　日（星期　）（　　）逐字第　　　号第　　页

操作 单位	序 号	操　作　项　目	发令 时间	操作 时间	汇报 时间	发令人	受令人	备注

拟票人：　　　审票人：　　　下票人：　　　受票人：　　　受票时间：　　月　日　时　分

附录 16　试　验　报　告

变电站		运行编号		试验地点	
试验性质		试验时间		额定电压（kV）	
天气		环境温度		空气温度（%）	

开关柜、断路器铭牌及参数

开关柜	产品型号		出厂序号		出厂日期	
	生产厂家		额定电流（A）		额定电流（kV）	
断路器	产品型号		出厂序号		出厂日期	
	生产厂家		额定电流（A）		额定开断电流	
	频率（Hz）		额定电压		产品代号	

电流互感器铭牌及参数				避雷器铭牌及参数			
相别	产品型号	生产厂家	出厂序	出厂日	产品型号	生产厂	出厂序号	出厂日
A								
B								
C								

测试数据

1. 绝缘电阻测量（MΩ）　　　　　　　　　　　　　　　　　测试仪器××××

断路器		相别	A	B	C	互感器	相别	A	B	C
	整体	耐压前					耐压前			
		耐压后								
	断口	耐压前					耐压后			
		耐压后								

2. 交流耐压

断路器 整体 42/kV/60s	A相		断路器断口	A相		互感器 38/kV/60s	A相	
	B相			B相			B相	
	C相			C相			C相	

3. 断路器导电回路电阻测量	4. 避雷器测量		
测试仪器　××××型回路电阻测试仪	测试仪器　××××型兆欧表 ××××型直流高压发生器		
相别　导电回路电阻（μΩ）	绝缘电阻（MΩ）	U_{1mA}（kV）	75％U_{1mA}时的泄漏电流（μA）
A			
B			
C			
外观检查			
备　注			
结　论			

批准：　　　　审核：　　　　工作负责人：

参 考 文 献

[1] 劳动和社会保障部职业技能鉴定中心. 国家职业技能鉴定教程. 北京：北京广播学院出版社，2003.

[2] 电力行业职业技能鉴定指导中心. 变电站值班员. 北京：中国电力出版社，2010.

[3] 国家电网公司人力资源部. 国家电网公司生产技能职业能力培训专用教材：变电运行（110kV 及以下）. 北京：中国电力出版社，2010.

[4] 国家电网公司人力资源部. 国家电网公司生产技能职业能力培训专用教材：变电运行（220kV）. 北京：中国电力出版社，2010.

[5] 国家电网公司人力资源部. 国家电网公司生产技能职业能力培训专用教材：变电运行（500kV）. 北京：中国电力出版社，2010.